高等医学院校实验系列规划教材

分子生物学实验指导
FENZI SHENGWUXUE SHIYAN ZHIDAO

主 编 杨清玲 吕静竹
副主编 周继红 夏 俊 郭 俣
编委会（按姓氏笔画排序）
马 佳 王文锐 吕静竹 杨 滢
杨清玲 张 丹 张玉心 张晓洁
陈昌杰 陈素莲 周继红 夏 俊
郭 俣

中国科学技术大学出版社

内容简介

实验教学是高等院校培养高素质、高层次和综合性人才的必要环节,其目的不仅在于加深学生对已学理论知识的理解,更重要的是培养学生的实践动手能力。分子生物学是从分子水平阐述生物体生命现象和规律的学科,是生物医学的前沿和生长点。本书在自编《分子生物学实验指导讲义》的基础上,结合教师们多年教学经验编写而成,共分七个部分:基础知识、核酸技术、分子克隆、蛋白技术、生物信息学在分子生物学实验中的应用、综合性实验和附录。

本书可供高等院校生物、医药等专业教学和参考使用。

图书在版编目(CIP)数据

分子生物学实验指导/杨清玲,吕静竹主编. —合肥:中国科学技术大学出版社,2016.12
ISBN 978-7-312-04042-9

Ⅰ. 分… Ⅱ. ①杨… ②吕… Ⅲ. 分子生物学—实验 Ⅳ. Q7-33

中国版本图书馆 CIP 数据核字(2016)第 309373 号

出版	中国科学技术大学出版社
	安徽省合肥市金寨路 96 号,230026
	http://press.ustc.edu.cn
印刷	安徽联众印刷有限公司
发行	中国科学技术大学出版社
经销	全国新华书店
开本	787 mm×1092 mm 1/16
印张	14.25
字数	356 千
版次	2016 年 12 月第 1 版
印次	2016 年 12 月第 1 次印刷
定价	30.00 元

前　言

现代生物科技的发展日新月异，分子生物学作为生命科学领域的带头学科，其理论与实验技术也在飞速进步，为了解生命现象的本质、揭示生命活动的规律提供了有力的工具。为此，我们在自编《分子生物学实验指导讲义》的基础上，结合多年教学经验，同时参考国内外分子生物学的实验教材，组织编写了《分子生物学实验指导》。本教材可供高等院校生物、医药等专业的学生使用。

本教材共分为基础知识、核酸技术、分子克隆、蛋白技术、生物信息学在分子生物学实验中的应用、综合性实验和附录七个部分。基础知识主要介绍分子生物学实验室的基本要求和分子生物学实验技术原理的相关知识。核酸技术、分子克隆和蛋白技术主要依据基因工程技术路线，核酸技术涉及核酸分离纯化、鉴定、PCR 和核酸分子杂交等基本操作和技能；分子克隆涉及 DNA 的酶切、连接、感受态细胞制备及转化和重组子鉴定等实验操作；蛋白技术涉及外源基因的原核表达、目的蛋白的提取与纯化、定性和定量检测，以及基因工程菌的大规模培养和高密度发酵技术。同时，本教材融入生物信息学技术的应用，主要介绍如何利用软件进行核酸和蛋白质序列数据库的查询以及核酸与蛋白质序列的相似性分析，如多序列比对软件（Clustal、DAMBE）、系统发育树构建软件（MEGA、PHYLIP）和引物设计软件（Primer Premier 5.0）等。为加强学生科研思维能力的培养达到对知识、仪器与技能的综合运用与融汇贯通，本教材在基于教师科研方向的基础上设计了综合性实验，包含 5 个实验案例，涉及内容涵盖疾病的分子诊断、疾病耐药基因的筛选和病毒核酸的实验室检测等方面，并拓展介绍了一些新技术，充分体现了现代分子生物学技术在医药领域中的重要作用，力求满足应用型生物、医学人才培养的需要。附录部分主要介绍分子生物学实验中的常用数据、试剂及相关的实验资料。

本教材在以下省级质量工程资助下完成：省级教学团队（2014jxtd022）、省级专业综合改革试点（2012zy048）、安徽省重大教学改革研究项目（2015zdjy099）、教学研究重点项目（2013jyxm118；2012jyxm302）和一般项目（2015jyxm197）、省级精品资源共享课程（2013gxk057）。

由于编者水平及经验有限，书中难免存在不足及疏漏之处，衷心期待广大读者批评指正。

陈昌杰
2016 年 5 月

目 录

前言 ·· (i)

第 1 篇　基础知识

第 1 章　分子生物学实验室的基本要求 ··· (2)
   1.1　实验室规则 ··· (2)
   1.2　实验室安全防护 ··· (2)
   1.3　放射性同位素防护 ·· (4)
   1.4　危险化学试剂防护 ·· (4)
   1.5　生物安全防护 ·· (6)
   1.6　实验室物品与仪器的管理 ··· (8)

第 2 章　实验记录与实验报告 ·· (9)
   2.1　实验记录 ·· (9)
   2.2　实验报告 ·· (10)

第 3 章　仪器使用与溶液配制 ·· (11)
   3.1　常用仪器设备 ·· (11)
   3.2　溶液配制 ·· (16)

第 4 章　常用实验用品的处理 ·· (17)
   4.1　清洗 ·· (17)
   4.2　消毒灭菌 ·· (18)
   4.3　液氮的安全使用 ··· (19)

第 5 章　分子生物学实验技术原理 ·· (22)
   5.1　细胞培养技术 ·· (22)
   5.2　大肠杆菌的培养与保存 ·· (25)

第 2 篇　核酸技术

第 6 章　核酸电泳 ·· (30)
   6.1　琼脂糖凝胶电泳分离 DNA ·· (31)
   6.2　聚丙烯酰胺凝胶电泳分离 DNA ·· (36)

第 7 章　核酸的分离纯化和鉴定 ··· (40)
   7.1　质粒 DNA 的提取与纯化 ·· (40)
   7.2　蛋白酶 K 和苯酚从哺乳动物细胞中分离高分子质量 DNA ···························· (44)
   7.3　其他 DNA 提取方案 ·· (49)
   7.4　RNA 的提取 ·· (49)

第 8 章　聚合酶链反应(PCR) ··· (61)
   8.1　普通 PCR ··· (61)

8.2　RT-PCR ………………………………………………………………………（65）
8.3　荧光定量 PCR ………………………………………………………………（69）

第9章　核酸分子杂交 …………………………………………………………………（76）
9.1　斑点杂交 ………………………………………………………………………（76）
9.2　原位杂交 ………………………………………………………………………（80）
9.3　Southern 印迹杂交 …………………………………………………………（85）
9.4　Northern 印迹杂交 …………………………………………………………（90）

第3篇　分子克隆

第10章　DNA 的酶切 …………………………………………………………………（96）
10.1　实验目的 ……………………………………………………………………（96）
10.2　实验原理 ……………………………………………………………………（96）
10.3　仪器、材料与试剂 …………………………………………………………（97）
10.4　实验流程 ……………………………………………………………………（97）
10.5　实验步骤 ……………………………………………………………………（97）
10.6　结果分析 ……………………………………………………………………（98）
10.7　注意事项 ……………………………………………………………………（99）
10.8　应用 …………………………………………………………………………（99）

第11章　DNA 的连接 …………………………………………………………………（101）
11.1　实验目的 ……………………………………………………………………（101）
11.2　实验原理 ……………………………………………………………………（101）
11.3　仪器、材料与试剂 …………………………………………………………（102）
11.4　实验流程 ……………………………………………………………………（102）
11.5　实验步骤 ……………………………………………………………………（102）
11.6　结果分析 ……………………………………………………………………（102）
11.7　注意事项 ……………………………………………………………………（102）
11.8　应用 …………………………………………………………………………（103）

第12章　大肠杆菌感受态细胞的制备及转化 ………………………………………（104）
12.1　实验目的 ……………………………………………………………………（104）
12.2　实验原理 ……………………………………………………………………（104）
12.3　仪器、材料与试剂 …………………………………………………………（104）
12.4　实验流程 ……………………………………………………………………（105）
12.5　实验步骤 ……………………………………………………………………（105）
12.6　结果分析 ……………………………………………………………………（106）
12.7　注意事项 ……………………………………………………………………（106）
12.8　应用 …………………………………………………………………………（107）

第13章　重组子的鉴定 ………………………………………………………………（110）
13.1　实验目的 ……………………………………………………………………（110）
13.2　实验原理 ……………………………………………………………………（110）
13.3　仪器、材料与试剂 …………………………………………………………（110）

13.4	实验流程	(110)
13.5	实验步骤	(110)
13.6	结果分析	(111)
13.7	注意事项	(111)
13.8	应用	(112)

第 4 篇　蛋白技术

第 14 章　外源基因在大肠杆菌中的诱导表达 (118)
- 14.1　实验目的 (118)
- 14.2　实验原理 (118)
- 14.3　仪器、材料与试剂 (119)
- 14.4　实验流程 (120)
- 14.5　实验步骤 (120)
- 14.6　结果分析 (121)
- 14.7　注意事项 (121)
- 14.8　应用 (121)
- 14.9　真核细胞表达外源基因操作步骤 (122)

第 15 章　蛋白质的提取与纯化 (123)
- 15.1　实验目的 (123)
- 15.2　实验原理 (123)
- 15.3　仪器与试剂 (124)
- 15.4　实验流程 (125)
- 15.5　实验步骤 (125)
- 15.6　结果分析 (126)
- 15.7　注意事项 (126)
- 15.8　应用 (127)

第 16 章　蛋白质的定量检测 (130)
- 16.1　Lowry 法测定蛋白质含量 (130)
- 16.2　BCA 法测定蛋白质含量 (132)
- 16.3　Bradford 法测定蛋白质含量 (134)

第 17 章　目标蛋白质的测定 (137)
- 17.1　SDS 聚丙烯酰胺凝胶电泳 (137)
- 17.2　蛋白质的免疫印迹技术(Western-Blot) (141)
- 17.3　免疫共沉淀 (146)
- 17.4　双向聚丙烯酰胺凝胶电泳分离蛋白质 (150)

第 18 章　基因工程菌的大规模培养及高密度发酵技术 (154)
- 18.1　实验目的 (154)
- 18.2　实验原理 (154)
- 18.3　仪器与试剂 (155)
- 18.4　实验流程 (156)

18.5 实验步骤 (156)
  18.6 结果分析 (158)
  18.7 注意事项 (158)
  18.8 应用 (158)

第5篇 生物信息学在分子生物学实验中的应用

第19章 核酸和蛋白质序列的查询和分析 (162)
  19.1 核酸与蛋白质序列的数据库查询 (162)
  19.2 核酸与蛋白质序列的相似性分析 (169)
第20章 常用的分子生物学分析软件 (175)
  20.1 多序列比对软件 (175)
  20.2 构建系统发育树软件 (181)
  20.3 引物设计软件 (188)

第6篇 综合性实验

第21章 综合性实验概述 (194)
  21.1 实验要求 (194)
  21.2 综合实验报告 (194)
  21.3 实验目的 (195)
  21.4 实验安排 (195)
  21.5 实验材料 (195)
  21.6 实验流程 (195)
  21.7 实验步骤 (195)
第22章 综合性实验案例 (196)
  22.1 阿尔茨海默病(Alzheimer disease,AD) (196)
  22.2 katG基因全部缺失和点突变等引起结核菌产生对异烟肼(INH)的耐药研究 (198)
  22.3 亨廷顿舞蹈病(Huntington disease,HD) (201)
  22.4 H7N9禽流感病 (203)
  22.5 神经营养因子(neurotrophic factors,NTFs) (204)

附录 (207)
  附录A 分子生物学实验中的常用数据及换算关系 (207)
  附录B 分子生物学实验中的常用试剂 (208)
  附录C 常用细菌培养基和抗生素溶液 (213)
  附录D 与分子生物学实验相关的实验资料 (214)

参考文献 (216)

第 1 篇

基 础 知 识

第1章　分子生物学实验室的基本要求

1.1　实验室规则

1. 实验室是开展实验教学、科学研究和科技开发的场所。所有实验室工作人员和进入实验室的人员必须遵守实验室的各项规章制度,爱护公物,保持室内安静,严禁大声喧哗、打闹,严禁吸烟、吃东西、乱抛纸屑杂物、随地吐痰。

2. 实验室的仪器设备应由专人负责保管维护,登记建账。实行管理责任制,做到账、卡、物相符。物品存放应做到整洁有序,便于检查使用。注意防尘、防潮、防震、防冻等。不准存放任何与实验无关的物资。严禁随意搬动、拆卸、改装仪器设备。仪器设备需报废时,按有关规定办理。

3. 实验室工作人员必须对学生进行遵守实验室规章制度的教育。学生在做实验前要进行认真预习,进入实验室后必须听从实验室工作人员的安排。实验结束后,认真如实填写使用记录,由指导教师检查仪器设备有无损坏等情况,经教师签字后,方可清理桌面,整理好仪器设备。

4. 实验室的仪器设备及各种物品一般不得携带出实验室。若学院内实验室之间需调配使用,须经实验室主任报经系主任批准,办好手续,方可外借,用后及时归还。外单位借用时,须经系领导及学院相关部门批准。不得借给私人使用。损坏、丢失仪器设备须按有关规定处理及赔偿。

5. 重视实验室安全工作,加强对易爆、易燃和有腐蚀、有毒危险物品的管理,做到领用有手续、使用有记录。凡危险性实验,必须落实安全防范措施,严防一切事故的发生。多余的危险品要及时上交或妥善保管,不得过量存放。实验中丢弃的污废物或废液要倾倒在指定地点。

6. 实验室需建立安全值班制度,每次实验完毕或下班前,要做好整理工作,关闭电源、水源、气源和门窗。实验指导教师要配合值班人员进行安全检查。

7. 对违反本规则和有关规章制度所造成的事故和损失,要追究当事人的责任,并视情节给予严肃处理。

1.2　实验室安全防护

实验室的安全防护主要有防止中毒,防止爆炸和燃烧,防止腐蚀、化学灼烧、烫伤和割伤。

1.2.1　防毒

大多数化学药品都有不同程度的毒性。有毒化学药品可通过呼吸道、消化道和皮肤进入人体而发生中毒现象。如 HF 侵入人体,将会损伤牙齿、骨骼、造血和神经系统;烃、醇、醚等有机物对人体有不同程度的麻醉作用；三氧化二砷、氰化物、氯化高汞等是剧毒品，吸入少量会致死。

防毒注意事项：实验前应了解所用药品的毒性、性能和防护措施；使用有毒气体（如H_2S、Cl_2、Br_2、NO_2、HCl、HF）应在通风橱中进行操作；苯、四氯化碳、乙醚、硝基苯等蒸气久吸会使人嗅觉减弱，必须高度警惕；有机溶剂能穿过皮肤进入人体，应避免直接与皮肤接触；剧毒药品如汞盐、镉盐、铅盐等应妥善保管；实验操作要规范，离开实验室要洗手。

1.2.2 防火

防止煤气管、煤气灯漏气，使用煤气后一定要把阀门关好；乙醚、酒精、丙酮、二硫化碳、苯等有机溶剂易燃，实验室不得存放过多，切不可倒入下水道，以免集聚引起火灾；金属钠、钾、铝粉、电石、黄磷以及金属氢化物要注意使用和存放，尤其不宜与水直接接触；万一出现着火现象，应冷静判断情况，采取适当措施灭火；可根据不同情况，选用水、沙、泡沫、CO_2 或 CCl_4 灭火器灭火。

1.2.3 防爆

化学药品的爆炸分为支链爆炸和热爆炸。氢、乙烯、乙炔、苯、乙醇、乙醚、丙酮、乙酸乙酯、一氧化碳、水煤气和氨气等可燃性气体与空气混合至爆炸极限，一旦有热源诱发，极易发生支链爆炸；过氧化物、高氯酸盐、叠氮铅、乙炔铜、三硝基甲苯等易爆物质，受震或受热可能发生热爆炸。

对于支链爆炸，主要是防止可燃性气体或蒸气散失在室内空气中，须保持室内通风良好。当大量使用可燃性气体时，应严禁使用明火和可能产生电火花的电器。对于防止热爆炸，强氧化剂和强还原剂必须分开存放，使用时轻拿轻放，远离热源。

1.2.4 防灼伤

除了高温以外，液氮、强酸、强碱、强氧化剂、溴、磷、钠、钾、苯酚、醋酸等物质都会灼伤皮肤，应注意不要让皮肤与之接触，尤其防止溅入眼中。

1.2.5 安全用电

人身安全防护：实验室常用电为频率 50 Hz、电压 200 V 的交流电。人体通过 1 mA 的电流便有发麻或针刺的感觉，10 mA 以上人体肌肉会强烈收缩，25 mA 以上则呼吸困难，就有生命危险；直流电对人体也有类似的危害。

为防止触电，应做到如下几点：
1. 修理或安装电器时，应先切断电源；
2. 使用电器时，手要干燥；
3. 电源裸露部分应有绝缘装置，电器外壳应接地线；
4. 不能用试电笔去试高压电；
5. 不应用双手同时触及电器，防止触电时电流通过心脏；
6. 一旦有人触电，应首先切断电源，然后抢救。

对于仪器设备的安全用电，应做到如下几点：
1. 一切仪器应按说明书装接适当的电源，需要接地的一定要接地；

2. 若是直流电器设备,应注意电源的正负极,不要接错;

3. 若电源为三相,则三相电源的中性点要接地,这样万一触电时可降低接触电压,接三相电动机时要注意正转方向是否符合,否则,要切断电源,对调相线;

4. 接线时应注意接头要牢,并根据电器的额定电流选用适当的连接导线;

5. 接好电路后应仔细检查,无误后方可通电使用;

6. 仪器发生故障时应及时切断电源。

1.3 放射性同位素防护

1. 放射性同位素与射线装置使用场所必须设置防护设施。其入口处必须设置放射性标志和必要的防护安全连锁、报警装置或工作信号。

2. 单位必须设专人对放射源和射线装置进行管理,定期检查、维修并做书面记录。放射源和仪器、设备发生故障时,应由专人处理。

3. 放射性同位素与射线装置的使用单位必须严格按照安全操作规程进行操作,严格控制照射剂量,防止对人体造成伤害,避免放射事故的发生。

4. 放射性同位素和放射源的使用单位须设置专用源库,严格管理,防止泄漏、丢失。建立健全保管、领用、返还登记制度;配备必要的防护检测仪表及防护用品;建立应急处理方案。

5. 从事放射性相关工作的人员应在上岗前体检和定期体检,由市、区卫生防疫站负责统一安排,各有关单位的主管领导应督促从事放射性相关工作的人员参加体检,并给予经费及各方面的保障。

6. 发生放射源丢失、泄漏事故的单位,必须立即采取防护措施,控制事故的影响,保护事故现场,并向学校主管部门以及省市公安、卫生防疫部门报告。

7. 各单位必须按省卫生厅管理规定办理年检和换证手续。注销、变更放射性同位素与射线装置,需持许可登记证到原审批部门办理注销、变更手续。

8. 放射性同位素的使用单位停止使用放射性同位素时,须将放射性同位素、辐射源妥善处理,并将处理报告交到学校治安及技安部门,以便及时上报市卫生防疫站、市公安局及市环保局。经审查同意后,由市卫生防疫站、市公安局注销其许可证。

9. 凡违反本规定造成事故的,学校将按卫生部、公安部颁发的《放射线事故管理规定》的条款,对有关单位和责任人进行处罚。对造成严重后果,构成犯罪的,由司法机关依法追究刑事责任。

1.4 危险化学试剂防护

危险性试剂或化学危险品,具有燃烧、爆炸、毒害、腐蚀或放射性等危险性质。在受到摩擦、震动、撞击、接触火源、遇水或受潮、强光照射、高温、跟其他物质接触等外界因素影响时,能引起强烈的燃烧、爆炸、中毒、灼伤、致命等灾害性事故。在采购、保管和使用各种化学危险品的过程中,必须严格遵照国家的有关规定和产品说明书的条文办理。

1.4.1 易燃液体

特性:易挥发,遇明火易燃烧;蒸气与空气的混合物达到爆炸极限范围,遇明火、火星、电火花均能发生猛烈的爆炸。

实例:汽油、苯、甲苯、乙醇、乙醚、乙酸乙酯、丙酮、乙醛、氯乙烷、二硫化碳等。

保管及使用时的注意事项:要密封(如塞紧瓶塞),防止倾倒和外溢,存放在阴凉通风的专用橱中,要远离火种(包括易产生火花的器物)和氧化剂。

1.4.2 易燃固体

特性:着火点低,易点燃,其蒸气或粉尘与空气混合达到一定程度后,遇明火、火星或电火花能激烈燃烧或爆炸;跟氧化剂接触易燃烧或爆炸。

实例:硝化棉、萘、樟脑、硫黄、红磷、镁粉、锌粉、铝粉等。

保管及使用时的注意事项:跟氧化剂分开存放于阴凉处,远离火种。

1.4.3 自燃品

特性:跟空气接触易因缓慢氧化而引起自燃。

实例:白磷(白磷同时又是剧毒品)。

保管及使用时的注意事项:放在盛水的瓶中,白磷全部浸没在水下,加塞,保存于阴凉处。使用时注意不要与皮肤接触,防止体温引起其自燃而造成难以愈合的烧伤。

1.4.4 遇水燃烧物

特性:与水激烈反应,产生可燃性气体并放出大量热。

实例:钾、钠、碳化钙、磷化钙、硅化镁、氢化钠等。

保管及使用时的注意事项:放在坚固的密闭容器中,存放于阴凉干燥处。少量钾、钠应放在盛煤油的瓶中,使钾、钠全部浸没在煤油里,加塞存放。

1.4.5 爆炸品

特性:摩擦、震动、撞击、碰到火源、高温能引起强烈的爆炸。

实例:三硝基甲苯、硝酸甘油、硝化纤维、苦味酸、雷汞等。

保管及使用时的注意事项:装瓶单独存放在安全处。使用时要避免摩擦、震动、撞击、接触火源。为避免造成有危险性的爆炸,实验中的用量要尽可能少些。

1.4.6 强氧化剂

特性:与还原剂接触易发生爆炸。

实例:过氧化钠、过氧化钡、过硫酸盐、硝酸盐、高锰酸盐、重铬酸盐、氯酸盐等。

保管及使用时的注意事项:跟酸类、易燃物、还原剂分开,存放于阴凉通风处。使用时要注意,其中切勿混入木屑、炭粉、金属粉、硫、硫化物、磷、油脂、塑料等易燃物。

1.4.7 强腐蚀性物质

特性:对衣物、人体等有强腐蚀性。

实例：浓酸（包括有机酸中的甲酸、乙酸等）、固态强碱或浓碱溶液、液溴、苯酚等。

保管及使用时的注意事项：盛于带盖(塞)的玻璃或塑料容器中，存放在低温阴凉处。使用时勿接触衣服、皮肤，严防溅入眼睛中造成失明。

1.4.8 毒品

特性：摄入人体造成致命的毒害。

实例：氰化钾、氰化钠等氰化物，三氧化二砷、硫化砷等砷化物，升汞及其他汞盐。汞和白磷等均为剧毒品，人体摄入极少量即能中毒致死。可溶性或酸溶性重金属盐以及苯胺、硝基苯等也为毒品。

保管及使用时的注意事项：剧毒品必须锁在固定的铁橱中，由专人保管，购进和支用都要有明白无误的记录，一般毒品也要妥善保管。使用时要严防摄入和接触身体。

危险化学试剂应储存在专用储存室(柜)内，根据试剂的分类、分项、容器类型、储存方式和消防的要求，设置相应的安全防护设施，并设专人管理。专用储存室(柜)存放电器设备和照明装置应符合防爆要求。储存室应有相应的安全标志。危险化学试剂出入库时，应进行检查、验收、登记，对散落的化学试剂应及时分类清除、处理，不得将散落的不同试剂混合。对性质不稳定，容易分解、变质和引起燃烧、爆炸的化学试剂，应定期进行检查。爆炸性试剂的储存应遵循先进先出的原则，以免储存时间过长，导致试剂变质。爆炸性试剂、剧毒化学试剂的储存做到双人管理、双锁、双人收发、双人使用、双账。不同品种的氧化剂应分别存放，不应和与其性质相抵触的物品共同储存。自燃性试剂应单独储存，储存处应通风、阴凉、干燥、远离明火及热源，防止太阳直射。

1.5 生物安全防护

1.5.1 一级生物安全水平及防护

该级别适用于已经确定不会对成年人立即造成疾病，以及对实验人员及实验室工作人员存在的潜在危害性最小。这类实验室可以处理较多种类的普通病原体，例如犬传染性肝炎、非感染性的埃西里氏大肠杆菌，以及对于非传染性的病菌与组织进行培养。在该级别中需要防范的生物危害性是相对微弱的，仅需穿工作服，配戴手套和一些面部防护措施。不像其他种类的特殊实验室那样严格。这类实验室并不一定需与大众交通分隔出来，在这类实验室中仅需在开放实验台上依循微生物学操作技术规范(GMT)即可。在一般情况下，被污染的材料都留在开放(但分别注明)废弃物容器内。除此之外，这类型的实验后的洗净程序与我们在现代日常生活中对于微生物的预防措施类似(例如：用抗菌肥皂洗双手，用消毒剂清洗实验室的所有暴露表面等)。实验室环境中使用的所有细胞、细菌，以及所使用的材料都必须经过高压灭菌消毒处理。实验室人员在实验室中进行的程序必须由受过普通微生物学或相关科学训练的科学家进行监督且须经事先训练。

1.5.2 二级生物安全水平及防护

二级生物安全水平与一级生物安全水平类似，但其病原体具有中等程度危险性，对于人员和环境具有潜在危险。这类实验室能处理较多种类的病菌，且该病菌仅能让人类产生轻微的疾病,或者是难以在实验室环境中的气溶胶中生存。适合它的病原体包括各种细菌和病毒,如艰难梭菌、大部分的衣原体门、A/B/C型肝炎、A型流感、莱姆病、沙门氏菌、腮腺炎病毒、麻疹病毒、艾滋病毒、羊瘙痒症、抗药性金黄色葡萄球菌。与一级安全防护方法的不同之处在于:① 实验人员与处理病原体人员需为经特定培训和高级培训的科学家。② 实验时限制特定人员的出入。③ 采取极端的防治污染物品预防措施,在生物安全柜或其他物理遏制装置中进行。④ 在可能造成传染性气溶胶或喷雾被制造时必须在二级生物安全柜中进行。

1.5.3 三级生物安全水平及防护

该级别适用于临床、诊断、教学、科研或生产药物设施,这类实验室专门处理本地或外来的病原体且这些病原体可能会借由吸入而导致严重的或潜在的致命疾病。这些病原体(包括各种细菌、寄生虫和病毒)可能导致人类严重的致命性疾病,但目前已经有治疗方法。包含炭疽杆菌、结核杆菌、利什曼原虫、鹦鹉热衣原体、西尼罗河病毒、委内瑞拉马脑炎病毒、东部马脑炎病毒、SARS冠状病毒、伤寒杆菌、贝纳氏立克次体、裂谷热病毒、立克次氏体与黄热病毒等。

实验室工作人员必须受过相关致病性和潜在的致命性或致病性病原体的知识培训。所有涉及感染性材料的操作需在生物安全柜中进行,当这类操作不得不在生物安全柜外进行时,必须采用个体防护以及使用物理抑制设备的综合防护措施。该类实验室应具有特殊的工程设计特点,然而,一些实验室现有的设施可能未完全符合生物安全三级(例如:双门进入区和密封零渗透力配备)的标准。在这种情况下,在可供接受的安全水平下进行例行程序的行为(例如:涉及鉴定病原体与人传播的诊断程序、分类,药物过敏试验等)可在生物安全二级设施中实施,将实验室里过滤的废气排放到室外,为实验室的通风平衡提供定向气流进入室内,工作正在进行时限制进入实验室的人员,应严格遵循推荐的标准微生物的实践与特别的做法,并配有生物安全三级安全设备。

1.5.4 四级生物安全水平及防护(最高防护实验室)

该级别需要处理危险且未知的病原体,并且该病原体可能造成高度个人风险且至今仍无任何已知的疫苗或治疗法,如阿根廷出血热与刚果出血热、埃博拉病毒、马尔堡病毒、拉萨热、克里米亚-刚果出血热、天花以及其他各种出血性疾病。当处理这类生物危害病原体时必须强制性地使用独立供氧的正压防护衣。生物实验室的四个出入口将配置多个淋浴设备、真空室与紫外线光室及其他旨在摧毁所有的生物危害痕迹的安全防范措施。多个气密锁将被广泛应用并被电子保护,以防止在同一时间打开两个门。所有的空气和水的服务,将与实验室进行类似的消毒程序,以消除意外释放的可能性。

当病原体被怀疑可致病或可能有抗药性时,都必须在四级生物安全防护实验室进行处理,直到有足够的数据得到确认后,方可移交至较低水平实验室。实验室工作人员必须对他们工作对象的危险性和传染性有具体、深入的认识,且必须受过严格的培训,通常还需要有处理过这些病原体的科学家的监督,出入实验室也需要受到严格的控制。这类实验室一般单独建立或设立在建筑物的某个单独控制区域内,实验室内部须有详细的操作手册。

1.6 实验室物品与仪器的管理

1. 教学实验室的各种物品,包括仪器设备、家具和实验药品等,均为中心用于实验教学的国有资产,由专门的实验室管理人员进行管理,并根据实验教学的实际需要经中心主任审核,统一调配使用。

2. 未经管理人员同意,不得随意搬动实验室的各种物品(包括室内物品的搬动和拿出);物品调配时,必须有中心负责人签字并由管理人员做好调配交接记录,修改实验室信息管理数据库相关信息,并提交到相关管理人员和档案室备案。

3. 实验室物品发生损坏或丢失时,要及时报告实验室管理人员,管理人员负责追查损坏或丢失的原因,确定责任人,并按管理规定提出处理意见报中心负责人审批;损失较大时,需报学校实验室管理部门,如未及时报告或无法查清损坏或丢失原因的,应由管理人员负责。

4. 大型仪器必须有专人保管,须配有稳压电源,使用前须先检查仪器间各电路连接情况,再开稳压电源,然后再启动仪器开关。

5. 必须严格执行仪器设备运行记录制度,记录仪器运行状况、开关机时间。凡不及时记录者,一经发现,停止使用一周。

6. 使用仪器必须熟悉本仪器的性能和操作方法,本科生做毕业论文设计需使用仪器时应有教师在场,熟悉操作使用方法后,必须经有关教师和实验人员同意方可进行独立操作。

7. 仪器使用完毕后,必须将各使用器件擦洗干净归还原处,盖上防尘罩,关闭电源,打扫完室内后,方可离开。

8. 下次使用者,在开机前,首先应检查仪器清洁卫生情况、仪器是否有损坏,接通电源后,检查是否运转正常。发现问题应及时报告管理员,并找上一次使用者问明情况,知情不报者追查当次使用者责任。

9. 若在操作使用期间出现故障,应及时关闭电源,并向有关管理人员报告,严禁擅自处理、拆卸、调整仪器的主要部件,凡自行拆卸者,一经发现将给予严重处罚。用后应切断电源、水源,将按钮调回原位,并做好清洁工作,锁好门窗。

10. 所有仪器设备的操作手册及技术资料原件一律建档保存,随仪器使用的只能是复印件。

11. 保持仪器清洁,仪器的放置要远离强酸、强碱等腐蚀性物品,远离水源、火源、气源等不安全源。

12. 各仪器要根据其保养、维护要求,进行及时或定期的干燥处理、充电、维护、校验等,确保仪器正常运转。每学期进行一次仪器使用检查,发现有损坏应及时请有关部门维修。

13. 仪器不能随意搬动,更不能外借;校内人员经中心主任批准后可在实验室按上述规定使用。

(张晓洁)

第 2 章 实验记录与实验报告

2.1 实验记录

科学研究是以诚实守信为基础的事业,它自诞生就把追求真理、揭示客观规律作为崇高目标。对于一个科研工作者来说,实验记录就是科学研究的生命线。

实验记录是研究论文的源泉,做好实验记录和及时总结归纳实验数据,对研究者保持清醒的实验思路、抓住重要的实验现象、得到创新的结果和提高研究工作效率是十分重要的,也是日后追溯实验数据的直接证据。因此,从实验课开始应养成认真做好实验记录的良好习惯。

实验记录是科学实验工作的原始资料,应直接写在实验记录本上,严禁用零散纸片记录。实验记录本应保持完整,不得缺页或挖补;如有缺、漏页情况,应详细说明原因。记录应做到条理分明、文字简练、字迹清晰;使用蓝色或黑色钢笔、碳素笔记录,不得使用铅笔或易褪色的笔记录。实验记录需修改时,采用划线方式去掉原书写内容,但须保证仍可辨认,然后在修改处签字,避免随意涂抹或完全涂黑。空白处可标记"废"字或打叉。实验结果、表格、图片和照片均应直接记录或订在实验记录本中,成为永久性记录。实验记录应使用规范的专业术语,计量单位应采用国际标准计量单位,有效数字的取舍应符合实验要求。常用的外文缩写(包括实验试剂的外文缩写)应符合规范,首次出现时必须用中文加以注释。实验记录中属译文的应注明其外文名称。

实验记录的统一标准格式应包含下列主要内容:项目(课题)名称、实验目的、研究内容、实验设计原理、研究方法、实验日期、实验条件、实验材料、实验过程、实验结果、实验讨论、参考文献及记录者签名。

1. 项目(课题)名称:写明本项目的全称、课题来源、资助单位和项目编号。
2. 实验目的:写明本次实验的具体目的。
3. 研究内容:本次实验具体要研究的内容及所要解决的问题。
4. 实验设计原理:根据实验的目的和内容,采用何种原理设计实验。
5. 研究方法:根据实验设计确定本次实验的研究方法,详细记录本次实验所要采取的具体技术路线、实验方法等。常规实验方法应在首次实验记录时注明方法来源,并简述主要步骤。改进、创新的实验方法应详细记录实验步骤和操作细节。
6. 实验日期:本次实验的年、月、日、时,在记录本的每一页右上角填写。
7. 实验条件:实验室的温度、湿度,动物实验室的级别,合格证书号及发证单位。
8. 实验材料:详细记录标本、样品的来源、取材的时间,实验原料的来源、特性,购买时的相关票据复印件(动物合格证要贴在实验记录本上)。记录所用试剂、标准品、对照品等的名称、来源、厂家、批号、规格及配制方法等,应保留称量的原始记录纸并贴在实验记录本上。记录所使用的仪器、设备的名称、厂家、出厂日期、生产批号、规格型号。自制试剂要记录配制方法、配制时间和保存条件等。实验材料如有变化,应在相应的实验记录中加以说明。

9. 实验过程：详细记录本次实验过程中所出现的具体情况及所观察到的反应过程。需保留所有的原始记录于实验记录本上。

10. 实验结果：详细记录实验所获得的各种实验数据及反应现象，并做简要分析。不得在实验记录本上随意涂改实验结果，如确需修改，应保留原结果，修改的结果写在边上并要附有说明和课题负责人签字。

11. 实验讨论：对本次实验结果进行分析、讨论，详细说明在实验过程中所发现的问题及解决的方法，为下一步的实验制订实施方案。

12. 参考文献：详细记录所参考的文献资料的作者、文题（书名）、刊物（出版社）、页码、发表时间及卷、期号等。保留参考文献的复印件。

13. 记录者签名：参加记录的人员需在实验记录本上签名，最后由课题组负责人审核后签名。

2.2 实验报告

实验结束后，参加实验的每位同学均应根据实验结果和实验记录及时整理总结，写出实验报告。实验报告的书写应文字简练、语句通顺、字迹清晰且具有较强的逻辑性和科学性。实验报告应包括：实验名称、实验日期、实验目的和要求、实验原理、试剂配制、仪器设备、操作方法、实验结果、讨论等内容。

书写实验报告时，对目的要求、实验原理以及操作方法等项目应做简明扼要的叙述，但对具体实验条件和操作的关键步骤必须书写清楚。对于实验结果部分，除了根据实验要求将实验得到的结果和数据进行整理、归纳、分析对比、计算以及尽量总结成图表（如标准曲线图、实验组与对照组结果比较表等）外，还应针对实验结果进行必要的说明和分析，并做出结论。讨论部分包括对实验方法、结果、现象、误差等进行探讨和分析，以及对实验设计的认识、体会、建议和对实验课的改进意见等。

（吕静竹）

第 3 章　仪器使用与溶液配制

3.1　常用仪器设备

3.1.1　电子天平

分析天平是定量分析操作中最主要、最常用的仪器,常见的天平有以下三类:托盘天平、电子天平和半自动电光天平。其中电子天平是最新一代的天平,它是根据电磁力平衡原理设计的,直接称量,全量程不需要砝码,还具有自动校正、超载显示、自动去皮、故障报警以及质量电信号输出功能。

3.1.1.1　操作步骤

1. 将天平安放在稳定及水平的工作台上,避免震动、空气对流、阳光直射和剧烈的温度波动,使用前须先调节水平泡至中央位置。
2. 将容器置于秤盘上,关闭天平门,待天平稳定后按 TARE 键进行清零,LED 指示灯显示质量为 0.000 0 g,取出容器,变动容器中物质的量,将容器放回托盘,不关闭天平门粗略读数,看质量变动是否达到要求,若在所需范围则关闭天平门,读出质量变动的准确值。以质量增加为正,减少为负。
3. 称量结束后,按 OFF 键关闭天平,将天平还原。整理好台面之后方可离开。

3.1.1.2　注意事项

1. 在开关门放取称量物时,动作必须轻缓,切不可用力过猛或过快,以免造成天平损坏。
2. 对于过热或过冷的称量物,应使其回到室温后方可称量。
3. 称量物的总质量不能超过天平的称量范围。
4. 所有称量物都必须放在洁净干燥的容器(如烧杯、表面皿、称量瓶等)中进行称量,以免沾染腐蚀天平。

3.1.2　紫外分光光度计

3.1.2.1　工作原理

基于朗伯-比尔(Lambert-Beer)定律,即物质在一定浓度的吸光度与它的吸收介质的厚度成正比,其应用波长范围为 200~400 nm 的紫外光区、400~850 nm 的可见光区。主要由辐射源(光源)、色散系统、检测系统、吸收池、数据处理机、自动记录器及显示器等部件组成。基于朗伯-比尔定律:由于物质有不同的分子结构,对光的吸收能力也不相同,因此每种物质都有其特定的吸收光曲线,可以利用这种吸收特征来对不同物质进行定性或定量的分析。

3.1.2.2　分光光度仪的操作步骤

1. 接通电源后打开开关,转动波长选择按钮调节实验所需的比色波长。

2. 将用来调零的空白试剂、标准液体以及测定液体分别倒入比色杯至 3/4 体积处,擦净比色杯光面,放入比色室内,确保比色杯光面对准光路。

3. 使避光体首先对准光路,盖上暗箱盖后调节调节器到投射比,使读数指针指向"T=0"处。

4. 待指针稳定以后逐步拉出样品滑竿,使空白调零,比色杯对准光路,调节吸光度调节器,使得"T=100",依次拉标准和待测比色杯到光路中央并分别读出光密度值。

5. 比色完毕后记得取出比色杯清洗干净,纸巾擦干后待用。

3.1.2.3 注意事项

1. 为了防止光电管疲劳,不测定时必须将试样室盖打开,切断光路,以延长光电管的使用寿命。

2. 拿取比色杯时,手指只能捏住比色杯的毛玻璃面,不能碰比色杯的光学表面。

3. 比色杯不能用碱溶液或氧化性强的洗涤液洗涤,也不能用毛刷清洗。比色杯外壁附着的水或溶液应用擦镜纸或细而软的吸水纸吸干,不要擦拭,以免损伤它的光学表面。

3.1.3 离心机

3.1.3.1 作用原理

离心机是利用离心力分离液体与固体颗粒或液体与液体的混合物中各组分的机械。离心机分为过滤式离心机和沉降式离心机两种。过滤式离心机是使悬浮液在离心力场下产生的离心压力作用在过滤介质上,使液体通过过滤介质成为滤液,而固体颗粒被截留在过滤介质表面,从而实现液-固分离;沉降式离心机是利用悬浮液(或乳浊液)密度不同的各组分在离心力场中迅速沉降分层的原理,实现液-固(或液-液)分离的。

3.1.3.2 操作步骤

1. 打开电源前确保离心机处于水平平面,离心物品应注意平衡放置。

2. 在设置范围内,根据实验要求来设置自己所需的温度、速度和时间,启动后一直到达预定条件后才会自动停止。

3. 待离心机停止转动后,打开机盖取出离心样品,擦干离心机内壁,注意保养。

3.1.3.3 注意事项

1. 离心机应始终处于水平位置,开机前应检查离心机机腔是否有异物掉入,同时样品和离心筒注意要预先进行配平方能离心。

2. 对于挥发性和腐蚀性液体,使用带盖的离心管进行离心。

3. 轻柔擦拭离心机的内腔,以免损坏机腔内置温度感应器。

4. 定期对离心机的各项功能进行检修,若离心机中有异常情况,应立即关闭离心机电源。

3.1.4 PCR 仪

PCR 仪工作原理就是利用 DNA 聚合酶对特定基因做体外或试管内的大量合成,基本上它是利用 DNA 聚合酶进行专一性的连锁复制。目前常用的技术可以将一段基因复制为原来的 100 亿倍至 1 000 亿倍。

3.1.4.1 PCR 操作

1. 打开仪器的电源开关,仪器显示软件版本号及型号后,进入主菜单。

2. 新建、编辑程序。

(1) 新建程序:在 Main-Menu 主菜单下通过光标移动键移动光标到 FILES 菜单上,按 ENTER 进入,在 FILES 子菜单下选择 STANDARD,按 ENTER 确认,即可将 STANDARD 标准程序调用修改,修改完后可另存为其他程序名(也可选择 NEW 子菜单建立全新的程序)。

(2) 在上述界面上,移动光标到 BLOCK 选项上,通过 SEL 键选择 BLOCK(对热模块进入温控)或 TUBE(对样品管进入温控),再将光标移到 LID,设置热盖温度为 103 ℃。NOWAIT 和 AUTO 是同 BLOCK 选项一样的设置过程。再将光标下移到空格行,按一次 SEL 键,出现 1T=**,将光标移到*上设置温度,然后将光标后移设置时间,再将光标下移设置下一个温度过程;若要在该温度下设置温度或时间递增或递减条件,则将光标移动到该语句行号的正下方,再按 OPTION 键即可设置递增或递减条件;若程序中需要循环语句,则可反复按 SEL 键直至出现 GOTO**REP**,设置返回到第几步共有多少个循环(目标循环数减 1),依此类推设置完整的程序即可。

程序保存:设置完程序后按 EXIT 键退出程序,仪器将提示是否保存程序,通过 SEL 键选择 YES,再给程序取个名称,先用光标移动键移动到原程序名称上,用 DELE 键逐个删除原名称,输入新的程序名称(名称中通过反复按 SEL 键可输入字母),最后按 ENTER 保存程序。

(3) 编辑程序同上过程。

(4) 在 Main-Menu 主菜单下选择 DELE,按 ENTER 进入删除程序界面,用光标移动键选择需要删除的程序,再按 ENTER 键即可删除程序。

(5) 在 Main-Menu 主菜单下选择 START 子菜单,通过光标移动键选择需要运行的程序,按 START 键即可运行该程序。

(6) 程序运行过程中可按 OPTION 键显示程序运行时间及结束时间(只显示 5 秒钟)。

(7) 程序运行时可按 STOP 键,再通过按 SEL 键来选择终止、暂停或继续运行该程序。

3.1.4.2 注意事项

1. 仪器工作时应该有足够的散热空间,即各个排风口 20 cm 处不应有障碍物。

2. 在仪器运行及结束一段时间内,请不要用手触摸仪器的 BLOCK 及热盖,避免烫伤皮肤。

3. 仪器是专用于生物样品的扩增仪,不能用于易燃、易爆及腐蚀性的样品。

4. 仪器不需要经常保养。仪器的 BLOCK 基座可用水或实验室柔和的清洁剂清洗,但要确保没有液体渗入仪器内部,且清洁前应关闭仪器电源开关和拔掉电源连接线。

5. 仪器需由专业维修人员打开。

3.1.5 微量移液器

3.1.5.1 基本原理

微量移液器是一种在一定容量范围内可随意调节的精密取液装置(俗称"移液枪")。它的基本原理是依靠装置内活塞的上下移动(气活塞的移动距离是由调节轮控制螺杆结构实现的),推动按钮带动推动杆使活塞向下移动,排除活塞腔内的气体。松手后,活塞在复位弹簧的作用下恢复原位,从而完成一次吸液过程。

3.1.5.2 操作步骤

1. 将微量移液器装上吸头(不同规格的移液器用不同大小的吸头)。
2. 手垂直握着微量移液器,使吸头插入液面下几毫米。慢慢将微量移液器按钮按压到第一挡。
3. 缓慢、平稳地松开控制按钮,吸上样液。否则液体进入吸嘴太快,导致液体倒吸入移液器内部,或吸入体积减小。
4. 等一秒钟后将吸嘴提离液面。
5. 平稳地把液体用微量移液器转移出来,再把按钮压至第二挡以排出剩余液体。
6. 提起微量移液器,使吸嘴在容器壁擦过。
7. 然后按吸嘴弹射器除去吸嘴。

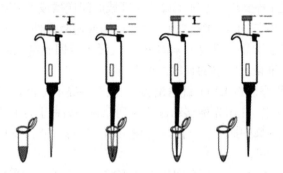

图 3.1 微量移液器的正确使用方法

3.1.5.3 注意事项

1. 未装吸嘴的微量移液器绝对不可用来吸取任何液体。
2. 一定要在允许量程范围内设定容量,千万不要将读数的调节超出其适用的刻度范围,否则会造成损坏。
3. 不要横放带有残余液体吸嘴的微量移液器。
4. 不要用大量程的微量移液器移取小体积样品。

3.1.6 酸度计

酸度计是利用 pH 复合电极对被测溶液中氢离子浓度产生不同的直流电位,通过前置放大器输入到 A/D 转换器,以达到 pH 测量的目的,最后由数字显示 pH。酸度计的种类有很多,主要有以下四类:笔式酸度计、台式酸度计、便携式酸度计、在线式酸度计。

3.1.6.1 操作步骤

1. 在初次使用时,酸度计的玻璃电极应预先在蒸馏水中浸泡过夜,使用过后也应及时浸泡在蒸馏水中。
2. 用 pH 已知的标准缓冲液来校准酸度计的 pH。校准后 pH 电极都需使用蒸馏水冲洗。
3. 吸干 pH 电极上的蒸馏水,然后将 pH 电极浸入被测溶液中,不断轻轻地摇动装着待测液的烧杯,使电极与溶液能够充分地接触。

4. 按下读数按钮，记下待测液的 pH。

5. 测量完毕后冲洗电极，将电极置于蒸馏水中浸泡待用。

3.1.6.2 注意事项

1. 酸度计不能在潮湿的环境中使用。

2. 玻璃电极使用时，注意切忌与硬物接触以免破损。

3. 玻璃电极应注意防止污染，若不慎沾有油污可用乙醚冲洗，然后再用酒精冲洗，最后用蒸馏水重新冲洗。

4. 若酸度计指针严重抖动，应及时更换玻璃电极。

3.1.7 超纯水系统

纯水系统一般是指通过各种水处理工艺和水质监测系统来纯化水的一类装置。所谓的超纯水就是尽可能地除去天然水中常见的杂质得到的水，这些杂质主要包括可溶性无机物、有机物、颗粒物、微生物以及可溶性气体。目前主要用蒸馏、离子交换、反渗透、过滤、吸附以及紫外氧化等方法来净化水质。一般可以将水的纯化过程分为四步：预处理、反渗透、离子交换和终端处理。

3.1.8 凝胶成像系统

凝胶成像系统主要用于 DNA、RNA 和蛋白质等凝胶电泳的不同染色（如 EB、考马氏亮蓝、银染、SYBR Green）、微孔板以及平皿等非化学发光成像的检测和分析。凝胶成像系统也应用于分子量计算、密度扫描、密度定量、PCR 定量等常规研究。

根据未知样本与标准品在凝胶或者其他载体上电泳迁移率和光密度的不同来做定性分析，确定其成分和性质。根据光密度与样品的浓度或质量成正比的关系，通过已知浓度的样品条带的光密度与未知样本的光密度相比较就可以得到未知样品的浓度或者质量。

3.1.8.1 操作步骤

1. 打开载样抽屉，在紫外玻璃上放置待观察、拍摄的核酸凝胶样品，关上抽屉。

2. 打开总电源，同时打开 UV-1。

3. 拍摄蛋白凝胶时，将紫外玻璃上换上白光转换板，放置蛋白凝胶，开启透射光源 UV-1。或者在紫外玻璃上直接垫放一块白板，打开反射光源。

4. 拍摄非透明材料时，需要反射非激发光，打开反射光源，进行拍摄。

5. 根据实验样品的大小和拍摄需要，调节面板上光圈，调节面板上景深，当获得清晰的图像时，进一步进行焦距调节，调节结果可通过电脑屏幕观察。

6. 观察结束应及时取出样品，清洁箱内，关闭电源。建议载样板上可先垫上保鲜膜，再在保鲜膜上放入样品，这样可有效保持箱内清洁且方便移动样品。

3.1.8.2 注意事项

1. 运输过程中要防震，以免紫外玻璃破碎。

2. 电源连接要接地，使用完毕后关闭电源。

3. 紫外玻璃上切勿压放重物或与金属物体碰、擦，以免造成紫外滤色玻璃损坏。

4. 每次使用完毕，须用干净纱布轻轻地将紫外玻璃擦净，并保持干燥；或者在使用前，先在紫外玻璃上覆盖一层透明保鲜膜，然后在保鲜膜上安放凝胶并拍摄。

3.2 溶液配制

3.2.1 分子生物学实验室常用试剂浓度表示法

1. 物质的量浓度。某物质的物质的量浓度是指某物质的物质的量除以混合物的体积。单位为 $mol·L^{-1}$。
2. 质量分数。某物质的质量分数是指某物质的质量与混合物的质量之比。
3. 质量浓度。质量浓度是物质的质量除以混合物的体积。单位为 $kg·L^{-1}$。

3.2.2 试剂的保存

3.2.2.1 易挥发试剂

易挥发试剂如浓氨水、浓盐酸、四氯化碳、氯仿、甲醛等,储存时要塞紧瓶盖严密密封,放置在通风阴凉处。

3.2.2.2 易潮解试剂

易潮解试剂如氯化钙、氢氧化钠、氢氧化钾、氯化铁等,储存时要严密盖紧瓶盖并用石蜡密封,放置在阴凉干燥处。

3.2.2.3 见光或高温易分解、变质的试剂

这类试剂如硝酸银、浓双氧水、碘化钾、亚硝酸盐、漂白粉、H_2S 溶液、亚铁盐、高锰酸盐等,储存时用棕色玻璃瓶保存置于阴凉处,使用时注意避光。

具体情况参考表 3.1。

表 3.1 试剂的特点及保存方法

名 称	特 点	保存方法
氢氧化钠、氢氧化钾	易潮解,易与 CO_2 反应,能腐蚀玻璃	密封保存,试剂瓶用橡皮塞塞紧
白磷	空气中能自燃	贮存在冷水中
浓硝酸、硝酸银、氯水(溴水)、高锰酸钾	见光、受热易分解	保存在棕色瓶中,置于暗、冷处
液溴	有毒,易挥发,能腐蚀橡皮塞	密封保存在有玻璃塞的棕色瓶中,液面上放少量水(水封)
氨水、浓盐酸	易挥发	密封置于暗、冷处
浓硫酸、碱石灰、无水氯化钙	易吸水	密封保存(可做干燥剂)
氢氟酸	能跟二氧化硅反应而腐蚀玻璃,有剧毒	保存在塑料瓶中
苯、酒精、汽油等有机溶剂	易燃、易挥发	密封置于暗、冷处,不可与氧化剂混合贮存,严禁火种

(陈素莲)

第4章 常用实验用品的处理

4.1 清洗

在分子生物学实验操作中,对新使用和重新使用的各种器皿都要进行严格彻底的清洗,还要根据器皿组成材料的不同,选择不同的清洗方法。

4.1.1 玻璃器皿的清洗

玻璃器皿是分子生物学实验中不可缺少的器具,玻璃器皿的清洁与否,直接影响着实验效果的准确性。因此,玻璃器皿的清洁工作非常重要。一般玻璃器皿的清洗包括浸泡、刷洗、浸酸和冲洗四个步骤。清洗后的玻璃器皿不仅要求干净透明无油迹,而且不能残留任何物质。

1. 浸泡:新的玻璃器皿在生产过程中会使玻璃表面呈碱性,在带有大量干固灰尘的同时,亦带有一些如铅、砷等有毒物质,使用前必须彻底清洗。首先用自来水初步刷洗,再使其在5%的稀盐酸溶液中浸泡过夜,以中和其中的碱性物质。使用后的玻璃器皿应立即浸入清水中,避免器皿内的蛋白质等物质干涸后黏附于玻璃上以致难以清洗。浸泡时应将器皿完全浸入水中,使水进入器皿且无气泡空隙遗留。

2. 刷洗:一般多用毛刷和洗涤剂或洗衣粉进行洗涤,以去除器皿内外表面的杂质。刷洗时应注意两点:一是防止损坏器皿内表面光洁度,故应选择软毛毛刷和优质的洗涤剂,刷洗时不宜用力过猛;二是不能留有死角,要特别注意瓶角等部位的洗涤。刷洗后要将洗涤剂彻底冲洗干净,晾干。

3. 浸酸:清洁液由浓硫酸、重铬酸钾及蒸馏水配制而成,具有很强的氧化作用,去污能力很强,对玻璃器皿无腐蚀作用。经清洁液浸泡后,玻璃器皿残留的未刷洗掉的微量杂质可被完全清除。浸泡时,应使器皿内部完全充满清洁液,不留气泡,一般浸泡过夜或至少浸泡6 h。

清洁液配制和使用时应注意安全,须穿围裙并戴耐酸手套,要保护好面部及身体裸露部分。配制过程中可使重铬酸钾溶于蒸馏水中,然后慢慢加入浓硫酸,并不停地用玻璃棒搅拌,使产生的热量挥发。浸泡器皿时,同样要注意防止灼伤,应轻轻将器皿浸入。

4. 冲洗:玻璃器皿经清洁液浸泡后,应先使用流水彻底冲洗,每个器皿用流水灌满、倒掉,须重复10次以上,直至清洁液全部冲洗干净,不留任何残迹为止。然后再用蒸馏水漂洗2~3次,最后用三蒸水漂洗一次。冲洗后搁置于滴水架晾干(或烤箱内烘干)后归至器械室备用。

4.1.2 塑料器皿、胶塞、盖子等杂物的清洗

分子生物学实验中常用的塑料器皿应为一次性物品,但由于各种原因,部分实验室尚未能做到将这类物品完全做一次性使用,仍需经过清洗和消毒灭菌后反复使用。清洗方法通常是:使用塑料器皿后立即用流水冲洗干净或浸入清水中,防止干涸。超声波清洗机内加入

少量洗涤剂清洗 30 min 后用流水彻底冲洗干净,使其在清洁液中浸泡过夜,之后用流水将残留清洁液彻底冲洗干净,蒸馏水漂洗 2～3 次,三蒸水漂洗 2 次,晾干备用。亦可采用下述步骤:器皿经冲洗干净后,晾干,在 2% 浓度的 NaOH 中浸泡过夜,后用自来水冲洗,用 5% 浓度的盐酸浸泡 30 min,流水彻底冲洗,蒸馏水漂洗。但塑料器皿反复使用的次数不宜太多。

胶塞、培养瓶盖子、针头等均不能以清洁液浸泡。清洗过程中,新的胶塞因带有滑石粉,应先用自来水冲洗干净,再进行常规清洗;使用后的胶塞、盖子应及时浸泡在清水中,然后用洗涤剂刷洗。针头需用自来水冲洗干净后置入 2% 的 NaOH 中煮沸 10～20 min,冲洗干净后再以 1% 的稀盐酸浸泡 30 min,冲洗干净;用蒸馏水漂洗 2～3 次,最后用三蒸水漂洗一次。晾干备用。

组织培养的器皿除需清洗、晾干外,在消毒前必须进行包装,以便消毒及储存,防止落入灰尘及消毒后再次被污染。一般用皱纹包装纸、硫酸纸、牛皮纸、棉布等作为包装材料,对培养瓶、贮液瓶等物品的容器瓶口部分做局部包装密封,再用牛皮纸、玻璃纸或布包起来备用。对体积较小的培养皿、移液器吸头等可以全封闭包装。注射器、金属器械可直接装入铝制饭盒或不锈钢等材制的容器内。

4.2 消毒灭菌

消毒灭菌是指采用多种物理、化学或生物学方法使细菌的生长代谢活动受到抑制,甚至死亡。消毒灭菌在医学实践上有着重要意义:不仅可切断传播途径、控制感染扩散造成的危害,亦可杀灭物品或器皿上的细菌,防止感染。严格的消毒灭菌对分子生物学实验操作极为重要,直接影响着整个实验能否顺利进行。

目前常用的消毒灭菌方法包括物理方法(如干热灭菌法、湿热灭菌法、射线杀菌法、过滤除菌法等)和化学方法(消毒剂消毒法、抗生素抑菌法)两大类。

4.2.1 干热灭菌法

干热灭菌法是利用恒温干燥箱内 120～150 ℃ 的高热,并保持 90～120 min,杀死细菌和芽孢,达到灭菌目的的一种方法。该法主要适用于不便在压力蒸汽灭菌器中进行灭菌,且不易被高温损坏的玻璃器皿、金属器械以及不能和蒸汽接触的物品的灭菌。用此方法灭菌的物品干燥,易于贮存。酒精灯火焰烧灼灭菌法也是属于干热灭菌的方法之一,在进行动物细胞体外培养工作时,常需利用工作台面上的酒精灯火焰对金属器具及玻璃器皿口进行补充灭菌。

4.2.2 湿热灭菌法

压力蒸汽湿热灭菌法是目前最常用的一种灭菌方法,它利用高压蒸汽使菌体蛋白质凝固变性从而使微生物死亡。该法适合于布类工作衣、各种器皿、金属器械、胶塞、蒸馏水、棉塞、纸和某些培养液的灭菌。高压蒸汽灭菌器的蒸汽压力一般调整为 $1.0～1.1\ kg/cm^2$,维持 20～30 min 即可达到灭菌效果。

4.2.3 射线灭菌法

射线灭菌法是利用紫外线灯进行照射灭菌的方法。紫外线是一种高能量的电磁辐射,可以杀灭多种微生物,其作用机制是通过对微生物的核酸及蛋白质等的破坏作用从而达到灭菌目的,该法适用于实验室空气、地面、操作台面灭菌,灭菌时间为 30 min。用紫外线杀菌时应注意,不能边照射边进行实验操作,因为紫外线不仅对人体皮肤有伤害,而且对培养物及一些试剂等也会产生不良影响。

4.2.4 过滤除菌法

过滤除菌法是将液体或气体通过有微孔的滤膜过滤,阻留大于滤膜孔径的细菌等微生物颗粒,从而达到除菌的目的。过滤除菌法大多用于遇热易发生分解、变性而失效的试剂、酶液、血清、培养液等。目前,常使用微孔滤膜金属滤器或塑料滤器正压过滤除菌,或使用玻璃细菌滤器、滤球负压过滤除菌。滤膜孔径应在 0.22~0.45 μm 范围内或用更小的细菌滤膜,溶液通过滤膜后,细菌和孢子等因大于滤膜孔径而被阻,同时利用滤膜的吸附作用,阻滞小于滤膜孔径的细菌透过。

4.2.5 化学消毒剂消毒法

化学消毒剂消毒法适用于那些不能利用物理方法进行灭菌的物品、空气、工作面、操作者皮肤、某些实验器皿等。常用的化学消毒剂包括甲醛、高锰酸钾、70%~75%乙醇、过氧乙酸、来苏尔水、0.1%新洁尔灭、环氧乙烷、碘伏或碘酊等。其中利用 70%~75%乙醇、0.1%~0.2%氯化汞、10%次氯酸钠、饱和漂白粉等进行实验材料的灭菌;利用甲醛加高锰酸钾[(2 ml 甲醛+1 g 高锰酸钾)/m³]或乙二醇(6 ml/m³)等加热熏蒸法进行无菌室和培养室的消毒。在使用时应注意安全,特别是用在皮肤或实验材料上的消毒剂,须选用合适的药剂种类、浓度和处理时间,才能达到安全和灭菌的目的。

4.2.6 抗生素抑菌法

抗生素抑菌法主要用于培养液灭菌,是培养过程中预防微生物污染的重要手段以及作为微生物污染不严重时的"急救"措施。常用的抗生素有青霉素、链霉素和新霉素等。

4.3 液氮的安全使用

液氮是一种特殊的工业制成品,广泛应用于精密仪表制造和医药、食品等工农业生产、日常生活,是主要的冷冻贮存媒介。液氮由于是由氮气压缩冷却的液体,其理化性质比较特殊:① 超低温性:液氮的沸点为-195.8 ℃,液氮气化时每千克可吸热 48 kcal;② 液氮是无色、无臭、无毒的液体;③ 液氮的渗透性很弱,但当人体皮肤接触液氮时会受到严重冻伤;④ 膨胀性:液氮是由空气压缩冷却制成的,其气化时能恢复为氮气,据测每一升液氮气化,温度上升 15 ℃,体积膨胀约为原来的 180 倍;⑤ 窒息性:氮气本身不能使人窒息,但在一定空间内,如果氮气过多而隔绝氧气,也会引起操作者窒息。据测定,10 kg 液氮在 10 m³ 的室内瞬间蒸发,可使空间含氧量突然降到 13%,造成空间缺氧,在此条件下,就能引起人的窒息乃至死亡。

液氮贮存种类一般可分为贮存罐、运输罐两种。贮存罐主要用于室内液氮的静置贮存,不宜在工作状态下做远距离运输使用。为了满足运输条件,运输罐具有专项防震设计,除静置贮存外,还可在充装液氮状态下做运输使用,但应避免剧烈的碰撞和震动。液氮贮存在液氮罐中时,要注意将液氮罐口保留一定的缝隙,否则由于液氮气化时气体无法及时排出,极易造成爆炸事故的发生。一般液氮罐的盖塞都留有一定的缝隙,在使用时千万不要人为地将其堵塞。另外,在短时间、短距离内使用少量液氮时,也可以临时使用保温瓶(杯)等器具存放,但在用保温瓶(杯)等器皿贮存时,必须在瓶塞边缘切开一条牙签样大小的小沟,以便氮气的安全排出。

一些使用者在实际操作中,由于不了解液氮及液氮生物容器的特性,出现不合理使用的现象,既易造成液氮的浪费,又会增加生产成本,严重的还可能发生伤人事故,因此,安全使用液氮非常重要。

4.3.1 使用前的检查

液氮罐在充填液氮之前,首先要检查外壳有无凹陷,真空排气口是否完好。若被碰坏,真空度则会降低,严重时进气后不能保温,这样罐体上部会结霜,液氮损耗大,失去继续利用的价值。其次,检查罐的内部,若有异物,必须取出,以防内胆被腐蚀。同时,要认真检查容器相关的安全仪表和附件,当仪表、附件处于完好的正常状态下,才能正确掌握和调整其所需压力和容量。

4.3.2 液氮的充填

使用液氮罐长期贮存物品时,要注意及时补充液氮,一般应在液氮剩余量为总容量的1/3时补充为宜。若在室内对容器补充液氮,请注意要打开门窗操作,防止操作环境中严重缺氧。

填充液氮时要小心谨慎,操作中应避免人体与液氮接触,以免引起冻伤。宜用泵或长管漏斗操作,其充注管要插至接近容器底部,并须在容器中部留有空隙,让氮气排出。注入容器内的液面高度不能超过颈管下端平面。若注入新罐或处于干燥状态的罐时一定要缓慢填充,且罐内要有少量液氮保持预冷状态,以防降温太快损坏内胆,减少使用年限。充填液氮时不要将液氮倒在真空排气口上,以免造成真空度下降。盖塞是用绝热材料制造的,既能防止液氮蒸发,也能起到固定提筒的作用,所以开关时要尽量减少磨损,以延长使用年限。液氮液面以不低于冷藏物品为宜。

在容器初次放入冷冻物品后的 2~3 h 内,建议实验员定时观察容器外表面是否出现冷凝水或结霜现象,如出现上述情况,表明容器的真空度已经恶化,将导致容器内的液氮在很短的时间内挥发完,容器便不能正常使用。这种现象有可能是由于未按产品要求进行装卸、运输所致,虽然出现这种现象的概率很小,但为避免冷冻物品的损失,这种观察很必要。

检查液氮贮存量时,可使用称重法或手电筒照射法,亦可用细木、竹竿插入液氮罐中 5~10 s 后取出,观察其结霜高度(等于液面高度)的方法。切勿用空心管插入,以免液氮从管内冲出飞溅伤人。液氮罐只用于盛装液氮,不允许盛装其他液体或混存。

4.3.3 液氮的使用

液氮是低温制品,如溅到皮肤上会引起类似烧伤状的冻伤,因此在使用过程中应特别注意。在液氮中操作及存取冷冻物品时速度要快,不要把提筒完全提出来;要注意轻拿轻放,以免内容物解冻,造成不必要的损失,同时若罐口打开的时间短,液氮消耗亦减少。由于液氮不具杀菌性,故接触液氮的用具要注意消毒。

在使用液氮罐的过程中要经常检查,可用肉眼观测,若发现罐体瓶盖上或罐体上部有水珠和结霜情况,说明罐体质量有问题,应停止使用。特别是颈管内壁附霜结冰时不宜用小刀去刮,以防颈管内壁受到破坏,造成真空度不良。遇此种情况应将液氮取出,让其自然融化,也可用手触摸外壳,若上下温度一致,说明液氮罐质量没有问题;若感觉上部冷,下部热,说明罐体质量有一定的问题,即液氮日蒸损较大,应注意观察,防止液氮耗损,最好停止使用。

同时,在日常使用过程中,还要参照相关压力容器安全技术监察规程要求,定期对液氮罐及安全设施仪表附件进行检测校验,确保其安全完好。

4.3.4 液氮罐的放置

液氮罐要存放在通风良好的阴凉处,不要在太阳光下直晒。由于其制造精密及其固有特性,无论在使用时或存放时,液氮罐都不准倾斜、横放、倒置、堆压、相互撞击或与其他物件碰撞,要做到轻拿、轻放并始终保持直立。

4.3.5 液氮罐的清洗

一般液氮罐使用一年后,要清洗消毒一次。清洗时首先把液氮从罐内提筒取出,液氮移出,放置2~3 d,待罐内温度上升至0 ℃左右,再倒入30 ℃左右的温水,用布擦净。若发现个别融化物质粘在内胆底上,一定要细心洗刷干净。然后再用清水冲洗数次,之后倒置液氮罐,放在室内安全不易翻倒处,自然风干,或用鼓风机吹干(温度不高于50 ℃)。注意在整个刷洗过程中,动作要轻慢,倒入水的温度不可超过40 ℃,总重不要超过2 kg为宜。待内胆充分干燥并冷却至常温后,再充入液氮。

(吕静竹)

第 5 章 分子生物学实验技术原理

5.1 细胞培养技术

5.1.1 细胞培养的基本原理与技术

细胞培养技术也叫细胞克隆技术,无论对于整个生物工程技术,还是其中之一的生物克隆技术来说,细胞培养都是一个必不可少的过程,细胞培养本身就是细胞的大规模克隆。细胞培养可由一个细胞经过大量培养成为简单的单细胞或极少分化的多细胞,这是克隆技术必不可少的环节。通过细胞培养可得到大量的细胞或其代谢产物。因为生物产品都是从细胞得来的,所以细胞培养技术可以说是生物技术中最核心、最基础的技术。

细胞培养技术是指从体内组织中取出细胞,在体外模拟体内的环境下使其生长繁殖,并维持其结构和功能的一种培养技术。细胞培养的培养物可以是单个细胞,也可以是细胞群。

培养细胞的生长特点:① 贴附性,大多数的哺乳动物细胞在体内和体外均附着于一定的底物生长,如其他细胞、胶原、玻璃、塑料等。一般来说,从底物脱离下来的贴附生长型细胞因不能长时期在悬浮中生长而将逐渐退变;② 接触抑制及密度依赖性,以成纤维细胞为例,一般情况下正常细胞存在不停顿的活动,但当两个细胞移动并相互靠近时,细胞将停止移动并向另一方向离开。当一个细胞被其他细胞围绕至无处可去而发生接触时,细胞不再移动——接触抑制。细胞稀少状态下培养,生长迅速;细胞生长汇合成一片时,分裂停止,以静止状态维持存活一段时间——密度依赖性;③ 转化细胞和肿瘤细胞的接触抑制下降,密度抑制调节下降。

5.1.2 细胞培养的方法

5.1.2.1 培养室内的无菌操作

1. 培养前准备:制订好实验计划和操作程序,准备好所需器材、物品,然后开始消毒。
2. 洗手和着装:操作前用75%的酒精或2%的新洁尔灭消毒手和前臂。实验中如果手接触到可能污染的物品及出入培养室后都要重新消毒。
3. 培养室和超净台的消毒:培养室用2%的新洁尔灭拖洗地面,超净台用75%的酒精擦洗,紫外线照射30~50 min。
4. 无菌培养操作:实验前,要点燃酒精灯,一切操作都要在火焰近处进行。工作台面上的物品要放置有序,应分别使用不同的吸管吸取营养液、PBS、细胞悬液及其他各种用液,不能混用。操作用的枪头不要触及瓶口以防止细菌污染及细胞的交叉污染等。

5.1.2.2 细胞培养的基本条件

1. 合适的细胞培养基:合适的细胞培养基是体外细胞生长增殖的重要条件之一,培养基不仅是提供细胞营养和促使细胞生长增殖的基础物质,而且还提供培养细胞生长和繁殖的生存环境。

2. 优质血清:目前,大多数合成培养基都需要添加血清。血清是细胞培养液中重要的成分之一,含有细胞生长所需的多种生长因子及其他营养成分。

3. 无菌无毒细胞培养环境:无菌无毒的操作环境和培养环境是保证细胞在体外培养成功的首要条件。在体外培养的细胞由于缺乏对微生物和毒物的防御能力,一旦被微生物或有毒物质污染,或者自身代谢物质积累,可导致细胞中毒死亡。因此,在体外培养细胞时,必须保持细胞生存环境无菌无毒,及时清除细胞代谢产物。

4. 恒定的细胞生长温度:维持培养细胞旺盛生长,必须有恒定适宜的温度。

5. 合适的气体环境:气体是哺乳动物细胞培养生存所必需的条件之一,所需气体主要有氧气和二氧化碳。

5.1.2.3 细胞传代培养

细胞在培养瓶中长成致密单层后,已基本饱和,为使细胞能继续生长和将细胞数量扩大,就必须进行传代(再养)。传代培养也是一种将细胞种保存下去的方法,同时也是利用培养细胞进行各种实验的必经过程。悬浮型细胞采用直接分瓶法即可,而贴壁细胞需经消化后才能分瓶,具体操作步骤如下:

1. 吸光培养瓶中的培养液。
2. 加入 1~2 ml 0.25% 的胰蛋白酶液(以消化液能覆盖整个瓶底为准)。静置 2~10 min(显微镜下动态监测)。
3. 吸去胰蛋白酶液,加入培养液。
4. 用吸管吸取瓶内培养液,反复吹打瓶壁细胞,形成细胞悬液。
5. 吸取 1/10~1/3 的细胞悬液,接种于新的培养瓶内。
6. 加适量新鲜培养液于接种了细胞悬液的新培养瓶内。
7. 将接种了细胞悬液的新培养瓶放入培养箱中培养。

形成的单层细胞相互汇合,整个瓶底逐渐被覆盖时要立即进行分离培养,否则细胞会因生存空间不足或密度过大导致营养障碍,影响细胞生长。

传代时不同的细胞消化时间不同,因而要根据需要注意观察、及时进行处理,以免因消化过度而产生过多的细胞碎片,影响细胞生长。吹打细胞时动作要轻柔,尽可能减少对细胞的损伤。为防止由于培养细胞污染等因素造成细胞系的绝种,要及时冻存细胞。细胞档案要记录好,如组织来源,生物学特性,培养液要求,传代、换液的时间和规律,细胞的遗传学标志,生长形态,常规病理染色的标本等。

5.1.3 体外培养细胞的观察与计数

5.1.3.1 实验原理

当待测细胞悬液中细胞均匀分布时,通过测定一定体积悬液中细胞的数目,即可换算出每毫升细胞悬液中细胞的数目。细胞计数结果以"细胞数/ml"表示。

5.1.3.2 操作步骤

1. 将血球计数板及盖片用软纱布擦拭干净,并将盖片盖在计数板上。
2. 将细胞悬液吸出少许,滴加在盖片边缘,使盖片和计数板之间充满细胞悬液。

3. 静置 3 min。

4. 镜下观察,计算计数板中 4 个大格细胞总数,压线细胞只计左侧和上方的。然后按下式计算:

(细胞悬液的细胞数)/ml＝(4 个大格子细胞数总数/4)×稀释倍数×10^4/ml

5.1.3.3 注意事项

1. 要求悬液中细胞数目不低于 10^4/ml,如果细胞数目很少,要进行离心再悬浮于少量培养液中。

2. 要求细胞悬液中的细胞分散良好,否则影响计数准确性。

3. 取样计数前,应充分混匀细胞悬液,尤其是多次取样计数时更要注意每次取样都要混匀,以求计数准确。

4. 操作时,注意盖片下不能有气泡,也不能让悬液流入旁边槽中,否则要重新计数。

5. 数细胞的原则是只数完整的细胞,若细胞聚集成团时只按照一个细胞计算。如果细胞压在格线上时,则只计上线,不计下线,只计左线,不计右线。如图 5.1 所示。

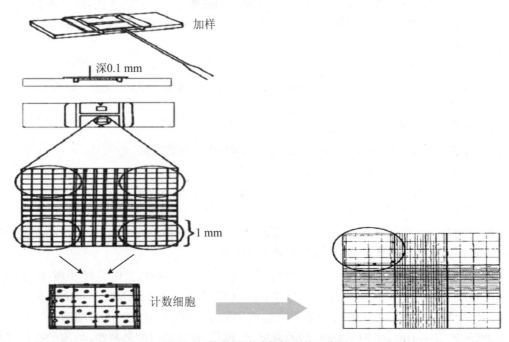

图 5.1 培养细胞计数板计数示意图

5.1.4 培养细胞的增殖动力学

培养细胞的生长阶段应包括:

1. 原代培养期(primary culture),也称初代培养,即从体内取出组织种培养到第一次传代阶段,一般持续 1～4 周,特点为细胞活跃移动、分裂,但不旺盛,多呈二倍体核型。原代细胞与体内原组织形态结构和功能活动基本相似。各细胞的遗传性状互不相关,细胞相互依存性强,如果将其稀释分散成单细胞,在软琼脂培养基中进行培养,细胞克隆的形成率(cloning efficiency)下降则表明细胞独立生存性差。

2. 传代期(passage),初代培养细胞一经传代便称为细胞系,特点为细胞增殖旺盛,并维持二倍体核型,也叫二倍体细胞系(diploid cell line)。为了保存二倍体细胞性质,细胞应在初代或传代早期冻存为好。一般细胞在 10 代以内冻存。解冻后细胞复苏,仍能继续增殖生长,细胞性状不受影响。冻存成为保存细胞最主要的手段。

3. 衰退期(decline),其特点为细胞仍生存,但增殖减慢或不增殖,细胞形态轮廓增强,最后衰退凋亡。

注意:细胞在以上三期中的任何一期(一般发生在传代后期或衰退期),由于某些因素的影响,如血清质量不佳、病毒污染和温度不稳等,细胞可能发生自发转化(spontaneous transformation),转化的标志之一是细胞可能获得永生性(immortality)或称为恶性(malignancy)。

5.1.5 细胞的冻存、复苏与运输

5.1.5.1 冻存和复苏的原则:慢冻、快融

当温度低至 0 ℃度以下,细胞可以产生以下变化:细胞器脱水,细胞中可溶性物质浓度升高,并在细胞内形成冰晶。如果缓慢冷冻,可使细胞逐步脱水,细胞内不致产生大的冰晶;反之则形成大结晶,进而造成细胞膜、细胞器的损伤和破裂。复苏过程应快融,目的是防止小冰晶形成大冰晶,即重结晶。

5.1.5.2 细胞冻存的操作方法

1. 预先配制冻存液:取一离心管,加入培养基、血清,逐滴加入二甲基亚砜(DMSO)至 70% 的浓度,置于定温下待用。
2. 取对数生长期细胞,经胰酶消化后,加入适量冻存液,用吸管吹打制成细胞悬液($1\times 10^6 \sim 5\times 10^6$ 细胞/ml)。
3. 加入 1 ml 细胞于冻存管中,密封后标记冷冻细胞名称和冷冻期。
4. 按程序冻存,DMSO 液用培养液配好,避免因临时配制产热而伤害细胞。

5.1.5.3 细胞复苏的方法

1. 从液氮中取出冷冻管,迅速投入 37～38 ℃的水浴中,使其融化(1 min 左右)。
2. 5 min 内用培养液稀释至原体积的 10 倍以上。
3. 低速离心 10 min。
4. 去上清液,加新鲜培养液培养刚复苏的细胞。

5.1.5.4 注意事项

在细胞复苏操作时,应注意融化冻存细胞速度要快,可不时摇动细胞冷冻管,使之尽快通过最易受损的温度段(−5～0 ℃)。这样复苏的冻存细胞存活率高,生长及形态良好。然而,由于冻存的细胞还受其他因素的影响,有时也会有部分细胞死亡。此时,可将不贴壁、飘浮在培养液中(已死亡)的细胞轻轻倒掉,再补充适量的新培养液,也会获得较为满意的结果。

5.2 大肠杆菌的培养与保存

大肠杆菌(escherichia coil)在自然界分布很广,是人和动物肠道中的正常菌群。正常情况下一般不致病,但它是条件致病菌。大肠杆菌是单细胞原核生物,具有原核生物的主要特征:细胞核为拟核,无核膜,细胞质中缺乏高等动植物细胞中的线粒体、叶绿体等具膜结构的

细胞器,核糖体为70S,以二分分裂繁殖。大肠杆菌为革兰氏阴性、两端钝圆的短杆菌。它是我们了解得最清楚的原核生物,为分子生物学的发展做出了巨大的贡献。

早期分子生物学的研究主要以大肠杆菌为实验材料,通过研究大肠杆菌,揭示了许多生命的现象和规律。1953年,沃森和克里克提出DNA的双螺旋结构模型并设想DNA以半保留方式进行复制。1958年梅塞尔森和斯塔尔以大肠杆菌为材料,用实验证明了DNA半保留复制的有效性。1969年凯恩斯用放射自显影技术证明了大肠杆菌环状DNA的半保留复制。1968年冈崎发现了冈崎片段。20世纪70年代,大肠杆菌的复制过程已相当清楚,从而为分子生物学的发展以及对细胞分裂的认识奠定了理论基础。

5.2.1 培养前准备

5.2.1.1 培养基配制

培养基从形态上分为液体培养基与固体培养基。根据有无抗生素和其他选择性药物分为普通培养基与选择培养基,常用LB培养基。

1. LB(Luria-Bertain)液体培养基配制

配制每升培养基,应在950 ml去离子水中加入:胰化蛋白胨10 g,酵母浸出粉(bacto-extract)5 g,氯化钠10 g,搅拌使之完全溶解,用5 mol/L NaOH(0.2 ml/1 000 ml 培养基)调pH至7.0(如用进口试剂可不必调),高压灭菌20 min(120 ℃,0.1 MPa)。

2. 含琼脂的固体培养基配制

普通培养基:固体培养基是在液体培养基中加1.5%的琼脂制成的,先配液体培养基,然后加入1.5%的琼脂,高压灭菌20 min,取出后在无菌状态下铺平板。

选择性培养基:将消毒好的固体培养基置室温下冷却至50 ℃时加抗生素或其他必加成分,摇匀后倒入灭菌皿中,厚度为2~3 mm,室温固化(抗生素用三蒸水溶解后,用无菌滤头过滤到无菌瓶中,氨苄青霉素终浓度为50 μl/ml)。新制备的固体培养基较湿,铺上的液体不易吸收,可在室温下放2~3 d,或37 ℃放30 min,然后4 ℃保存备用。

LB培养基中所用抗生素终浓度:氨苄青霉素50 μl/ml;氯霉素20 μl/ml;庆大霉素15 μl/ml;卡那霉素30 μl/ml;春日霉素1 000 μl/ml;壮观霉素100 μl/ml;链霉素30 μl/ml;四环素12 μl/ml。

注意:除了四环素保存于-20 ℃外,其余均应保存于4 ℃,所有抗生素均应溶于无菌去离子水中。四环素对光敏感。

5.2.1.2 倒平板

培养皿要提前进行灭菌、烘干,在超净工作台里,打开酒精灯,在酒精灯的火焰旁进行操作,倒完后要做好标记。

5.2.2 大肠杆菌培养

5.2.2.1 液体细菌培养

1. 小量培养

① 取灭菌为16 mm或18 mm的口径培养管,加3~5 ml LB培养基,再加50 mg/ml氨苄青霉素3~5 μl(宿主菌不加抗生素),用无菌牙签挑取单菌落送入培养液中,或取菌液5~10 μl转入培养液中,封好管口;

② 37 ℃摇床培养 100～200 rpm 至生长饱和,一般为 6～12 h。

2. 大量培养

取 500 ml 培养瓶,内装培养基 100～200 ml 及相应抗生素。以 0.5%～1%浓度接种菌液,37 ℃摇床培养 100～200 rpm 至 OD 值 0.6～0.8。

5.2.2.2 固体细菌培养

用于单一菌落的挑选,转化后抗性菌落的筛选。

方法:采用划痕接种法。用接种环从菌种中蘸取少量菌液,划线。

用接种环以无菌操作形式蘸取少许待分离的材料,在无菌平板表面进行平行划线或其他形式的连续划线,微生物细胞数量将随着划线次数的增加而减少,并逐步分散开来,如果划线适宜的话,微生物能一一分散,经培养后,可在平板表面得到单菌落。

通过接种环在琼脂固体培养基表面连续划线的操作,将聚集的菌种逐步稀释分散到培养基的表面。在数次划线后,可以分离到由一个细胞繁殖而来的肉眼可见的子细胞群体,这就是菌落。涂布平板分离法是样品经过适当稀释后,用无菌玻璃涂棒取稀释液均匀地涂布在培养皿的琼脂平板表面,培养后挑取单菌落的方法。

5.2.3 大肠杆菌菌株保存

重组 DNA 分子(质粒、噬菌体、黏性质粒)必须导入宿主菌中,通过细菌培养来扩增所需的重组 DNA。

通常采用的宿主菌是大肠杆菌,根据不同载体的需求,选用不同品系的大肠杆菌。大肠杆菌和其他微生物一样,都具有稳定的遗传性和变异性。遗传性保证了微生物本身特征的相对稳定,即无性繁殖过程中能够保持原有的性状,为菌种保藏提供了保障。而变异性使微生物的性状在繁殖过程中发生某些改变,给菌种保藏带来了困难。由于存在变异,即菌种常出现所谓的退化,主要指理想性状的丧失,从而导致发育缓慢、存活率、产量和质量降低等现象,菌种保藏工作就是使菌种的变异降至最小水平,使菌种在较长期的保藏之后仍保持着原有的生命力、优良的生产性能、形态特征以及不污染杂菌,能够长期应用于各项研究。

菌种保藏的原理是通过低温、干燥、隔绝空气和断绝营养等手段,以达到最大限度地降低菌种的代谢强度,抑制细菌的生长和繁殖的目的。由于菌种的代谢相对静止,生命活动将处于休眠状态,从而可以保藏较长时间。要求保存的菌种在复苏后除保持以前的生活与繁殖能力且不发生形态特征、生理状态及遗传性状的改变外,还不允许污染任何杂菌。此外,在保存前应确保菌种的单纯性,先分离单菌落后进行鉴定,然后再繁殖保存。

常用的长期保存法有:液体石蜡法、硅胶保存法、加入甘油或二甲基亚砜(DMSO)等保护剂保存法。在 −70 ℃或液氮中冻存,细菌内的酶活性均已停止,即代谢处于完全停止状态,故可以长期保存。在 −70～0 ℃范围内,水晶呈针状,极易招致细菌的严重损伤。用电镜观察,可见细菌的核膜上有大量针尖样的小孔。因此,为了避免冰晶的形成和细菌膜两侧离子平衡的破坏,需要加保护剂。甘油可降低冰点,在缓慢的冻结条件下,能使细菌内水分在冻结前透出细菌外,贮存在 −70 ℃以下低温中能减少冰晶形成,对细菌无毒性,分子量小,溶解度大,易穿透细菌。甘油的使用浓度范围为 15%～50%,一般常用 30%。在保存瓶中 1:1 加入 60%的甘油和菌液,混匀后贮存于 −70 ℃或液氮中,复苏后细菌仍能生长,活力不受任何影响。

复苏菌种时,用接种环或牙签挑取少许冻结的菌种到平皿上,37 ℃培养 8～12 h 即可。甘油菌从冰箱取出使用时应置于低温或 0 ℃冰浴中,用完尽快放回,接种时挑取表面已融化部分即可,不可全融,因反复冻融会导致细胞壁破裂。切记:接种过程中不得使保存瓶中的菌液融化。

(周继红)

第 2 篇

核酸技术

第 6 章 核 酸 电 泳

琼脂糖或聚丙烯酰胺凝胶电泳是分子克隆的核心技术之一,用于分离、鉴定和纯化 DNA 片段。该技术操作简单迅速,而且可分离其他方法如密度梯度离心等方法所不能满意分离的 DNA 片段。此外,可以用低浓度荧光插入染料如溴化乙锭或 SYBR Gold 染色直接观察到凝胶中 DNA 的位置,甚至含量少至 20 pg 的双链 DNA 在紫外线的激发下也能被直接检测到。

琼脂糖和聚丙烯酰胺凝胶能灌制成各种形状、大小和孔径,也能以许多不同的构型和方位进行电泳,主要取决于被分离的 DNA 片段的大小。聚丙烯酰胺凝胶电泳是在恒定电场中垂直方位上进行的,分辨率极强,最适合分离小片段 DNA(5~500 bp),长度上相差 1 bp 的 DNA 都可以将其分离,但在制备和操作上较为繁琐。

琼脂糖凝胶在恒定强度和方向的电场中水平方位进行,比聚丙烯酰胺凝胶的分辨率略低,但分离范围更大。50 bp 到百万 bp 长的 DNA 都可以在不同浓度和构型的琼脂糖凝胶中被分离。电泳过程中 DNA 泳动速率通常随 DNA 片段长度的增加而减少,但与电场强度成正比。但当 DNA 片段长度超过一个最大极限值时,此正比关系即被破坏,这是由凝胶的构成和电场强度决定的。凝胶的孔径越大,能被分离的 DNA 就越大,因此大的 DNA 分子的分离通常选用低浓度琼脂糖 0.1%~0.2%(m/V)灌制的凝胶。但它也不能分辨大于 750 kb 的线状 DNA 分子。

当 1984 年 Schwartz 和 Cantor 首次报道脉冲场凝胶电泳(pulsed-field gel electrophoresis,PFGE)时,终于找到了解决这个问题的办法。该方法应用交替变换的方向互成直方的两个电场于凝胶。每次电场方向变换时,大的 DNA 分子在其蠕行管中被捕捉到,迫使它们沿新的电场轴向重新定向后才能在凝胶中进一步前进。DNA 分子越大,这种重新组合的过程需要的时间越长。重新定向时间小于脉冲周期时间的 DNA 分子将按其大小被分离。PFGE 的分辨率限度决定于几个因素,它们包括:两个电场均一性的程度、电脉冲时间的绝对长度、两个电场方向之间的夹角、电场的相对强度。最初描述的方法只能分辨长达 2000 kb 的 DNA 分子。然而该技术经改进后,现在可以分辨的 DNA 长度已超过 6000 kb。这一进步意味着 PFGE 技术可以用于测定细菌基因组的大小和简单真核生物染色体的数目及大小。对于所有的生物体,从细菌到人,PFGE 通常用于研究基因组、克隆和分析大的基因片段。

利用电泳通过支持介质分析 DNA 的方法最初来自 Vin Thorne,他是 20 世纪 60 年代中期在格拉斯哥病毒研究所工作的生化学家和病毒学家。他从纯化的多瘤病毒(polyomavirus)颗粒中提取到多种形式的 DNA,并对建立更好地分析这些 DNA 的方法很感兴趣。他推断:摩擦阻力和电场力结合将会分离不同形状、不同大小的 DNA 分子。他利用琼脂凝胶电泳成功的分离了 3H 胸腺嘧啶标记的多瘤病毒 DNA 的超螺旋、切口和线状形式。那时病毒和线粒体 DNA 是唯一能制备获得的纯的基因组。因此,Thorne 的工作没有引起足够的注意,直到 20 世纪 70 年代早期,限制性内切核酸酶的应用提供了分析大分子 DNA 的可能性,而且发现了凝胶中 DNA 的非放射性标记检测方法后才得到重视。

在凝胶中用溴化乙锭染未标记的 DNA,这一发现可能是由两个研究组分别提出的。

Aaij 和 Borst 的方法涉及将凝胶浸入浓的染料溶液,并且降低背景荧光需要较长的脱色过程。冷泉港实验室的一组研究者发现副流感嗜血菌(Haemophilus parainfluenzae)有两种限制酶活性,尝试用离子交换色谱分离该酶。为了找出快速检测柱组分的方法,他们决定采用低浓度溴化乙锭染含有 SV40 DNA 片段的琼脂糖凝胶。他们很快就认识到:染料能渗入凝胶和电泳缓冲液,对线状 DNA 片段在凝胶中的迁移没有明显影响。

6.1 琼脂糖凝胶电泳分离 DNA

6.1.1 实验目的

1. 掌握琼脂糖凝胶电泳分离 DNA 的原理。
2. 掌握琼脂糖凝胶电泳中各试剂的组成及作用。

6.1.2 实验原理

6.1.2.1 琼脂糖特性

琼脂糖是 D-半乳糖和 L-半乳糖残基通过 α(1,3)和 β(1,4)糖苷键交替构成的线状聚合物。L-半乳糖残基在 3 和 6 位之间形成脱水连接。琼脂糖链形成螺旋纤维,后者再聚合成半径为 20~30 nm 的超螺旋结构。琼脂糖凝胶可以构成一个直径从 50 nm 到略大于 200 nm 的三维筛孔的通道。商品化的琼脂糖聚合物每个链约含 800 个半乳糖残基。然而,琼脂糖并不是均一的,不同的制造商或不同生产批次的多糖链的平均长度都是不同的。低等级的琼脂糖也许存在其他多糖、盐和蛋白质的污染,这种变异性(非均一性)影响着琼脂糖凝结和熔化的温度、DNA 的筛分和从凝胶回收 DNA 作为酶切底物的能力。应用特制等级的琼脂糖可以减少以上潜在的问题,因为它们经检查不含抑制剂和核酸酶,并且在溴化乙锭染色后产生很少的背景荧光。

6.1.2.2 影响 DNA 在琼脂糖凝胶中迁移速率的因素

1. DNA 分子的大小。双链 DNA 分子在凝胶基质中迁移的速率与其碱基对数的常用对数成反比。分子越大,迁移得越慢,因为分子越大其摩擦阻力越大,也因为大分子通过凝胶孔径的效率低于较小的分子。

2. 琼脂糖浓度。给定大小的线状 DNA 片段在不同浓度的琼脂糖凝胶中迁移速率不同。在 DNA 电泳迁移率的对数和凝胶浓度之间存在线性相关,如表 6.1 所示。

表 6.1 线状 DNA 片段分离的有效范围与琼脂糖凝胶浓度的关系

琼脂糖凝胶的百分浓度(%)	线状 DNA 分子的有效范围(kb)
0.3	60~5
0.6	20~1
0.7	10~0.8
0.9	7~0.5
1.2	6~0.4
1.5	4~0.2
2.0	3~0.1

3. DNA 的构象。超螺旋环状（Ⅰ型）、切口环状（Ⅱ型）和线状（Ⅲ型）DNA 在琼脂糖凝胶中以不同的速率迁移。上述三种类型的相对迁移率主要取决于琼脂糖凝胶的浓度和类型，但是电流强度、缓冲液离子强度和Ⅰ型超螺旋绞紧的程度和类型也影响相对迁移率。一些条件下，Ⅰ型 DNA 比Ⅲ型迁移得更快；在另一些条件下，顺序可能颠倒。

4. 凝胶和电泳缓冲液中的溴化乙锭。溴化乙锭插入双链 DNA 造成其负电荷减少、刚性和长度增加。因此线状 DNA-染料复合物在凝胶中的迁移率约降低 15%。

5. 电压。低电压时，DNA 片段迁移率与所用的电压成正比。电场强度升高时，高分子质量片段的迁移率遂不成比例地增加。所以，当电压增大时琼脂糖凝胶分离的有效范围反而减小。要获得大于 2 kb DNA 片段的良好分辨率，则所用电压一般为 5~8 V/cm。

6. 琼脂糖种类。常见的琼脂糖主要有两种：标准琼脂糖和低熔点琼脂糖。

7. 电泳缓冲液。DNA 的泳动受电泳缓冲液的组成和离子强度的影响。缺乏离子（如用水替代电泳槽及凝胶中的缓冲液）则电导率会降至很低，DNA 迁移速率极慢。高离子强度时，如错用了 10×电泳缓冲液，则电导率会升高，即使应用适中的电压也会产生大量的热能。最严重时凝胶会熔化，DNA 会变性。

6.1.2.3 电泳缓冲液

有几种适用于天然双链 DNA 的电泳，包括 Tris-乙酸盐和 EDTA 缓冲液（pH 8.0，TAE，也称作 E 缓冲液）、Tris-硼酸盐缓冲液（TBE）和 Tris-磷酸盐缓冲液（TPE），工作浓度约 50 mmol/L，工作 pH 7.5~7.8。各种电泳缓冲液通常配制成浓溶液于室温存放。三者之中 TAE 的缓冲容量最低，如电泳时间较长会被消耗，定期更换缓冲液或调换两个电极池的缓冲液可以防止 TAE 的消耗。TBE 和 TPE 比 TAE 花费稍贵些，但是它们有更高的缓冲容量。双链线状 DNA 片段在 TAE 中比在 TBE 或 TPE 中迁移快 10%。对于高分子质量的 DNA，TAE 的分辨率略高于 TBE 或 TPE，对于低分子质量的 DNA，TAE 要差些。此差别也许能解释下述观察，混合物中 DNA 片段高度复杂，如哺乳动物 DNA 用 TAE 电泳可有较高的分辨率。

6.1.2.4 凝胶载样缓冲液

在临上样到凝胶加样孔之前将载样缓冲液与样品混合。载样缓冲液有三个作用：增加样品密度以保证 DNA 沉入加样孔内；使样品带有颜色便于简化上样过程；预测 DNA 片段向阳极迁移的泳动速率。溴酚蓝在琼脂糖凝胶中迁移速率是二甲苯氰 FF 的 2.2 倍，这一特性与琼脂糖浓度无关。在 0.5×TBE 琼脂糖凝胶电泳中，溴酚蓝迁移速率约与长为 300 bp 的线状双链 DNA 相同，而二甲苯氰 FF 的迁移速率约与长为 4 000 bp 的 DNA 相同。上述关系在浓度范围 0.5%~1.4% 的琼脂糖凝胶中基本不受浓度变化的影响。

6.1.2.5 电泳显色

观察琼脂糖凝胶中 DNA 的最简便、最常用的方法是利用荧光染料溴化乙锭进行染色。溴化乙锭含有一个可以嵌入 DNA 堆积碱基之间的三环平面基团，它与 DNA 的结合几乎没有碱基序列的特异性。在高离子强度的饱和溶液中，大约每 2.5 个碱基插入一个溴化乙锭分子。当染料分子插入后，其平面基团与螺旋的轴线垂直并通过范德华力与上下碱基相互作用。这个基团的固定位置及其与碱基的密切接近，导致与 DNA 结合的染料呈现荧光，其荧光产率比游离溶液中的染料有所增加。由于溴化乙锭-DNA 复合物的荧光产率比没有结合 DNA 的染料高出 20~30 倍,所以当凝胶中含有游离的溴化乙锭(0.5 μg/ml)时,可以检测到至少 10 ng 的 DNA 条带。

溴化乙锭可以用来检测单链或双链核酸(DNA 或 RNA)。但是染料对单链核酸的亲和力相对较小,所以其荧光产率也相对较低。事实上,大多数对单链 DNA 或 RNA 染色的荧光是通过染料结合到分子内形成较短的链内双螺旋产生的。

6.1.3 仪器、材料与试剂

1. 仪器:恒温培养箱、琼脂糖凝胶电泳系统、台式离心机、高压灭菌锅、紫外线透射仪。
2. 材料:三羟甲基氨基甲烷(Tris)、硼酸、乙二胺四乙酸(EDTA)、溴酚蓝、蔗糖、琼脂糖、溴化乙锭(EB)、DNA marker。
3. 试剂:

(1) 5×TBE(5 倍体积的 TBE 贮存液)

配 1000 ml 5×TBE:pH 8.0

Tris	54 g
硼酸	27.5 g
0.5 mol/L EDTA	20 ml

(2) 凝胶加样缓冲液(6×)

溴酚蓝	0.25%
蔗糖	40%(m/V)

(3) 琼脂糖

先在缓冲液中熔化琼脂糖直到获得清亮透明的溶液,然后浇灌入模具内,让其凝结硬化。凝结后琼脂糖形成基质的密度取决于琼脂糖的浓度。为了快速分析 DNA 样品,推荐使用微量胶。

(4) 溴化乙锭溶液(EB) 10 mg/ml

(5) DNA 大小标准品

通常使用已知分子质量的 DNA 样品,它们是经限制性酶消化已知序列的质粒或噬菌体 DNA 获得的。琼脂糖和聚丙烯酰胺凝胶电泳用的分子质量标准可以从市场购得,或者在实验室自己制备。一般最好有两套分子质量范围的标准,一个是 1~20 kb 的高分子质量标准,一个是 100~1 000 bp 的低分子质量标准。

6.1.4 实验流程

图 6.1 琼脂糖凝胶电泳实验流程

6.1.5 实验步骤

1. 配制足量的电泳缓冲液(1×TAE 或 0.5×TBE)用以灌满电泳槽和配制凝胶

配胶和灌满电泳槽使用同一批缓冲液很重要。因为离子强度或很小的 pH 差别也会在凝胶前部产生紊乱,严重影响 DNA 片段的泳动。一些限制酶缓冲液(如 BamHⅠ和 EcoRⅠ)

含高浓度的盐,能减缓 DNA 的迁移,并使邻近孔泳带变斜。

2. 琼脂糖制备

根据欲分离 DNA 片段的大小,用电泳缓冲液配制适宜浓度的琼脂糖溶液:应准确称量琼脂糖干粉加到盛有定好量的电泳缓冲液的三角烧瓶或玻璃瓶中。

在沸水浴或微波炉内加热至琼脂糖熔化。注意:若用微波炉加热时间过长,琼脂糖溶液会变得过热或剧烈沸腾,仅需加热至所有琼脂糖颗粒完全溶解。通常未溶解的琼脂糖呈小透明体或半透明碎片悬浮在溶液上。戴上手套不时地小心旋转三角烧瓶或玻璃瓶以保证粘在壁上的未熔化的琼脂糖颗粒进入溶液。溶解较高浓度的琼脂糖需要较长的加热时间。按照被分离 DNA 的大小决定琼脂糖的百分含量,参照上文中表 6.1。

称取 0.3 g 琼脂糖,放入锥形瓶中,加入 30 ml 0.5×TBE 缓冲液,微波炉或水浴加热至完全熔化,取出摇匀,则为 1% 琼脂糖凝胶。在凝胶溶液中加入溴化乙锭溶液(EB 终浓度 0.5 μg/ml)并摇匀。

3. 胶板的制备

用封边带封住塑料托盘开放的两边或清洁干燥的玻璃板的边缘形成一个模具(一定要封严,不能留缝隙),置一个水平支架上,并放好梳子。待凝胶溶液冷却至 55 ℃(手摸烧瓶不烫手)时,轻轻倒入水平电泳槽内(不要有气泡)。室温下,凝胶放置 30 min,待其凝固后,拔去梳板,保持电泳孔完好。除掉防渗透的封边带。把制备好的装凝胶块的微型电泳槽放入水平大电泳槽中,点样孔一端应在大电泳槽负极一端。加入电泳缓冲液至电泳槽中,使其液面高于凝胶 1 mm 左右。

4. 制备样品

DNA 样品:4.0 μl;加样缓冲液:2.0 μl。

5. 加样

在玻片上把上述样品混合均匀,用微量移液器将已加入上样缓冲液的 DNA 样品加入点样孔(记录点样顺序及点样量)。

加样孔能加入 DNA 的最大量取决于样品中 DNA 片段的大小和数目。溴化乙锭染色的凝胶图像可以观测到的最小量 DNA 在 5 mm 宽(通用加样孔宽度)条带中为 2 ng。使用更敏感的染料,如 SYBR Gold 可以检测出至少 20 pg 的 DNA。若加样孔过载,会导致拖尾和模糊不清等现象。

能加样的最大体积是由加样孔容积决定的。通用的加样孔 0.5 cm×0.5 cm×0.15 cm 可容纳约 40 μl。切忌将加样孔加得太满,甚至溢出。为避免溢出污染邻孔样品,最好凝胶稍厚些增加孔容积或通过乙醇沉淀浓缩 DNA 减少加样体积。

6. 电泳

接通电泳槽与电泳仪的电源(注意正负极,DNA 片段从负极向正极移动)。DNA 的迁移速度与电压成正比,最高电压不超过 5 V/cm。

当溴酚蓝染料移动到距凝胶前沿 1～2 cm 处,停止电泳。小心取出微型电泳槽,勿使凝胶滑出,置于保鲜纸上,放在紫外检测仪上,打开紫外灯,观察电泳结果并照相。

通常用水将溴化乙锭配制成 10 mg/ml 的贮存液,于室温保存在棕色瓶中或用铝箔包裹的瓶中。这种染料通常掺入琼脂糖凝胶和缓冲液的浓度为 0.5 μg/ml。注意:聚丙烯酰胺凝胶灌制时不能掺入溴化乙锭,这是由于溴化乙锭能够抑制丙烯酰胺聚合。

尽管在该染料存在的情况下,线状 DNA 的电泳迁移率约降低 15%,但是最大的优点是在电泳过程中或在电泳结束后能直接在紫外灯下检测。当凝胶中没有 EB 时，凝胶中的 DNA 条带更为清晰。因此，需要知道 DNA 片段的准确大小（如 DNA 限制酶酶切图谱的鉴定），凝胶应该在无 EB 情况下电泳，电泳结束后用 EB 染色。染色时，将凝胶浸入含有 EB（0.5 μg/ml）的电泳缓冲液中，室温下染色 30～45 min。染色完毕后，通常不需要脱色。但是在检测小量 DNA（<10 ng）片段时，通常要将染色后的凝胶浸入水中或 1 mmol/L $MgSO_4$ 中，室温脱色 20 min 后更易观察到。

6.1.6 结果分析

在紫外灯下观察染色后的凝胶电泳（如图 6.2）。DNA 存在处应显示出橘红色荧光条带（在紫外灯下观察时应戴上防护镜，紫外灯对眼睛有伤害作用）。

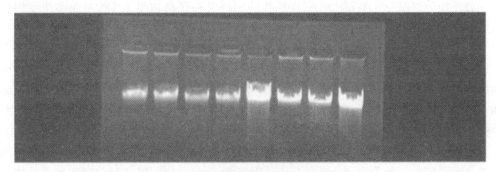

图 6.2 琼脂糖凝胶电泳分离基因组 DNA

6.1.7 注意事项

1. 裂解液要预热，以抑制 DNase，加速蛋白变性，促进 DNA 溶解。酚一定要碱平衡。
2. 苯酚具有高度腐蚀性，若飞溅到皮肤、黏膜和眼睛会造成损伤，因此应注意防护。
3. 氯仿易燃、易爆、易挥发，具有神经毒作用，操作时应注意防护。
4. 各操作步骤要轻柔，尽量减少 DNA 的人为降解。
5. 取各上清时，不应贪多，以防非核酸类成分干扰。
6. 异丙醇、乙醇、NaAc、KAc 等要预冷，以减少 DNA 的降解，促进 DNA 与蛋白等的分相及 DNA 沉淀。
7. 所有试剂均用高压灭菌双蒸水配制。
8. 用大口滴管或吸头操作，以减少打断 DNA 的可能性。

6.1.8 应用

在电场作用下，DNA 等生物大分子可在琼脂糖凝胶中运动，由于分子泳动速率与分子大小和分子构型有关，因而可将不同大小的分子，或分子大小相同但构型不同的分子分离开来。琼脂糖凝胶电泳技术在当代已经成为一种极其重要的分析手段，广泛应用于生物化学、分子生物学、医学、药学、食品、农业、卫生及环保等许多领域。

 思考题

1. 简述琼脂糖凝胶电泳分离核酸的基本步骤及各试剂作用。

2. 影响琼脂糖凝胶电泳迁移率的因素有哪些?

知识拓展

琼脂糖的级别及其性质标准(高熔点琼脂糖)

制造它的原料是 *Gelidium* 和 *Gracilaria* 两种海藻。这两种琼脂糖的凝点和熔点有所不同,但是在实际应用中每种来源的琼脂糖都可以用于分析或分离 1~25 kb 范围的 DNA 片段。对几种市售级别的琼脂糖测试表明:① 溴化乙锭染色后的背景荧光很低;② 没有 DNase 和 RNase;③ 具有很低的限制酶和连接酶抑制作用;④ 产生适量的电内渗。新类型的标准琼脂糖具有高凝胶强度和低电内渗,可以灌制浓度低至 0.3% 的凝胶。这种凝胶用于电泳能方便地分离高分子质量 DNA(直到 60 kb)。它在任何浓度下 DNA 迁移速度均比上述通用的标准琼脂糖快 10%~20%。

低熔点/凝点琼脂糖

通过羟乙基化修饰的琼脂糖在较低的温度熔化,羟乙基化替代的程度决定准确的熔化和凝结的温度。低熔点/凝点琼脂糖主要用于 DNA 的快速回收,因为大多数该类型琼脂糖会在 65 ℃熔化,这个温度远低于双链 DNA 的解链温度。这种特性使它可以用于 DNA 的简单纯化和酶处理(限制酶消化/连接),还可以在熔化的凝胶中用核酸直接进行细菌转化。如同标准琼脂糖的情况一样。制造商供应的各类低熔点琼脂糖已经过检测:① 用溴化乙锭染色后显示很低的背景荧光;② 没有 DNase 和 RNase 活性;③ 显示对限制酶和连接酶只有很低的抑制作用。低熔点琼脂糖不仅在低温下熔化,而且会在低温下凝结。该特性使它在 30~35 ℃范围内仍呈液态,所以能无损伤地包埋细胞。

6.2 聚丙烯酰胺凝胶电泳分离 DNA

6.2.1 实验目的

1. 掌握聚丙烯酰胺凝胶电泳分离 DNA 的原理。
2. 掌握聚丙烯酰胺凝胶的配制及电泳方法。
3. 了解聚丙烯酰胺凝胶电泳分离 DNA 的应用。

6.2.2 实验原理

6.2.2.1 聚丙烯酰胺凝胶及特点

聚丙烯酰胺凝胶是由丙烯酰胺单体(Acr)在 TEMED(N,N,N′,N′-四甲基乙二胺)催化过硫酸铵还原产生的自由基存在的情况下,聚合形成聚丙烯酰胺的线状长链。在双功能交联剂 N,N′-亚甲双丙烯酰胺(Acr)的参与下交联形成三维空间网格结构。其孔径的大小由丙烯酰胺和交联剂的浓度及比例决定。1959 年,Raymond 和 Weintraub 首先将聚丙烯酰胺交联链作为电泳支持介质。现在,聚丙烯酰胺凝胶电泳常用于分离蛋白质(见第 17 章)和核酸。

聚丙烯酰胺凝胶电泳分离 DNA 与琼脂糖凝胶电泳分离 DNA 有以下优点:① 分辨率极高,可分离仅相差 0.1% 的 DNA 分子,即 1 000 bp 中相差 1 bp;② 装载量大,多达 10 μg

的 DNA 可加样于聚丙烯酰胺凝胶的一个标准加样孔(1 cm×1 cm)中,其分辨率不受影响;③ 从聚丙烯酰胺凝胶中回收的 DNA 纯度较高,可用于要求较高的实验,如胚胎的显微注射。

6.2.2.2　两种常用的聚丙烯酰胺凝胶

1. 变性聚丙烯酰胺凝胶

变性聚丙烯酰胺凝胶用于单链 DNA 片段的分离与纯化,这些凝胶在尿素或甲酰胺 DNA 变性剂存在下发生聚合,变性 DNA 在凝胶中的迁移率与碱基组成及序列无关,只与 DNA 的大小有关。变性聚丙烯酰胺凝胶主要应用于 DNA 探针的分离、DNA 测序反应产物的分析等。

2. 非变性聚丙烯酰胺凝胶

非变性聚丙烯酰胺凝胶用于双链 DNA 片段的分离和纯化,双链 DNA 在非变性聚丙烯酰胺凝胶中的迁移率与 DNA 的大小成反比,然而电泳迁移率也受其碱基组成和序列的影响。非变性聚丙烯酰胺凝胶主要用于制备高纯度的 DNA 片段和检测蛋白质-DNA 复合物。

本次实验主要介绍非变性聚丙烯酰胺凝胶分离 DNA 的操作和电泳及检测方法。

表 6.2　DNA 在聚丙烯酰胺凝胶电泳中的有效分离范围

丙烯酰胺浓度(%)	有效分离范围(bp)	二甲苯氰 FF*	溴酚蓝*
3.5	1 000～2 000	460	100
5.0	80～500	260	65
8.0	60～400	160	45
12.0	40～200	70	20
15.0	25～150	60	15
20.0	6～100	45	12

* 表中给出的数字为与指示剂迁移率相等的双链 DNA 分子所含碱基对数目(bp)。

6.2.3　仪器、材料与试剂

1. 仪器:垂直板电泳装置(电泳槽,玻璃板,电泳梳子,制胶架等)、电泳仪、离心机、电子天平、电冰箱、微量进样器。

2. 材料:样品 DNA、DNA 标准品。

3. 试剂:丙烯酰胺凝胶贮液(Acr-Bis 贮液)、过硫酸铵(10%,m/V),现用现配;TEMED (N,N,N',N'-四甲基乙二胺)、5×TBE 电泳缓冲液(配制方法见 6.1.3)、6×凝胶载样缓冲液(0.25%溴酚蓝,0.25%二甲苯氰 FF,40%蔗糖水溶液)、SYBR Gold。

6.2.4　实验流程

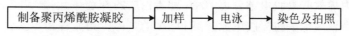

图 6.3　聚丙烯酰胺凝胶电泳分离 DNA 实验流程

6.2.5 实验步骤

1. 电泳装置安装：使用自来水和无水乙醇清洗玻璃板，自然晾干，进行电泳装置安装。
2. 制备聚丙烯酰胺凝胶(5%)：在干净的烧杯中依次加入 8.3 ml 凝胶储存液、31.35 ml 水、10 ml 的 5×TBE、0.35 ml 过硫酸铵(10%)、0.017 ml TEMED，立即混匀。
3. 将步骤2中制备的凝胶溶液灌入玻璃板中至短玻璃板顶端，插入梳子，注意不要产生气泡，室温聚合 30~60 min。
4. 聚合完成后，从聚合的凝胶中小心取出梳子，并用 1×TBE 缓冲液清洗加样孔。
5. 将凝胶放入电泳槽中，并加入 1×TBE 电泳缓冲液。
6. 样品准备：DNA 样品 4.0 μl；6×凝胶载样缓冲液 2.0 μl。
7. 加样与电泳：将步骤5中的样品小心加入加样孔中，接通电源，调整电压 1~8 V/cm 进行电泳。
8. 电泳至指示剂迁移至所需位置(参见表6.2)，关闭电源，卸下玻璃板，小心取出凝胶。
9. 染色：将凝胶浸入核酸染液 SYBR Gold 中，染色液刚好没住凝胶即可，室温染色 30~45 min。
10. 结果观察：染色完毕后，将凝胶取出，在紫外灯下进行观察并拍照。

6.2.6 结果分析

在紫外灯下观察染色后的电泳凝胶，DNA 在对应的位置会显示出条带。

6.2.7 注意事项

1. 在灌制凝胶的过程中，注意凝胶中不要产生气泡。
2. 电泳过程中，电压不能太高，因为高电压会使凝胶中部产热不同，使 DNA 条带弯曲。
3. 电泳完成后，取出凝胶应小心，不要使凝胶破裂。
4. 凝胶聚合完成，梳子取出后，应立即用 1×TBE 缓冲液清洗加样孔，否则加样孔表面不规则，引起 DNA 条带变形。
5. 未聚合的丙烯酰胺具有毒性，操作过程中应注意防护。

6.2.8 应用

聚丙烯酰胺凝胶电泳分离 DNA 的高分辨率、高纯度以及大的载样量，使其广泛应用于制备高纯度的 DNA、分离小片段 DNA 分子、检测基因突变、制备单链核酸探针和基因测序等。

思考题

1. 分析聚丙烯酰胺凝胶电泳分离 DNA 和蛋白质的差别。
2. 列举一个聚丙烯酰胺凝胶电泳分离 DNA 的具体应用流程和步骤。

 知识拓展

核酸的 SYBR Gold 染色

SYBR Gold 是一种新型的极敏感的染料的商品名,与 DNA 结合的亲和力高,并且结合后能够极大地增强荧光信号。SYBR Gold-DNA 复合物产生光子的量比 EB-DNA 复合物要大得多,同时,其激发荧光信号强度是 EB-DNA 复合物的 1000 多倍。因此 SYBR Gold 染色可以检测出凝胶中小于 20 pg 的双链 DNA(是 EB 染色最低检测量的 1/25)。此外,利用 SYBR Gold 染色可以检测出一个条带少至 100 pg 的单链 DNA 或 300 pg 的 RNA。SYBR Gold 不仅应用于中性聚丙烯酰胺凝胶和琼脂糖凝胶的核酸染色,同时也可以用于对含有变性剂(如尿素等)的凝胶染色。当 SYBR Gold 被波长为 300 nm 的透射光照射时,可以发出亮黄色荧光,通过凝胶成像系统进行检测。另外,SYBR Gold 染色的凝胶荧光本底低,不需要对凝胶进行脱色。用 SYBR Gold 染色的核酸可以直接转膜,用于 Northern 或 Southern 杂交。乙醇沉底可以除去凝胶中的 SYBR Gold。

凝胶载样缓冲液

上样前,和核酸样品混合的载样缓冲液有三个作用:① 增加样品密度,保证 DNA 沉到加样孔中;② 使样品着色,简化上样过程,利于加样;③ 染料在电场中以可以预测的泳动速率向阳极迁移,因此可以起到指示作用。常用的染料溴酚蓝在琼脂糖凝胶中的迁移率是二甲苯氰 FF 的 2.2 倍,这一特性与琼脂糖浓度无关。在 0.5×TBE 琼脂糖凝胶电泳中溴酚蓝迁移速率约与长 300 bp 的线状双链 DNA 相同,而二甲苯氰 FF 约与长 4000 bp 的 DNA 相同。上述关系在浓度范围 0.5%~1.4% 的琼脂糖凝胶中基本不受浓度变化的影响。常用的凝胶加样缓冲液配方见附录 B(附表 B2)。

(周继红)

第7章 核酸的分离纯化和鉴定

7.1 质粒DNA的提取与纯化

质粒是染色体外的DNA分子,其大小范围在1~200 kb不等。大多数来自细菌细胞的质粒是双链、共价闭合的环状分子,以超螺旋形式存在。质粒已在形形色色的细菌类群中被发现,大多数质粒的宿主范围较窄,只能生存于亲缘关系很近的少数细菌种类中。其为独立于细菌染色体之外进行复制和遗传的辅助性遗传单位,已发展进化出多种机制以维持其在细菌宿主中稳定的拷贝数,并将质粒分子精确地分配给子细胞。其复制和转录或多或少依赖于宿主编码的酶和蛋白质,常含有一些编码对细菌宿主有利的酶的基因,这些基因可赋予宿主迥然不同的特征,其中不少具有重要的医学和商业价值。由质粒产生的表型包括对抗生素的抗性,产生抗生素、大肠杆菌素、肠毒素、限制酶与修饰酶,以及降解复杂的有机化合物等。

质粒DNA的提取和纯化一般包括以下三个步骤:培养细菌、收集和裂解细菌、纯化质粒DNA。

1. 培养细菌。应尽可能从琼脂平板上挑取单菌落接种到培养物中,再从中纯化质粒。通常情况下,单菌落被接种到少量培养基中生长至对数生长后期。部分培养物可用来小量制备质粒DNA供分析用或作为大量培养的接种物。大量培养物的生长情况主要依赖于质粒DNA的拷贝数以及其复制是松弛型或严紧型。在所有情况下,细菌都应在某种选择条件下生长(如合适的抗生素)。

2. 收集和裂解细菌。细菌的收集可通过离心来进行,而细菌的裂解则可以采用多种方法,这些方法包括用非离子型或离子型去污剂、有机溶剂或碱进行处理及加热处理等。选择哪一种方法取决于三个因素:质粒的大小、大肠杆菌菌株以及裂解后用于纯化质粒DNA的技术。可根据下述一般准则来选择适当方法,以得到满意的结果。大质粒细菌(大于15 kb)的处理应采用温和方法:大质粒细菌在细胞裂解操作时容易受损,故应采用温和裂解法从细胞中释放出来。通常将细菌悬于蔗糖等渗溶液中,再用溶菌酶和EDTA进行处理,破坏细胞壁,然后加入SDS等去污剂裂解球形体。小质粒细菌(小于15 kb)的处理可用较剧烈的方法:典型的方法是让细菌溶解物悬于去污剂上,通过煮沸或碱处理使之裂解。这些处理可破坏碱基配对,故可使宿主的线状染色体DNA变性。闭环质粒DNA链则由于处于拓扑缠绕状态而不能彼此分开。当条件恢复正常时,质粒DNA链迅速得到准确配置,重新形成完全的天然超螺旋分子。

3. 纯化质粒DNA。分离质粒DNA的三种方法通常都存在一定量的RNA和大肠杆菌染色体DNA的污染。粗提的质粒DNA可以通过琼脂糖凝胶电泳进行鉴定,并且可以用来作为限制性内切核酸酶和DNA聚合酶的模板和底物。然而,当对质粒的纯度有所要求时,如转染哺乳动物细胞所需的质粒,其污染必须被去除或至少降到可接受的水平。所有方法都适用于纯化小的共价闭环结构的质粒DNA。而将共价闭环结构的质粒DNA与污染的细菌 DNA 片段分开的最经典的方法是 CsCl-溴化乙锭梯度密度离心。目前这一方法依然被认为是判断其他方法的标准。这种分离方法取决于能与线状质粒 DNA 分子和闭环质粒 DNA 分子结合的溴化乙锭的量。

很多有效的质粒纯化试剂盒已经商品化，这些试剂盒包括用来吸附和洗脱质粒 DNA 的一次性色谱柱。由于试剂盒较为昂贵，常规实验的少量制备质粒 DNA 不必使用试剂盒。碱裂解法因其简便、低廉和有效最为受欢迎。碱裂解法已经在上百个实验室的小量实验中成功应用了 20 余年。大量制备首选的方法是经碱裂解后用聚乙二醇分级沉淀质粒 DNA，所得到的质粒 DNA 其纯度足以用于转染哺乳动物细胞、酶切反应和 DNA 测序。如果选用试剂盒，应在实验前详细阅读厂商的介绍和操作规程。

7.1.1 SDS 碱裂解法制备质粒 DNA：小量制备

7.1.1.1 实验目的

1. 掌握碱裂解法提取质粒的原理。
2. 掌握各试剂的成分及作用。

7.1.1.2 实验原理

碱裂解法提取质粒是根据共价闭合环状质粒 DNA 与线性染色体 DNA 在拓扑学上的差异来分离它们的。在 pH 介于 12.0~12.5 这个狭窄的范围内，线性的 DNA 双螺旋结构解开而被变性，尽管在这样的条件下，共价闭环质粒 DNA 的氢键会被断裂，但两条互补链彼此相互盘绕，仍会紧密地结合在一起。当加入 pH 4.8 的乙酸钾高盐缓冲液恢复 pH 至中性时，共价闭合环状的质粒 DNA 的两条互补链仍保持在一起，因此复性迅速而准确，而线性的染色体 DNA 的两条互补链彼此已完全分开，复性就不会那么迅速准确，它们缠绕形成网状结构，通过离心，染色体 DNA 与不稳定的大分子 RNA、蛋白质-SDS 复合物等一起沉淀下来而被除去。

7.1.1.3 仪器、材料与试剂

1. 仪器：恒温培养箱、恒温摇床、台式离心机、高压灭菌锅。
2. 材料：葡萄糖、三羟甲基氨基甲烷(Tris)、乙二胺四乙酸(EDTA)、氢氧化钠、十二烷基硫酸钠(SDS)、乙酸钾、冰乙酸、氯仿、乙醇、胰 RNA 酶、氨苄青霉素、蔗糖、溴酚蓝、酚、盐酸(HCl)、含 pTrcHisB 质粒的大肠杆菌。
3. 试剂：

(1) LB 培养基。

配制每升培养基，应在 950 ml 去离子水中加入：

细菌培养用酵母提取液 Bacto-yeast extract	5 g/L
细菌培养用胰化蛋白胨 Bacto-tryptone	10 g/L
NaCl	10 g/L

固体每升另加 15 g 琼脂粉，摇动容器直至完全溶解，用 NaOH 调节 pH 至 7.0，加入去离子水使总体积至 1 L，高温高压灭菌 20 min。

(2) 氨苄青霉素 Amp 母液。

100 mg/L 水溶液，0.22 μm 滤器过滤除菌，放置不透光的容器中保存。

(3) 溶液 I(配制 100 ml)。

  0.96 g 葡萄糖(终浓度 50 mmol/L)

  2.5 ml 1 mol/L Tris-HCl 贮存液,pH 8.0(终浓度 25 mmol/L)

  2 ml 0.5 mol/L EDTA 贮存液,pH 8.0(终浓度 10 mmol/L)

加水定容至 100 ml,高压灭菌,贮存于 4 ℃。

(4) 溶液 II(配制 10 ml)。

  0.2 ml 10 mol/L NaOH(终浓度 0.2 mol/L)

  1 ml 10% SDS(终浓度 1%)

  8.8 ml H_2O

溶液 II 应新鲜制备,于常温下使用。

(5) 溶液 III(配制 100 ml)。

  29.4 g 乙酸钾(终浓度 5 mol/L)

  11.5 ml 冰乙酸

  28.5 ml H_2O

保存于 4 ℃,用时置冰浴。

7.1.1.4 实验流程

图 7.1 SDS 碱裂解法制备质粒 DNA 实验流程

7.1.1.5 实验步骤

1. 细胞的制备。

① 挑转化后的单菌落,接种到 2 ml 含有适当抗生素的丰富培养基中(LB、YT 或 Terrific 培养液),于 37 ℃ 剧烈振摇下培养过夜。为了确保培养物通气良好,试管的体积应该至少比细菌培养物的体积大 4 倍,试管不宜盖紧,培养物应在剧烈振摇下培养。

② 将 1.5 ml 培养物倒入微量离心管中,用微量离心机于 4 ℃ 以 12 000 rpm 离心 1 min,将剩余的培养物贮存于 4 ℃ 中。

③ 离心结束,尽可能吸干培养液。

2. 细胞的裂解。

① 将细菌沉淀重悬于 100 μl 冰预冷的碱裂解液 I 中,剧烈振荡。

为确保细菌沉淀在碱裂解液 I 中完全分散,将两个微量离心管的管底互相接触同时涡旋振荡,可以提高细菌沉淀重悬的速度和效率。

② 加 200 μl 新配制的碱裂解液 II 于每管细菌悬液中,盖紧管口,快速颠倒离心管 5 次,以混合内容物,切勿振荡!将离心管放置于冰上。确保离心管的整个内壁均与碱裂解液 II 接触。

③ 加 150 μl 用冰预冷的碱裂解液 III,盖紧管口,反复颠倒数次,使溶液 III 在黏稠的细菌裂解物中分散均匀,之后将离心管置于冰上 3～5 min。

④ 用小离心机于 4 ℃ 以 12 000 rpm 离心 5 min,将上清转移到另一离心管中。

⑤ (选用)加等量体积的酚/氯仿抽提,振荡混合有机相和水相,然后用小离心机于 4 ℃

以 12 000 rpm 离心 2 min。将上清转移到另一离心管中。

有些研究者认为不必用酚/氯仿抽提。然而，这一步骤的省略可能会导致获得不能被限制酶切割的 DNA。用氯仿抽提的目的是从水相中除去残余的酚。酚在水中微溶，但能被氯仿抽提到有机相中。几年前在一些实验室中，通常用闻气味的方法检查 DNA 制品中残留的酚，但该方法不宜提倡。

3. 质粒 DNA 的纯化。

① 加 2 倍体积无水乙醇混合，于室温静置 2 min。

② 用微量离心机于 4 ℃以 12 000 rpm 离心 5 min。

③ 小心吸去上清液，将离心管倒置于一张吸水纸上，以使所有液体流出。再将附于管壁的液滴除尽。

④ 用 1 ml 70% 的乙醇洗涤沉淀，去上清，在空气中使核酸沉淀干燥。

⑤ 用 50 μl 含无 DNA 酶的 RNA 酶 A(20 μg/ml)的 TE 溶解 DNA 沉淀，贮存于 −20 ℃ 备用。

7.1.1.6 结果分析

实验结果可通过琼脂糖凝胶电泳观察(有时结果是 3 条带，分别为超螺旋质粒、线状质粒和开环质粒。有时结果为 2 条带)，如图 7.2。

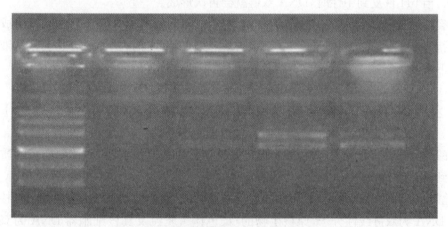

图 7.2 琼脂糖凝胶电泳分离质粒 DNA

7.1.1.7 注意事项

1. 大肠杆菌可从固体培养基上挑取单个菌落直接采用煮沸法提取质粒 DNA。
2. 实验步骤中的细菌沉淀和核酸沉淀中去除上清液时，一定要除尽。
3. 实验中所用的器皿和吸头要进行高压灭菌。
4. 如果小量制备的 DNA 未被限制酶切开，很有可能在收获细菌的步骤中未能很好地去除上清液。这种情况下，可用酚/氯仿抽提 DNA 终产物，然后用乙醇重新沉淀 DNA。

7.1.1.8 应用

用碱和 SDS 处理可以从小量(1~2 ml)细菌培养物中分离质粒 DNA，所获得的质粒则可以用电泳或限制性核酸内切酶消化的方法鉴定，经聚乙二醇处理进一步纯化后，其可以用作 DNA 测序反应的模板。

1. 简述碱法提取质粒 DNA 的过程中各试剂的作用。
2. 质粒提取过程中,应注意哪些操作?
3. 分子量相同的超螺旋环状、带切口环状和线状 DNA 在凝胶中迁移率的大小顺序是什么?为什么?
4. 在用乙醇沉淀 DNA 时,为什么一定要加入 NaAc 或 NaCl 至终浓度为 0.1~0.25 mol/L?

人们使用碱与 SDS 裂解法从 E. coli 中分离制备质粒 DNA 已有 20 多年的历史。将细菌悬浮液暴露于高 pH 的强阴离子洗涤剂中,会使细胞壁破裂,染色体 DNA 和蛋白质变性,将质粒 DNA 释放到上清中。尽管碱性溶剂使碱基配对完全破坏,闭环的质粒 DNA 双链仍不会彼此分离。这因为它们在拓扑学上是相互缠绕的。只要 OH-处理的强度和时间不要过强、过久,当 pH 恢复到中性时,DNA 双链就会再次形成。

在裂解过程中,细菌蛋白质、破裂的细胞壁和变性的染色体 DNA 会相互缠绕成大型复合物,后者被十二烷基硫酸盐包盖。当用钾离子取代钠离子时,这些复合物会从溶液中有效地沉淀下来。离心除去变性剂后,就可以从上清中回收复性的质粒 DNA。

7.2 蛋白酶 K 和苯酚从哺乳动物细胞中分离高分子质量 DNA

核酸的分离与提取是分子生物学研究中最重要的基本技术之一,核酸样品的质量将直接关系到实验的成败。

核酸包括 DNA、RNA 两种分子,在细胞中都以与蛋白质结合的状态存在。真核生物的染色体 DNA 为双链线性分子,原核生物的"染色体"、质粒及真核细胞器 DNA 为双链环状分子,有些噬菌体 DNA 为单链环状分子。95% 的真核生物 DNA 主要存在于细胞核内,其他 5% 为细胞器 DNA,如线粒体、叶绿体等。

分离纯化核酸总的原则为:① 应保证核酸一级结构的完整性(完整的一级结构是保证核酸结构与功能研究的最基本要求);② 排除蛋白质、脂类、糖类等其他分子的污染(纯化的核酸样品不应存在对酶有抑制作用的有机溶剂或过高浓度的金属离子,蛋白质、脂类、多糖分子的污染应降到最低程度);③ 无其他核酸分子的污染,如提取 DNA 分子时,应去除 RNA 分子。

为保证分离核酸的完整性及纯度,应尽量简化操作步骤,缩短操作时间,以减少各种不利因素对核酸的破坏,在实验过程中,应注意以下几点:① 减少化学因素对核酸的降解:避免过碱、过酸对核酸链中磷酸二酯键的破坏;② 减少物理因素对核酸的降解:强烈振荡、搅拌、反复冻贮等造成的机械剪切力以及高温煮沸等条件都能明显破坏大分子量的线性 DNA 分子,对于分子量小的环状质粒 DNA 及 RNA 分子,威胁相对小一些;③ 防止核酸的生物降解:细胞内、外各种核酸酶作用于磷酸二酯键,直接破坏核酸的一级结构;DNA 酶需要 Mg^{2+}、Ca^{2+} 的激活,因此实验中常利用金属二价离子螯合剂 EDTA、柠檬酸盐来抑制 DNA 酶的活性,而 RNA 酶不但分布广泛、极易污染,而且耐高温、耐酸碱,不易失活,所以生物降解是 RNA 提取过程中的主要危害因素。进行核酸分离时最好提取新鲜生物组织或细胞样品,若不能马上进行提取,应将材料贮存于液氮中或 $-70\ ℃$ 的冰箱中。

应用分子生物学技术分析基因组的完整结构和功能,首先必须制备纯化的高分子量 DNA,真核生物的一切有核细胞(包括培养细胞)都可以用来制备 DNA。核酸提取的主要步骤无外乎破碎细胞,去除与核酸结合的蛋白质以及多糖、脂类等生物大分子,去除其他不需要的核酸分子,沉淀核酸以去除盐、有机溶剂等杂质,最后得到纯化的核酸。

真核细胞的破碎有各种手段,包括超声波、匀浆法、液氮破碎法、低渗法等物理方法及蛋白酶 K 和去污剂温和处理法,为获得大分子量的 DNA,避免物理操作导致 DNA 链的断裂,一般多采用温和裂解细胞法。

去除蛋白质常用酚、氯仿抽提,反复的抽提操作对 DNA 链的机械剪切机会较多,因此有人使用 80% 甲酰胺解聚核蛋白联合透析的方法,可得大于 200 kb 的 DNA 片段。应根据不同的实验要求,选择不同的实验方法制备真核染色体 DNA。

酚是蛋白质的变性剂,反复抽提,使蛋白质变性,SDS(十二烷基磺酸钠)将细胞膜裂解,在蛋白酶 K、EDTA 的存在下消化蛋白质或多肽或小肽分子,核蛋白变性降解,使 DNA 从核蛋白中游离出来。DNA 易溶于水,不溶于有机溶剂。蛋白质分子表面带有亲水基团,也容易进行水合作用,并在表面形成一层水化层,使蛋白质分子能顺利地进入到水溶液中形成稳定的胶体溶液。当有机溶液存在时,蛋白质的这种胶体稳定性遭到破坏,变性沉淀。离心后有机溶剂在试管底层(有机相),DNA 存于上层水相中,蛋白质则沉淀于两相之间。酚-氯仿抽提的作用是除去未消化的蛋白质,氯仿的作用是有助于水相与有机相分离和除去 DNA 溶液中的酚。抽提后的 DNA 溶液用 2 倍体积的无水乙醇及 0.2 倍体积的 10mol/L 醋酸铵沉淀 DNA,回收 DNA 用 70% 乙醇洗去 DNA 沉淀中的盐,真空干燥,用 TE 缓冲液溶解 DNA 备用。

从细胞中分离得到的 DNA 是与蛋白质结合的 DNA,其中还含有大量 RNA,即核糖核蛋白。如何有效地将这两种核蛋白分开是技术的关键。

7.2.1 实验目的

1. 掌握用蛋白酶 K 和苯酚从哺乳动物细胞中分离高分子质量 DNA 的原理。
2. 掌握用蛋白酶 K 和苯酚从哺乳动物细胞中分离高分子质量 DNA 的方法和技术。

7.2.2 实验原理

该方法是在 EDTA(螯合二价阳离子以抑制 DNase)存在的情况下,用蛋白酶 K 消化真核细胞或组织,用去污剂 SDS 溶解细胞膜并使蛋白质变性。核酸通过有机溶剂抽提进行纯化。污染的 RNA 通过 RNase 消化清除。

裂解缓冲液中的 EDTA 为二价金属离子螯合剂,可以抑制 DNA 酶的活性,同时降低细胞膜的稳定性。SDS 为生物阴离子去污剂,主要引起细胞膜的降解并能乳化脂质和蛋白质,并使它们沉淀,同时还有降解 DNA 酶的作用。无 DNA 酶的 RNA 酶可以有效水解 RNA 来避免 DNA 的消化,而蛋白酶 K 则有水解蛋白质的作用,可以消化 DNA 酶和细胞中的蛋白质。酚可以使蛋白质变性沉淀,也可以抑制 DNA 酶的活性。pH 8.0 的 Tris 溶液能保证抽提后的 DNA 进入水相,从而避免滞留于蛋白质层。

多次抽提可提高 DNA 的纯度。一般在抽提 2~3 次后,移出含 DNA 的水相,做透析或沉淀处理。透析处理能减少对 DNA 的剪切效应,因此可以得到 200 kb 的高分子量 DNA。沉淀处理常用醋酸铵,用 2~3 倍体积的无水乙醇沉淀,并用 70% 的乙醇洗涤,最后得到的 DNA 大小在 100~150 kb。

该方法可用于产生 10~100 μg 的 DNA。然而每一步产生的剪切力使最终制备的 DNA 分子长度在 100~150 kb 之间。这种长度的 DNA 适用于 Southern 分析,可用作 PCR 的模板,以及用于构建基因组 DNA 的噬菌体文库。

用无水乙醇沉淀 DNA,这是实验中最常用的沉淀 DNA 的方法。乙醇的优点是可以用任意比和水相混溶,乙醇与核酸不会起任何化学反应,对 DNA 很安全,因此是理想的沉淀剂。

DNA 溶液中 DNA 以水合状态稳定存在,当加入乙醇时,乙醇会夺去 DNA 周围的水分子,使 DNA 失水而易于聚合。一般实验中,是加 2 倍体积的无水乙醇与 DNA 相混合,其乙醇的最终含量占 67% 左右。因而也可改用 95% 乙醇来替代无水乙醇(因为无水乙醇的价格远远比 95% 乙醇昂贵)。但是加 95% 乙醇使总体积增大,而 DNA 在溶液中有一定程度的溶解,因而 DNA 损失也增大,尤其用多次乙醇沉淀时,就会影响收得率。折中的做法是初次沉淀 DNA 时可用 95% 乙醇代替无水乙醇,最后的沉淀步骤要使用无水乙醇。也可以用 0.6 倍体积的异丙醇选择性沉淀 DNA。一般在室温下放置 15~30 min 即可。

7.2.3 仪器、材料与试剂

1. 仪器:恒温水浴箱、台式离心机、微量取样器等。
2. 材料:单层或悬浮培养的哺乳动物细胞、新鲜组织或者血液。
3. 试剂:

① 醋酸铵(10 mol/L);无水乙醇;75% 乙醇。

② 裂解缓冲液(10 mmol/L Tris-Cl,pH 8.0;0.1 mol/L EDTA,pH 8.0;0.5%(m/V) SDS;20 μg/mg 无 DNase 的胰 RNase)(注意:裂解缓冲液的前三种成分可预先混合并于室温保存。RNase 在用前适量加入。在裂解缓冲液中加入 RNase 可免去在制备的后期从半纯化 DNA 中去除 RNA 的必要。胰 RNase 在有 0.5%SDS 的情况下活性不高,但如果高浓度地加入,足以降解大多数细胞 RNA)。

③ 苯酚,用 0.5 mol/L Tris-Cl(pH 8.0)平衡;氯仿:异戊醇(24:1,V/V);TE(pH 8.0);Tris-缓冲盐溶液(TBS);蛋白酶 K(20 mg/ml)。

7.2.4 实验流程

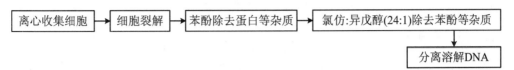

图 7.3　蛋白酶 K 和苯酚从哺乳动物细胞中分离高分子质量 DNA 实验流程

7.2.5 实验步骤

7.2.5.1 样品准备

1. 组织。

由于组织通常含有大量纤维物质,很难从中获得高产量的基因组 DNA,在裂解之前先用剪刀清除组织中筋膜等结缔组织,吸干血液。若不能马上进行 DNA 提取,可将生物组织贮存于液氮或 $-70\ ℃$ 冰箱中。

① 将 1 g 新鲜切取的组织样品用 8 层纱布包好,再外包多层牛皮纸,浸入液氮中使组织结冻。取出后用木槌或其他代用品敲碎组织块。

② 将敲碎的组织块放入搪瓷研钵中,加入少许液氮,用研钵碾磨,反复添加液氮至组织碾成粉末状。

③ 液氮挥发,将组织粉末一点一点地加入盛有 10 倍体积(m/V)裂解液的烧杯中,使其分散于裂解液表面,而后振摇烧杯使粉末浸没。

④ 使其分散于溶液中,将悬液转移至 50 ml 离心管,并于 37 ℃ 温育 1 h。

2. 血液。

将 1 ml EDTA 抗凝贮冻血液于室温解冻后移入 5 ml 离心管中,加入 1 ml TBS 溶液,混匀,3 500 g 离心 15 min,弃去含裂解的红细胞上清。重复一次。用 0.7 ml 裂解液混悬白细胞沉淀,37 ℃ 水浴温育 1 h。

7.2.5.2 用蛋白酶 K 和苯酚处理细胞裂解液

1. 将裂解液转移至一个或多个离心管中,裂解液不能超过 1/3 体积。
2. 加入蛋白酶 K(20 mg/ml)至终浓度 100 μg/ml。
3. 将细胞裂解液置于 50 ℃ 水浴中 3 h,不时旋转黏滞的溶液。
4. 将溶液冷却至室温,加入等体积的用 0.1 mol/L Tris-Cl(pH 8.0)平衡过的苯酚。将离心管缓慢颠倒 10 min 以温和地混合两相,直至两相能形成乳浊液。
5. 室温 11 000 rpm 离心 10 min,可以看到溶液分为三层:上清为 DNA 溶液,下层为苯酚,白色中间层为蛋白。使用大口径吸管小心慢慢吸出上清,不要吸到白色蛋白层,转移到另外一个离心管。重复酚抽提一次。加等体积的氯仿:异戊醇(24:1),上下转动混匀,11 000 rpm 离心 10 min,用大口吸管小心吸取上层黏稠水相,移至另一离心管中。

7.2.5.3 分离 DNA

1. 加入 1/10 体积的醋酸铵(10 mol/L)及 2 倍体积的预冷无水乙醇,室温下慢慢摇动离心管,即有乳白色云絮状 DNA 出现。
2. 11 000 rpm 离心 10 min,弃上清。

3. 加75%乙醇0.2 ml,11 000 rpm 离心5 min 洗涤DNA,弃上清,去除残留的盐。重复一次。室温挥发残留的乙醇,但不要让DNA完全干燥。

4. 加TE液20 μl 溶解DNA,做好标记4 ℃保存备用。

7.2.6 结果分析

7.2.6.1 紫外分光光度法定量

1. 取20 μl 样品用水稀释为300 μl,测定 OD_{260} 和 OD_{280} 的值以确定样品的浓度和纯度。

2. 使用1 mm 厚的比色杯,浓度计算公式为:$OD_{260}×$稀释倍数$×10×50$ μg/ml。

7.2.6.2 电泳

以溴化乙锭为示踪染料的核酸琼脂糖凝胶电泳结果可用于判定核酸的完整性。基因组DNA的分子量很大,在电场中泳动很慢,如果有降解的小分子DNA片段,电泳图呈脱尾状。

7.2.7 注意事项

1. 裂解液要预热,以抑制DNase,加速蛋白变性,促进DNA溶解。
2. 各操作步骤要轻柔,尽量减少DNA的人为降解。
3. 取各上清时,不应贪多,以防非核酸类成分的干扰。
4. 异丙醇、乙醇、醋酸钠、醋酸钾等要预冷,以减少DNA的降解,促进DNA与蛋白等的分相及DNA沉淀。

7.2.8 应用

本方法包括在EDTA(螯合二价阳离子以抑制DNase)存在的情况下,用蛋白酶K消化真核细胞或组织,用去污剂如SDS溶解细胞膜并使蛋白质变性。核酸通过有机溶剂抽提进行纯化。污染的RNA通过RNase消化清除。这个方法可用于产生少至10 μg,多至数百微克的DNA。然而每一步产生的剪切力使最终制备的DNA分子在长度上为100～150 kb。这种长度的DNA适用于在标准琼脂糖凝胶上的Southern分析、用作聚合酶链反应(PCR)的模板以及用于构建基因组DNA的噬菌体文库。

采用更高容量的载体成功地构建文库以及通过脉冲凝胶电泳分析基因组DNA要求DNA长度要大于200 kb,这远远超出了大多数产生明显流体剪切力的方法所能制备的DNA长度。甲酰胺法提供了一种分离和纯化DNA的方法,该法制备的DNA分子适用于这些特殊要求。

1. 在提取核酸过程中,要注意哪些问题?
2. 提取各步骤所用试剂的作用是什么?
3. 核酸提取主要步骤和DNA提取的方法是什么?
4. 细胞破碎的方法有哪些?

知识拓展

DNA 分子中潜在的反应基团隐藏在中央螺旋内,并经氢键紧密连接。它的碱基对外侧受磷酸和糖形成的强大的环层保护,这种保护因内在的碱基堆积力而进一步加强。如此坚固的结构和保护,使得 DNA 比细胞内其他成分保存的时间更长,同样的化学耐久性赋予了基因组 DNA 文库的持久性和价值,使得遗传工程和测序计划成为可能。

尽管双链 DNA 在化学上是稳定的,但它在物理上仍是易碎的。高分子质量 DNA 长而弯曲,仅具有极微的侧向稳定性,因而容易受到最柔和的流体剪切力的伤害。双链 DNA 在溶液中随机卷曲,并因碱基堆积力和 DNA 骨架上磷酸基团间的静电排斥力而变得黏滞。由吸液、振荡、搅拌所导致的水流对黏滞的盘绕物产生拖拉力,能切断 DNA 的双链。DNA 分子越长,断裂所需的力越弱。因此,基因组 DNA 容易成片段地获得,所需分子质量越大,获得的难度也相应增加。大于 150 kb 的 DNA 分子易于被常规分离基因组 DNA 过程中产生的力切断。

7.3 其他 DNA 提取方案

1. 方案一:用甲酰胺从哺乳动物细胞中分离高分子质量 DNA

甲酰胺是一种离子化溶剂,能分离蛋白质-DNA 复合物,并使蛋白变性和释放,但它并不明显影响蛋白酶 K 的活性。本方案用蛋白酶 K 消化细胞和组织,用高浓度甲酰胺分离 DNA-蛋白复合物(染色质),用火棉胶袋充分透析去除蛋白酶和有机溶剂等。制备得到的基因组 DNA 很大(约 7 200 kb),适于用高包装容量载体构建文库及通过脉冲凝胶电泳分析大片段 DNA。此方法存在两个缺点:比其他方法需要更多的时间;所制备 DNA 的最终浓度较低(约 10 μg/ml)。

2. 方案二:用缠绕法从哺乳动物细胞中分离 DNA

这种收集高分子质量 DNA 沉淀的方法首次用于 20 世纪 30 年代。本方法可同时从不同细胞或者组织样品中制备 DNA,主要步骤包括将 DNA 沉淀在细胞裂解液和乙醇的交界面上,接着将沉淀的 DNA 缠绕到一个 Shepherd 氏钩上,继而将其从乙醇溶液中转出溶于所选择的液体缓冲液。小片段 DNA 和 RNA 不能有效地整合入凝胶状缠绕物,这些 DNA 往往太小(约 80 kb),不能用于构建基因组 DNA 文库,但可用于 Southern 杂交和聚合酶链反应,也可用于限制性核酸内切酶部分酶解后构建按大小进行分级的文库。

3. 方案三:哺乳动物 DNA 的快速分离

根据本方案制备的哺乳动物 DNA 约 20~50 kb,适于做 PCR 反应的模板。DNA 产量在 0.5~3.0 μg/mg 组织之间变化,或者是 5~15 μg/300 μl 全血。

7.4 RNA 的提取

RNA 是分子生物学研究的一个重要组成部分,cDNA 文库的构建、RT-PCR、RNA 序列分析、mRNA 差异显示(mRNA differential display PCR,mRNA DD PCR)、代表性差异分析(Representational Difference Analysis,RDA)、抑制性消减杂交(Suppression Subtraction

Hybridization,SSH)、Northern 印迹分析、蛋白质的体外翻译等均依赖于高纯度完整的 RNA。

分离纯净、完整的 RNA 是进行基因表达分析的基础,对于分子生物学实验来说至关重要。目前根据经验已经建立了行之有效的 RNA 分离方法学,用这些 RNA 分离方法通常能够获得细胞质 RNA、细胞核 RNA 或细胞质细胞核混合的 RNA。通常将二者混合的 RNA 称为细胞 RNA。

细胞裂解是 RNA 分离操作的第一步。裂解细胞的缓冲液可以分成两大类:① 含有苛刻的离液试剂,如胍盐、十二烷基硫酸钠(SDS)、N-十二烷基肌氨酸钠(sarcosyl)、尿素、苯酚或氯仿。这些离液试剂能够破坏细胞膜和亚细胞器,进而迅速抑制住细胞内的核糖核酸酶(RNase),确保 RNA 的完整性。② 温和地溶解细胞膜,但能够保持细胞核的完整,如低渗 Nonidet P-40(NP-40)裂解缓冲液。通过分级离心,可以从裂解混合物中除去完整的细胞核、其他细胞器和细胞残渣。这个方案的可靠性取决于裂解缓冲液中添加 RNase 抑制剂,以及在分离、储存 RNA 时细致的操作。细胞裂解的方法决定了样品亚细胞器破坏的程度,因此裂解方法必须与 RNA 分离纯化后的应用兼容。在设计 RNA 分离纯化方案时,首先要考虑纯化后的 RNA 是否能解决所要研究的问题。

细胞裂解后,分离的细胞核 RNA 或细胞质 RNA 属于稳态 RNA,它代表了这个时间点的细胞或亚细胞器 RNA 的积累。为了确保后续实验数据的可信度,必须确保 RNA 不会再发生降解。需要抑制的 RNase 包括来自试剂、器皿、裂解液以及细胞中内源性的 RNase 活性。焦碳酸二乙酯(DEPC)是一种强烈的 RNase 抑制剂。它通过和 RNase 酶的活性基团组氨酸的咪唑环结合,使蛋白质变性,从而抑制酶的活性。实验中用到的塑料及玻璃制品均需要用 0.1% 的 DEPC 去离子水浸泡处理。

完全除去细胞裂解液中的蛋白质是 RNA 分离纯化中至关重要的步骤,可以选择以下多种方法:① 使用蛋白酶 K 处理;② 使用有机溶剂混合物如酚氯仿反复抽提;③ 盐析法除蛋白。也可将以上几种方法组合使用。任何除去蛋白质的方法都是控制 RNase 活性的有效手段,需要注意的是,一旦蛋白质变性剂从样品中除去,RNA 样品对 RNase 降解将非常敏感,之后的核酸浓缩操作需格外谨慎。

最通用的核酸浓缩方法是用不同组合的盐和乙醇将核酸进行沉淀。常加入 0.1 倍体积 3mol/L 乙酸钠(pH 5.2)至核酸样品中,然后再加入 2.5 倍体积 95%~100% 乙醇。核酸和盐相互作用,降低了核酸在乙醇和异丙醇中的溶解度,使核酸从溶液中沉淀出来。在不同盐和乙醇的组合中,核酸的沉淀速度依赖于温度。与基因组 DNA 快速沉淀不同,RNA 沉淀慢得多,常需要在 -20℃ 放置较长时间以保障核酸的充分回收。另外,目前建立的硅胶纯化核酸技术被许多公司的试剂盒产品使用,洗脱下的 RNA 已经浓缩,可以直接使用。

由于 RNA 极不稳定,选择合适的储存方式、储存条件保存纯化的 RNA 十分重要,涉及储存的温度、缓冲液和储存形式,本节 7.4.5 对 RNA 样品存储进行了详细讨论。

真核细胞总 RNA 制备方法有多种,包括氯化铯超速离心法、盐酸胍-有机溶剂法、氯化锂-尿素法、热酚法、异硫氰酸胍-酚-氯仿一步法以及 Trizol 试剂提取法等。本章选取目前常用的几种具体介绍如下。

7.4.1 异硫氰酸胍-酚-氯仿一步法制备总 RNA

7.4.1.1 实验目的

1. 掌握用异硫氰酸胍、苯酚从哺乳动物细胞中分离提取总 RNA 的原理。
2. 掌握用异硫氰酸胍、苯酚从哺乳动物细胞中分离提取总 RNA 的方法和技术。

7.4.1.2 实验原理

含胍的缓冲液是最有效的离液缓冲液,如同前面介绍的一样,它能够迅速彻底地破碎细胞,同时迅速地消除 RNase 活性,即使 RNase 含量非常丰富。

1987 年 Chomczynski 等建立了酸-异硫氰酸胍-苯酚-氯仿一步法(acid-guanidine-phenol-chloroform,AGPC)。该方法将已知最强的 RNase 酶抑制剂异硫氰酸胍、β-巯基乙醇和去污剂 N-十二烷基肌氨酸钠联合使用裂解细胞,释放并促使核蛋白复合体解离,抑制 RNA 的降解,使 RNA 和蛋白质分离并进入溶液中。酸性苯酚促使 RNA 进入水相,离心后可形成水相层和有机层,这样 RNA 与仍留在有机相中的蛋白质和 DNA 分离开。水相层(无色)主要为 RNA,有机层(黄色)主要为 DNA 和蛋白质。氯仿的加入有利于水相和有机相的分离并可以抽提酸性苯酚。水相中的 RNA 可以被乙醇沉淀浓缩。

用这种方法处理细胞,迅速破坏细胞膜及亚细胞器释放出核酸,较以往的传统方法操作相对简单,无需特殊的设备,抽提时间大大缩短,因而得到广泛的应用。

7.4.1.3 仪器、材料与试剂

1. 仪器:离心机、涡旋仪。
2. 材料:哺乳动物细胞。
3. 试剂:4 mol/L 异硫氰酸胍、25 mmol/L 柠檬酸钠(pH 7.0)、0.5% N-十二烷基肌氨酸钠(sarcosyl)、0.1 mol/L β-巯基乙醇,以上溶液共同组成溶液 D;2 mol/L 乙酸钠(pH 5.2);水饱和酚(分子生物学级);氯仿:异戊醇为 24:1;异丙醇;乙醇。

7.4.1.4 实验流程

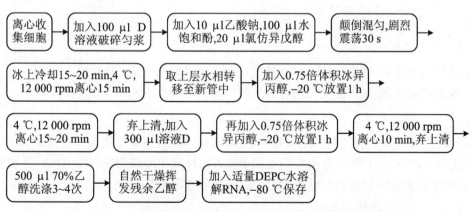

图 7.4 异硫氰酸胍-酚-氯仿一步法制备总 RNA 实验流程

7.4.1.5 实验步骤

1. 离心收集细胞,将细胞悬浮于 100 μl 溶液中(每 10^6 个细胞加入约 100 μl 溶液),用微量移液器枪头反复吹打或温和涡旋直至细胞完全破碎沉淀。

2. 向匀浆液中按照每毫升溶液加入 100 μl 乙酸钠、1 ml 水饱和酚、200 μl 氯仿异戊醇。每加入一种试剂后盖紧盖子,颠倒混匀数次使之充分混合。所有试剂加入后剧烈振荡 30 s。

3. 将样品置于冰上冷却 15～20 min,4 ℃下 12 000 rpm 离心 15 min。此时液体分为三层,上层为无色透明的水相,RNA 溶解在此相中;下层为淡黄色的有机相,蛋白质保留于此相中;中间层主要是脂质。

4. 小心吸取上层水相转移至新管中。若此时溶液略呈淡黄色,说明蛋白质没有被充分抽提,可以加入等体积的体积比为 5∶1 的水饱和酚∶氯仿异戊醇,充分颠倒混匀数分钟再次抽提,直至得到无色透明的水相。实际操作经验表明,在 RNA 分离过程中多做一次去除蛋白质污染的酚∶氯仿抽提是非常值得的,它可以消除后续 RNA 应用所碰到的问题。

5. 加入 0.75 倍体积冰冻的异丙醇,于 −20 ℃ 放置 1 h 以上,沉淀 RNA。

6. 在 4 ℃下 12 000 rpm 离心 15～20 min,弃上清,向 RNA 沉淀中加入 300 μl 溶液 D(根据 RNA 量可适当增加溶液 D 体积)。

7. 再次加入 0.75 倍体积冰冻的异丙醇,于 −20 ℃ 放置 1 h 以上,沉淀 RNA。

8. 在 4 ℃下 12 000 g 离心 10 min,弃上清,用 500 μl 70% 乙醇洗涤 3～4 次。(若洗涤过程中 RNA 沉淀块始终在底部没有移动分散,则没必要反复离心弃上清。)

9. 空气中自然干燥挥发残余乙醇。(最后一步使用 95% 的乙醇洗涤可加速样品的干燥。)

10. 将 RNA 溶于 DEPC 水或 DEPC 水配置的 TE 缓冲液中。于 65 ℃ 保温 10 min 有利于 RNA 溶解。测定 RNA 浓度后将其分装储存于 −80 ℃ 备用,避免反复冻融 RNA 溶液。如若暂时不使用或期望长期保存 RNA,可以直接在乙醇中储存沉淀的 RNA。

上述方法也适用于提取器官、组织中的 RNA,操作前需有效地破碎、匀浆组织。对于内源酶含量较低并且较容易匀浆的组织,可以在裂解液中通过匀浆器一次完成破碎和匀浆过程;植物组织、肝脏、胸腺、胰腺、脾脏、脑、脂肪、肌肉组织等样品,它们或者是内源酶含量高,或者就是不容易匀浆,所以必须将组织的破碎和匀浆分开操作。最可靠而且得率最高的破碎方法是使用液氮碾磨,最可靠的匀浆方法是使用电动匀浆器。使用液氮碾磨要特别注意一点:在整个碾磨过程中,样品不得融化,因为冷冻后内源酶不容易起作用。

7.4.2 氯化锂-尿素法制备总 RNA

7.4.2.1 实验目的

1. 掌握用氯化锂-尿素法从动物肝脏组织中分离提取总 RNA 的原理。
2. 掌握用氯化锂-尿素法从动物肝脏组织中分离提取总 RNA 的方法和技术。

7.4.2.2 实验原理

本方法利用高浓度尿素变性蛋白同时抑制 RNase 酶,再用氯化锂选择性沉淀 RNA。由于可以在 60 s 内完成匀浆,本方法特别适用于从大量样品中提取少量组织 RNA,且快速、简洁,其分离出的 RNA 纯度与用胍盐法所获得的相当,甚至更好。

7.4.2.3 仪器、材料与试剂

1. 仪器:离心机、匀浆器、涡旋仪。
2. 材料:动物肝脏。
3. 试剂:氯化锂缓冲液(3 mol/L 氯化锂、6 mol/L 尿素、50 mmol/L Tris、HCL、1 mmol/L EDTA、0.1 mol/L β-巯基乙醇、0.05% N-十二烷基肌氨酸钠)。

7.4.2.4 实验流程

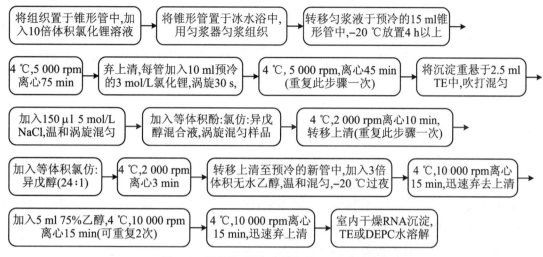

图 7.5 氯化锂-尿素法制备总 RNA 实验流程

7.4.2.5 实验步骤

实验前所有的缓冲液及试管均须在 4 ℃预冷,确保 RNase 活性降至最低。称量盘置于干冰上数分钟,保证组织样品没有融化前即可完成精确称重。

1. 将称量好的组织迅速转移至预冷的 50 ml 锥形管中,加入 10 倍体积的氯化锂溶液。

2. 将锥形管置于冰水浴中,用 Polytron(或其他)匀浆器匀浆组织,使用几个脉冲间歇操作,避免起泡、产热。总时间不超过 60 s。

3. 转移匀浆液于预冷的 15 ml 锥形管中,每管溶液体积不得超过 12 ml。−20 ℃放置 4 h 以上,可过夜。

4. 预冷离心机,4 ℃,5 000 rpm 离心 75 min。

5. 小心弃上清,吸干离心管中残留的溶液。每管加入 10 ml 预冷的 3 mol/L 氯化锂,涡旋 30 s,充分打散沉淀物质。4 ℃,5 000 rpm 离心 45 min。重复此步骤一次。

6. 将沉淀重悬于 2.5 ml TE 缓冲液或 SDS 缓冲液中,可使用枪头反复吹打或温和涡旋。

7. 加入 150 μl 5 mol/L NaCl,温和涡旋混匀。

8. 加入等体积酚:氯仿:异戊醇混合液,盖紧管盖,涡旋混匀样品。

9. 4 ℃,2 000 rpm 离心 10 min,将上层水相转移至新的聚丙烯塑料管中(可保留 1~2 mm 上层液面,切勿吸取到含有蛋白质界面的溶液)。

10. 重复步骤 8~9。

11. 使用等体积氯仿:异戊醇(24∶1)再抽提一次,4 ℃,2 000 rpm 离心 3 min。

12. 将上层水相转移至冰上预冷的新管中,加入 3 倍体积的无水乙醇,温和混匀,置于−20 ℃过夜。

13. 需要使用 RNA 时进行下面的操作,否则可一直置于−20 ℃中保存。

14. 4 ℃,10 000 rpm 离心 15 min,离心后需要迅速打开离心机弃去上清,否则底部沉淀可能因松动而脱离管底。

15. 加入 5 ml 左右 DEPC 水配制的 75%乙醇洗涤 RNA 沉淀,温和涡旋或轻弹管子。4 ℃,10 000 rpm 离心 15 min,可重复 2 次。最后一次使用 95%的乙醇洗涤,可加速样品的干燥,回收的 RNA 最大限度地避免了乙醇污染,所获得的高品质的 RNA 有利于下游科研。

16. 空气中干燥 RNA 沉淀。为避免 RNA 溶解困难,不可过分干燥,95%的乙醇洗涤过的 RNA 沉淀一般只需在空气中自然干燥 5～10 min 即可。也可以将管子以一定角度倒置于 37 ℃培养箱中保温 2～3 min,但需注意避免管口污染 RNase。

17. 干燥后的 RNA 可以使用 DEPC 水配制的 TE 缓冲液或 DEPC 水溶解,根据沉淀多少选择适当体积的溶液。

7.4.3 Trizol 专用试剂分离 RNA

Trizol 试剂是即用型细胞和组织总 RNA 提取试剂。该试剂含有苯酚、异硫氰酸胍等物质,能迅速破碎细胞并抑制细胞释放出的核酸酶,使用 Trizol 试剂提取总 RNA 是苯酚-异硫氰酸胍一步法的改善方案。

7.4.3.1 Trizol 试剂的主要成分及作用

Trizol 的主要成分是苯酚。苯酚的主要作用是裂解细胞,使细胞中的蛋白、核酸物质解聚得到释放。苯酚虽可有效地变性蛋白质,但不能完全抑制 RNase 活性,因此 Trizol 中还加入了 8-羟基喹啉、异硫氰酸胍、β-巯基乙醇等来抑制内源和外源 RNase。其中 0.1%的 8-羟基喹啉可以抑制 RNase,与氯仿联合使用可增强抑制作用;异硫氰酸胍属于解偶剂,是一种强力的蛋白质变性剂,可溶解蛋白质并使蛋白质二级结构消失,导致细胞结构降解,核蛋白迅速与核酸分离;β-巯基乙醇的主要作用是破坏 RNase 蛋白质中的二硫键。

在样品裂解或匀浆过程中,Trizol 能保持 RNA 的完整性。加入氯仿后,溶液分为水相和有机相,RNA 在水相中。取出水相,用异丙醇可沉淀回收 RNA。

7.4.3.2 Trizol 试剂的基本特点

Trizol 试剂可以快速提取人、动物、植物、细菌等不同组织的总 RNA,该方法对少量的组织(50～100 mg)和细胞($5×10^6$)以及大量的组织($\geqslant$1 g)和细胞($>10^7$)均有较好的分离效果。Trizol 试剂操作上的简单性允许同时处理多个样品。所有的操作可以在 1 h 内完成。Trizol 抽提的总 RNA 能够避免 DNA 和蛋白的污染,故而能够做 RNA 印迹分析、斑点杂交、poly(A)$^+$选择、体外翻译、RNase 酶保护分析和分子克隆。并且利用 DNA、RNA 和蛋白质在不同溶液中的溶解性质,可以通过分层分别将不同层中的 RNA(上层)、DNA(中层)、蛋白质(下层)分离纯化出来,效率极好。

Trizol 试剂能促进不同种属、不同分子量大小的多种 RNA 的析出。例如,从大鼠肝脏抽提的 RNA,琼脂糖凝胶电泳并用溴化乙锭染色,可见许多介于 7 kb 和 15 kb 之间不连续的高分子量条带(mRNA 和 hnRNA 成分),两条优势核糖体 RNA 条带位于 5 kb(28S)左右和 2 kb(18S)左右,低分子量 RNA 介于 0.1 kb 和 0.3 kb 之间(tRNA,5S)。当抽提的 RNA 用 TE 稀释时其 A_{260}/A_{280} 比值$\geqslant$1.8。

7.4.3.3 Trizol 试剂的使用方法简介

用匀浆器将组织磨碎,加入 Trizol 处理组织。5 min 后加入氯仿,以 12 000 rpm 离心 5 min,样品即分成水样层、中间层和有机层。RNA 存在于水样层中,收集水样层后可通过乙醇沉淀 RNA。

每 10^6 万细胞用 Trizol 抽提可得 5~15 μg RNA,每毫克组织用 Trizol 抽提可得 1~10 μg RNA(产量因细胞和组织不同而异)。

7.4.4 RNA 的质量控制

用纯化的 RNA 样品进行后续科学研究前必须先评价其质量。其中最重要的是肯定 mRNA 组分的完整性。由于纯化 RNA 的后续应用费用高、工作量大,因此在确定 mRNA 完整性时要特别慎重,这样才能保证后续的 RNA 应用实验的顺利进行。正如人们不能使用腐烂的木头造房子一样,研究人员不能使用含量无法检测或降解了的 RNA 进行后续研究工作。判断 RNA 质量的基本手段是通过电泳和紫外分光光度仪检测,要想正确解读电泳或者紫外分光光度仪的结果,首先就要对这两种方法有基础的了解。

7.4.4.1 RNA 的电泳检测

总的说来,RNA 琼脂糖凝胶电泳是判断 RNA 质量最好的检测方法。有生物活性的完整的 RNA 分子变性后的电泳条带独特,且 RNA 容易变性,只需上样前将 RNA 样品简单加热即可。28S 核糖体 RNA(rRNA)和 18S rRNA 的荧光比值是判断 RNA 样品可用性的最好指标。对哺乳动物 RNA 而言,该荧光比值至少是 2∶1,如果达到甚至超过 2.5∶1 更好。根据众多研究人员的经验,28S rRNA 和 18S rRNA 的荧光比值越小,样品可用性越差,后续实验结果的可信度越低。可以仅用"目测"方法估计 28S rRNA 和 18S rRNA 的荧光比值,如若需要也可使用成像软件来确定。对于高等真核生物,28S rRNA 和 18S rRNA 的荧光比值越大越好,但也需同时考虑电泳图谱的其他特征。

最好的 RNA 样品,其电泳图谱的 28S rRNA 和 18S rRNA 条带之间、条带上方和条带下方几乎都没有弥散,转运 RNA(tRNA)、低分子量的 5S rRNA 和 5.8S rRNA 处于凝胶的前端,与溴酚蓝所指示的位置接近(如图 7.6)。如果 28S rRNA 和 18S rRNA 的电泳条带不清晰,说明 RNA 样品有核酸酶污染,尤其是凝胶的下半部,分子量低于 18S rRNA 的区域出现条带弥散现象。若整块凝胶上都有严重的弥散现象,说明 RNA 样品已经发生了降解。此外,凝胶电泳条带的严重弥散也可能是上样前 RNA 变性不充分,残留的 RNA 二级结构所导致。在洗涤 RNA 的操作中如若没能完全去除去污剂及过量的盐,电泳时也可能出现 RNA 条带的弥散,因为这些组分会阻止 RNA 分子进入凝胶。甚至当 RNA 没有完全溶解时电泳条带也会出现特征性拖尾现象。

在 RNA 凝胶电泳图谱上,加样孔及紧挨着其下方出现的荧光是基因组 DNA。出现这种现象时,明智的做法是在定量分析 RNA 样品前,确定其是否因 DNA 污染所致,即使电泳图谱上没有出现高分子量的荧光条带也并不意味着 RNA 样品中没有 DNA 残留,很可能是 DNA 含量低于电泳检测水平。由于污染的 DNA 也可以作为模板,因此对大多数基于 RNA 的聚合酶链式反应有严重的负面影响。唯一可靠的消除 RNA 样品中残留 DNA 的方法是使用 RNase-free 的 DNase 消化处理样品。同时要有相应的对照,证明 DNA 被彻底除去。

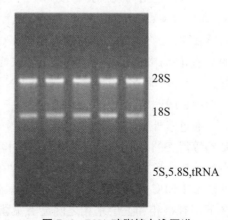

图 7.6 RNA 琼脂糖电泳图谱

7.4.4.2 RNA 的紫外吸收光谱和吸收峰比值测定

用 UV 吸收光谱能直接测定核酸的浓度和纯度,间接计算生物材料的核酸总量,甚至单个细胞的 RNA 总量(已知分离起始时大致细胞数量)。此外,纯化的核酸样品在 230~320 nm 之间有特征性吸收谱。偏离了标准曲线的形状,即峰位的偏离表明样品有污染。由于实际投入的 RNA 量与大多数后续的 RNA 应用密切相关,因此不能忽视 RNA 样品 UV 吸收光谱的重要性。

DNA 或 RNA 链上碱基的苯环结构在紫光区具有较强吸收性,其吸收峰在 260 nm 波长处。波长为 260 nm 时,DNA 或 RNA 的光密度 OD_{260} 不仅与总含量有关,也随构型而有差异。对标准样品来说,浓度为 1 μg/ml 时,DNA 钠盐的 $OD_{260}=0.02$,当 $OD_{260}=1$ 时,dsDNA 浓度约为 50 μg/ml;ssDNA 浓度约为 37 μg/ml;RNA 浓度约为 40 μg/ml;寡核苷酸浓度约为 30 μg/ml(底物不同有差异)。因此可以利用核酸对 260 nm 波长的吸收值直接计算样品浓度:

$$[RNA]\mu g/ml = OD_{260} \times 稀释倍数 \times 40$$
$$[DNA]\mu g/ml = OD_{260} \times 稀释倍数 \times 50$$

需要注意的是,上述 RNA 和 DNA 浓度计算公式所得的数据单位是 μg/ml。在分子生物学中浓度单位 μg/μl 的表示更为常见、方便,进行样品稀释的数学计算更为简单。上述公式所得数据除以 1 000 即可得到浓度单位为 μg/μl 的数据。

使用 OD_{260} 可以测定核酸样品浓度,但不能了解样品的质量和纯度。实验中发现如果样品中残留的盐过量、有蛋白质或有机物污染,紫外吸收值均偏离明显。因此,用 OD_{260}/OD_{280}、OD_{260}/OD_{230} 的比值能合理判断样品的纯度。纯 RNA 的 OD_{260}/OD_{280} 比值是 2.0 ± 0.1,纯 DNA 样品的 OD_{260}/OD_{280} 比值为 1.8 ± 0.1。无论 RNA 还是 DNA,OD_{260}/OD_{230} 的比值应在 2.0~2.4 之间,超出这个范围说明样品有污染,须采取一些纠正措施。通常 OD_{260}/OD_{280} 数值低,表明分离的 RNA 有蛋白质污染。OD_{260}/OD_{230} 数值低则可能是残留有胍盐(来自细胞裂解缓冲液)或 β-巯基乙醇污染。这两种物质的残留污染问题比多数人想象的要严重得多,它将直接影响 RNA 样品下游实验操作。但 OD_{260}/OD_{280},OD_{260}/OD_{230} 常常需要共同考虑来判定核酸的质量。例如,当 0.5%BSA 蛋白质污染时,蛋白污染会导致 OD_{260} 和 OD_{280} 的数值都下降,其净结果是 OD_{260}/OD_{280} 比值下降,但 OD_{260}/OD_{280} 的比值变化并不显著。但蛋白残留会导致 230 的数值显著上升,显著影响 OD_{260}/OD_{230} 的比值。也就是说,如果 RNA 样品的 $OD_{260}/OD_{280}=1.7$,那么就应该考虑污染原因不是胍盐残留,而是蛋白质残留。另外,酚的最大吸收峰在 270 nm。酚的残留会显著地增加 OD_{230}、OD_{260} 和 OD_{280} 的数值,同时酚的吸收峰与核酸的吸收峰合并后,最大吸收峰向 270 nm 方向偏移,最大吸收峰在 270 nm 附近。也就是说,如果 RNA 样品的 $OD_{260}/OD_{280}=1\sim1.5$,那么污染原因就应该考虑是酚残留。

通过紫外吸收光谱的数据判定 RNA 质量,选择合适的方法给予解决。去除胍盐或 β-巯基乙醇污染的有效方法是使用乙酸钠和乙醇重新沉淀 RNA,再用 70%乙醇清洗沉淀 2~3 次。若想去除 RNA 样品中的蛋白质污染,可将样品溶于 100~200 μl RNA-free 的 TE 缓冲液或 DEPC 水中,用等体积的酚:氯仿:异戊醇(25:24:1)pH<5 抽提一次,离心后在下层有机相和上层水相之间会看见蛋白质层存在,取上层水相,再用等体积的氯仿:异戊醇(24:1)抽提一次。具体方法见操作步骤。若判定为酚残留,可以直接用氯仿:异戊

醇(24∶1)抽提样品。

7.4.5 RNA分离过程中的常见问题及解决方案

RNA分离过程中的常见问题可简单归纳为三个:降解、纯度、得率。降解只能通过电泳或芯片技术判断;纯度和得率主要使用紫外分光光度仪检测,但电泳也可以提供简单参考。关于纯度的判定及控制在RNA质量控制中已做了详细的介绍,这里主要针对降解和得率问题加以介绍和阐述。

7.4.5.1 降解

如果抽提基因组DNA的最大问题是纯度,那么,抽提总RNA的最大问题是降解。降解主要来自两个方面:样品源酶的作用和最后溶解用水及离心管的不干净。对大部分实验人员来说,RNA抽提比基因组DNA抽提要困难得多。事实上,现有的RNA抽提方法/试剂,如果用于从培养细胞中抽提RNA,比抽提基因组DNA更方便,成功率也更高。为什么同样的方法用于组织RNA的抽提,总会碰到问题呢?首先看一下为什么从培养细胞中抽提RNA不容易降解。现有的RNA抽提试剂,都含有快速抑制RNase的成分。在培养细胞中加入裂解液,简单地混匀,即可使所有的细胞与裂解液充分混匀,细胞被彻底裂解。细胞被裂解后,裂解液中的有效成分立即抑制住细胞内的RNase,所以RNA得以保持完整。也就是说,培养细胞由于很容易迅速与裂解液充分接触并被及时裂解,所以其RNA不容易被降解;反过来讲,组织中的RNA之所以容易被降解,是因为组织中的细胞不容易迅速与裂解液充分接触所致。因此,假定有一种办法,在抑制RNase活性的同时能使组织变成单个细胞,降解问题也就可以彻底解决了。液氮碾磨就是最有效的一种办法。但是,液氮碾磨方法非常麻烦,尤其是碰到样品数比较多的时候。这样就产生了退而求其次的方法:匀浆器。匀浆器方法没有考虑细胞与裂解液接触前如何抑制RNase活性这个问题,而是祈祷破碎组织的速度比细胞内的RNase降解RNA的速度快。电动匀浆器效果较好,玻璃匀浆器效果较差,但总的来说,匀浆器方法是不能杜绝降解现象的。因此,如果抽提出现降解,原来用电动匀浆器的,改用液氮碾磨;原来用玻璃匀浆器的,改用电动匀浆器或者直接用液氮碾磨,问题几乎100%能够得到解决。总之,如果出现降解现象或者组织内杂质残留现象,则必须对具体实验材料的抽提方法/试剂进行优化。优化大可不必使用宝贵样品,可以使用易获得样品相应部分的材料用于RNA抽提。

如果发现抽提的总RNA出现比较强烈的降解,排除了其他原因后,单纯由内源酶导致的具体原因及对策如下:

1. 直接在培养容器内裂解的贴壁细胞:裂解液用量不足或者没有彻底去除培养液,将导致降解。对策是:首先要彻底去除培养液;其次,裂解液的用量要按照培养容器的面积使用。

2. 新鲜动物组织:组织破碎不彻底、操作时间过长或裂解液用量不足。改用更强的破碎组织的方法,操作更快速,能解决前两个问题。裂解液用量不足也包括相对用量,即内源酶含量高的组织,如胰腺,要使用相对比较多的裂解液。在试剂使用量方面,千万不要死板地按照试剂使用说明进行,往往说明提示指的是熟手抽提最简单样品时的用量。最可靠的方法是按照说明提示的一半使用组织。

3. 冷冻保存组织:保存方法不正确,或者切割称重,或者破碎方法不正确。组织的保存,必须经过液氮速冻后,才能移入冰箱保存。即使曾经有过直接保存而不降解的经历,也不能抱有侥幸心理。组织最好在保存前就已经分割好了,冷冻保存组织的分割有非常大的降解风险。称重不要去做,或者在保存前就称好。冷冻保存样品,包括细胞,都用液氮碾磨破碎,只有这样才能确保样品在彻底匀浆前不会出现融化。液氮碾磨过程中绝对不能出现液氮不足的现象;碾磨好后,一定要在液氮完全挥发之前,将样品移入裂解液中迅速匀浆。

4. 植物组织:破碎方法不正确或裂解试剂不适用。液氮碾磨过程绝对不能出现液氮不足的现象;碾磨好后,一定要在液氮完全挥发之前,将样品移入裂解液中迅速匀浆。裂解试剂不适用可能更普遍。有一些植物,因为内含某些成分,非常容易导致总RNA的降解。这些植物,如果使用一般的裂解液,都得不到完整的总RNA。必须在裂解液中添加某些成分,如PVP、PVPP等,去除那些导致总RNA降解的成分,才能获得完整的总RNA。

7.4.5.2 得率

不同的样品其RNA含量差别很大。高丰度($2\sim4~\mu g/mg$)的组织有肝脏、胰腺、心脏,中丰度($0.05\sim2~\mu g/mg$)的组织如脑、胚胎、肾脏、肺、胸腺、卵巢,低丰度($<0.05~\mu g/mg$)的组织如膀胱、骨、脂肪。如果得率低与抽提有关,以下是一些可能提高得率的建议:

1. 使用更有效的破碎/匀浆方法。RNA如果不能被有效释放出来,得率是会降低的。使用液氮碾磨、酶消化破壁(Lysozyme/Lyticase)、电动匀浆器匀浆,虽然麻烦,但都是获得高得率的有效手段。

2. 抽提试剂的更换。假如得率低不是由匀浆不彻底引起的,则可能是所使用试剂的裂解能力差而导致。最合理的做法是:使用更多的裂解液;用完后换厂家。另外,可以改用不使用苯酚/氯仿抽提的试剂/方法,因为使用苯酚/氯仿抽提的方法,由于不可能全部取出上清,RNA的损失是比较大的。

3. 延长沉淀时间。如果核酸浓度低,采取低温沉淀并延长沉淀时间,可以获得非常好的效果。

7.4.6 较难抽提样品总RNA抽提方法及试剂的选择

1. 贴壁培养细胞:从贴壁培养细胞中抽提总RNA,首先是要彻底去除培养液,然后再裂解细胞。裂解细胞可以直接在培养容器内进行;也可以先将细胞脱壁,移入离心管,再在离心管中进行。如果裂解直接在培养容器内进行,因为培养液是不可能彻底去除的,其残留液体将降低裂解液中所有盐的浓度:裂解的盐的浓度降低导致裂解效率降低,沉淀的盐的浓度降低导致沉淀效率降低,综合效果就是降解或者得率低。由于液体的残留量是取决于容器面积的,所以,如果采用直接在培养容器内裂解细胞的方法,裂解液的用量要依据培养容器的面积而调整,而不是根据细胞数使用,这就是贴壁培养细胞抽提总RNA的关键所在。脱壁后裂解的方法可能碰到的最大问题是在脱壁过程中部分细胞破碎,这会降低得率。综上所述,小面积的贴壁细胞,因为细胞数少,得率很重要;不要使用可能导致细胞数损失的脱壁后裂解的方法,要使用直接在容器内裂解的方法,但要注意增大裂解液的用量;大面积的贴壁细胞,因为细胞数多,可以使用可能导致细胞数损失的脱壁后裂解的方法,因为它可以节约很多裂解液。

2. 纤维组织:从心脏、骨骼肌等纤维组织中抽提总RNA,关键在彻底破碎组织。一定要在液氮冷冻条件下将组织彻底磨碎后再匀浆。同时,这些组织的细胞密度低,所以单位重量的组织中,总RNA的含量较少,因此,在试剂容许的范围内,用尽可能多的样品来确保获得足够多的总RNA。

3. 蛋白/脂肪含量高的组织：从脂肪组织、脑及部分脂肪含量高的植物中抽提总RNA，关键是彻底去除脂肪。去除脂肪的最好试剂是氯仿。即使在抽提步骤中使用了苯酚/氯仿，如果发现上清含白色絮状物，或者液相上面还有一相，提示有脂肪残留。此时必须用氯仿再次对上清进行抽提。

4. 核酸含量高的组织：脾、胰腺、胸腺等核酶含量很高，同时，它们的核酸含量也非常高，降解是非常容易发生的。从这样的样品中抽提总RNA，最好使用含苯酚的裂解液，同时要增加裂解液用量，或者减少样品用量。样品在液氮冷冻条件下碾磨，再快速匀浆，方能有效灭活核酶。新鲜组织用玻璃匀浆器匀浆，非常容易导致降解。如果发现裂解液太黏稠（因为核酸含量高的缘故），苯酚/氯仿抽提后的离心分层往往会碰到问题：分不开或者中间层很厚。用注射器抽打裂解物，或者加入更多裂解液，都可以部分解决此问题。最好用酸性苯酚/氯仿对上清进行再次抽提，以去除可能残留的基因组DNA。如果在上清中加入醇后马上有白色沉淀形成，则提示有DNA污染。溶解后用酸性苯酚/氯仿再次抽提，可以部分去除DNA污染。

5. 植物组织：植物组织比动物组织更为复杂。大家一般都是在液氮条件下对植物进行碾磨的，所以内源酶作用使RNA降解的现象不常见。如果降解问题不能解决，几乎可以肯定是样品中的内含杂质所致植物中的许多杂质，可以导致总RNA在抽提过程被降解。另外，许多植物的内含杂质都会导致残留；之所以残留，往往是因为这些杂质与总RNA有一些相似性：你沉淀，我沉淀，你吸附，我吸附。这些特点决定了它们是非常强的酶抑制剂。还有一点也要注意，有些植物不能使用含某些试剂（比如苯酚）的裂解液。目前，商品化的RNA抽提试剂经过小量调整，可以适合几乎所有的动物组织，但却没有一种商品化的总RNA抽提试剂可以适合大部分植物组织。具体方法如前7.4.5.1中所述。

7.4.7 注意事项

1. RNA提取实验中使用的所有离心管、枪头及相关溶液都必须无RNase污染。耐高温器物可150℃烘烤4h以去除RNase，其他器物去除RNase可考虑用0.1%的DEPC水浸泡过夜，然后灭菌，烘干。所有涉及的试剂、溶液均需用DEPC水配制（0.1%）。

2. 使用冻存的细胞或组织抽提总RNA的效果通常比新鲜的细胞或组织差一些。因为在冻融过程中一些细胞或组织内的RNase会被释放出来并剪切样品。如果不能及时抽提RNA，推荐先加入适量Trizol，裂解样品后冻存。

3. 必须戴一次性手套操作，且尽量不要对着RNA样品呼气或说话，以防RNase污染。建议戴一次性口罩操作。

4. Trizol含有腐蚀性毒物苯酚，避免接触皮肤或吸入。为防止溅入眼睛，请戴防护眼镜或使用透明保护屏。如皮肤接触Trizol，请立即用大量去垢剂和水冲洗。

7.4.8 应用

实验中提取的总RNA可用于下游多种分子生物学实验，如Northern blot分析、点杂交、纯化mRNA、体外翻译、RNase protection assay、cDNA克隆以及qRT-PCR；使用Trizol法提取的总RNA也可以用于基因表达的芯片分析、高通量测序（deep sequencing）等对RNA质量要求较高的下游实验。

1. 经紫外分光检测分析发现所提总 RNA 的 OD_{260}/OD_{280} 比值偏低,请问哪些因素可能导致这样的结果?该结果是否影响下游 qRT-PCR 实验数据的准确性?如有影响,应该如何解决此问题?

2. 实验室常用判定 RNA 质量的方法有哪些?

目前市面上很多公司出售 Trizol 试剂,大多是 100 ml 装,比较有名的是 Invitrogen 公司的产品,价格约在 1200 元/100 ml,国内很多公司都有类似产品,价格在 300 元左右,使用中两者效果无太大差别,各个实验室可根据经费情况合理选择。关于 Trizol 试剂的详细资料,以及针对不同材料如何合理选择 RNA 的提取方法和试剂,在 Invitrogen 公司网站上有较为详细介绍,可参考。

RNA 很容易降解,做实验时一般都要求配戴口罩、手套,以避免引入外源性 RNase 污染。事实上,内源性的 RNase,也就是组织内本身的 RNase 才是引起 RNA 降解的罪魁祸首。所以合理地分配精力,严格控制组织在液氮研磨成粉末并加入 Trizol 之前不能化冻、迅速操作,而加入酚或 Trizol 之后即可自行合理安排实验节奏。

(周继红　张晓洁)

第 8 章 聚合酶链反应(PCR)

8.1 普通 PCR

8.1.1 实验目的

1. 掌握 PCR 的基本原理和操作方法。
2. 熟悉引物设计的注意事项。

8.1.2 实验原理

聚合酶链式反应(polymerase chain reaction),简称 PCR 技术,是模拟生物体内半保留复制过程,以含目的基因的核酸为模板,利用针对目的基因所设计的特异寡核苷酸引物,在体外特异性扩增并获得大量目的基因拷贝的一种技术。该技术基本原理类似于 DNA 的半保留复制过程,也可以说是在试管中由模板 DNA、引物、DNA 聚合酶和四种脱氧核糖核苷酸(dNTP)组成反应体系,在合适的条件下由 DNA 聚合酶催化进行 DNA 合成反应。PCR 引物是人工合成的一对分别与两条模板 DNA 特异性互补的寡核苷酸片段,分别称为上游引物和下游引物。PCR 反应中,引物特异结合在单链 DNA 模板上,形成局部双链,引物提供 3′-OH 末端,DNA 聚合酶催化脱氧单核苷酸聚合,沿模板 5′→3′方向延伸,合成目的基因的另一条互补链。

PCR 反应主要包括变性、退火和延伸三个步骤,每三个步骤组成一个循环。

1. 变性(denaturation):该步骤发生模板 DNA 的变性。变性温度一般在 95 ℃左右,经过一定时间变性,双链 DNA 模板或经 PCR 扩增形成的双链 DNA 即可解离形成单链 DNA,并为退火做好准备。

2. 退火(annealing):也称复性,该步骤发生引物与单链模板 DNA 的退火。待温度降至 40~60 ℃之间,反应体系中的引物即可与单链 DNA 中的互补序列配对结合,形成模板-引物的局部双链。实际反应中,考虑到两条单链 DNA 模板在退火温度时也可以重新配对结合形成双链,因此要求 PCR 反应体系中引物的浓度要显著高于模板 DNA 的浓度。除此之外,由于引物的长度明显比模板的长度短,引物与模板的配对速度远远高于模板之间的配对速度,也可以有效地抑制退火中模板 DNA 单链之间的重新配对。

3. 延伸(extension):该步骤由 DNA 聚合酶催化引物的延伸。延伸温度一般在 72 ℃左右,在 DNA 聚合酶的作用下,以四种 dNTP 为反应原料,以靶序列为模板,从引物的 3′端开始,按照碱基互补配对原则,合成一条新的与模板互补的 DNA 链。

从理论上说,经过变性—退火—延伸的重复反应,模板 DNA 按照 2^n 倍扩增,经过 30~40 次循环,DNA 片段可以放大几百万倍。

目前 PCR 技术中所使用的最常见的 DNA 聚合酶为 Taq DNA 聚合酶,该酶有很高的耐热稳定性,解决了普通的 DNA 聚合酶在变性后失活的问题,但该酶具有一定的错配率,如果实验对 PCR 的忠实性要求很高时,可以选择一些高保真性的 DNA 聚合酶。

8.1.3 仪器、材料与试剂

1. 仪器:PCR 仪、台式高速离心机、微量移液器、经高压灭菌后的 PCR 专用反应管、水平式凝胶电泳设备、凝胶成像系统等。

2. 材料:所用 DNA 模板可以是单链或双链,如染色体 DNA 或克隆的质粒 DNA。

3. 试剂:上下游引物(10 μmol/L)、dNTP 混合物(10 mmol/L)、Taq DNA 聚合酶(5 U/μl)、10×扩增缓冲液(含 Mg^{2+})、去离子水(ddH_2O)、溴化乙锭(10 mg/ml)、1×TAE、6×上样缓冲液。

8.1.4 实验流程

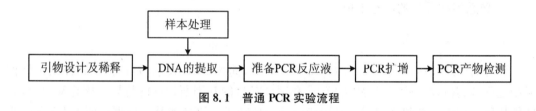

图 8.1 普通 PCR 实验流程

8.1.5 实验步骤

1. 样本处理及模板 DNA 的提取

模板 DNA 可以从不同的样本中获取,如培养细胞、组织、血液、尿液等。各种来源的样本需要经过适当处理,处理的目的主要有两个,使 DNA 分子充分暴露以及去除抑制 PCR 反应的成分。样本处理基本步骤如下:收集细胞、裂解细胞、去除蛋白质等杂质、纯化及沉淀 DNA。收集细胞随样本不同而方法各异,裂解细胞可以使用表面活性剂如 SDS 和蛋白酶 K 处理,去除蛋白质及纯化 DNA 则主要使用酚和氯仿抽提(参考实验 7.2 蛋白酶 K 和苯酚从哺乳动物细胞中分离高分子质量 DNA)。

2. 引物设计及稀释

引物设计的成功与否是 PCR 反应的关键。引物的设计以及评价一般使用专门的软件如 Primer、oligo 等,设计时应遵循引物设计的原则。公司合成的引物通常为干粉,为了避免干粉的失散,使用前应先离心,然后再轻轻打开管盖溶解。引物稀释时通常用 TE 溶液或 ddH_2O,首先配置成储存液,浓度为 100 μmol/L,-20 ℃保存,使用时再稀释至 10 μmol/L,PCR 反应体系中引物终浓度为 0.4 μmol/L。

3. 配置 PCR 反应液

每次反应时可以设置阳性对照、阴性对照或/和空白对照。这些对照有助于分析 PCR 实验结果,避免出现假阳性及假阴性的情况。阳性对照一般选用已知可以扩增出目的条带的模板 DNA,如质粒或基因组 DNA;阴性对照则选择一些不含有被扩增条带的 DNA 做模板;空白对照,也称试剂对照,在反应体系中不加模板,而其他反应试剂照常加入。

① 把准备好的引物、缓冲液、模板等依次加入 0.2 ml 灭菌 PCR 专用反应管内:

  10×扩增缓冲液   10 μl

  模板 DNA(0.1 μg/μl)   2 μl

上游引物(10 μmol/L)	2 μl
下游引物(10 μmol/L)	2 μl
dNTP 混合物(10 mmol/L)	2 μl
Taq DNA 聚合酶(5 U/μl)	1 μl
加 ddH₂O 至终体积	100 μl

② 轻轻混匀 PCR 反应液,并瞬时离心使反应液集中于管底。

4. PCR 扩增

在 PCR 仪中设置 PCR 反应程序。将上述准备好的 PCR 反应液置于 PCR 仪上,执行扩增。PCR 扩增程序一般为:95 ℃预变性 3~5 min,95 ℃变性 30~45 s→50~60 ℃退火 30~45 s→72 ℃延伸 30~45 s,30~35 次循环,72 ℃保温 10 min。

5. 琼脂糖凝胶电泳检测:取 5 μl PCR 产物进行电泳检测,在紫外灯下观察电泳凝胶(如图 8.2)。

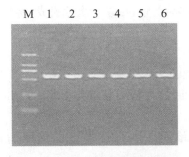

图 8.2 PCR 产物琼脂糖凝胶电泳图

M:marker,1~6 分别为六组样品

8.1.6 结果分析

1. 根据电泳结果是否出现目标条带,DNA marker 判断扩增片段大小,从而分析结果为阴性或阳性。

2. 根据条带的宽带和亮度,判断 PCR 产物扩增量的多少。

3. 分析实验结果有无假阴性、假阳性、引物二聚体及非特异性扩增产物。

① 假阴性:琼脂糖电泳后无扩增条带出现。PCR 反应中的任一环节出现问题都可以出现假阴性结果。出现假阴性结果后,应逐个排查 PCR 反应的每个环节并找到原因,例如模板核酸的纯度和浓度、引物的质量与特异性、试剂的质量、退火温度是否合适、琼脂糖鉴定环节等。

② 假阳性:琼脂糖电泳后的条带与目的条带一致,有时假阳性条带更整齐,亮度更高。通过设立阴性对照可以判断结果是否为假阳性。假阳性最常见的原因是靶 DNA 的污染,由于 PCR 的高灵敏性,极微量的靶 DNA 污染就可以造成假阳性结果的出现。

③ 引物二聚体:引物二聚体一般分子量较小,在 100 bp 以内,琼脂糖电泳图中多是一些位置靠前的较模糊条带。引物二聚体的出现与引物设计时有较多的碱基配对区域有关,另外,反应体系中引物/模板浓度比例过高,退火温度过低也可以导致引物二聚体的出现。可以通过优化反应体系中引物浓度及退火温度减少引物二聚体的出现。

④ 非特异性扩增产物:琼脂糖电泳后出现大小不一的条带,甚至出现片状带或涂抹带。

8.1.7 注意事项

1. PCR 反应环境应该洁净、没有 DNA 污染。最好设立一个专用的 PCR 实验室。
2. PCR 试剂的配置应使用高质量的、经过滤除菌或高压灭菌后的双蒸水,试剂首先以大体积配制,通过预试验判定结果满意后,然后少量分装后储存。
3. 所有试剂都应该防止核酸和核酸酶的污染。操作过程中均应戴一次性手套。使用一次性吸头。
4. 操作多份样品时,可以先制备反应混合液,先将 dNTP、缓冲液、引物和酶混合好,然后分装,这样既可以减少操作,避免污染,又可以增加反应的精确度。
5. 为避免气溶胶污染,打开 PCR 反应管时应注意避免反应液飞溅,可于开盖前瞬时离心收集液体于管底。
6. 由于操作时不慎将样品或模板核酸吸入微量移液器内会成为一个严重的污染源,因此在使用微量移液器时,吸取样品要慢,尽量一次性完成,避免多次抽吸,以免产生交叉污染或形成气溶胶造成污染。

8.1.8 应用

1. 遗传性疾病的 DNA 诊断。如镰刀状细胞贫血、Duchenne 型肌萎缩症、囊状纤维化等疾病。
2. 感染性疾病的 DNA 诊断。PCR 技术可以检测病毒、细菌等病原微生物的基因组。
3. 肿瘤的 DNA 诊断。染色体基因错位、癌基因突变、抑癌基因的突变与肿瘤发生有关,PCR 是检测这些基因异常的有效手段。

1. 退火温度如何计算?
2. PCR 产物电泳条带出现弥散现象的原因可能有哪些?
3. 为什么 PCR 循环次数不是越多越好?
4. 引物的特异性是 PCR 成功的重要保证,如何确保引物设计的特异性?
5. PCR 的影响因素有哪些?

PCR 的最早设想源于 20 世纪 70 年代初,当时人们正致力于研究体外分离 DNA 的技术。1971 年,诺贝尔奖获得者 Khorana 首先提出了核酸体外扩增的设想:引物与模板 DNA 杂交后,DNA 聚合酶催化引物延伸,即可获得与原来的双链 DNA 相同的双链分子。由于当时测序技术尚未发明,体外合成寡核苷酸引物的技术也不成熟,且 DNA 重组技术已经成为可能,致使 Khorana 的早期设想很快被科学界遗忘。1983 年就职于 PE-Cetus 公司的 Karry Mullis 开车前往旧金山时,在一条蜿蜒盘旋的公路上获得灵感,如果在反应中加入两条引物,一条引物与正义链结合,另一条引物则与反义链结合,一个循环接着一个循环重复反应,是否能实现 DNA 片段的无限扩增？经过大约两年的反复试验，Karry Mullis 终于在 1985 年初成功扩增出了 HLA DQα 基因，1985 年 3 月获得专利批复。1993 年，Mullis 因发明 PCR 技术而获得诺贝尔奖。

然而，在 PCR 发明后的最初几年内，这项技术并没有得到足够的重视和应用。最初 Mullis 使用的是大肠杆菌 DNA 聚合酶 I 的 Klenow 片段，由于该酶不耐热，在 PCR 反应中热变性时会失活，需要在每一轮循环后添加新鲜的 Klenow 酶，从而给 PCR 技术的操作增加了不少困难。直到 1988 年，Saiki 等人从一种耐热的细菌 Thermus aquaticus(Taq)中分离出一种耐热 DNA 聚合酶，该酶因此被命名为 Taq DNA 聚合酶。Taq DNA 聚合酶具有耐高温的特点，在热变性时不会失活，不用每个循环后添加新鲜的酶，此外，该酶可以在较高的退火温度下进行 PCR 反应，大大提高了扩增片段的特异性。Taq 酶的发现，使得 PCR 真正变为现实，为 PCR 的自动化铺平了道路。1989 年美国《Science》杂志将 PCR 及热稳定 DNA 聚合酶命名为"年度分子"，将 PCR 列为十余项重大科学发明之首，称 1989 年为 PCR 爆炸年。

8.2 RT-PCR

8.2.1 实验目的

1. 掌握 RT-PCR 的基本原理。
2. 掌握 RT-PCR 的操作方法。

8.2.2 原理

逆转录 PCR(reverse transcription PCR，RT-PCR)首先利用逆转录酶将 RNA 逆转录为 cDNA，再以 cDNA 为模板进行 PCR 扩增，是将逆转录与 PCR 相结合的技术。逆转录 PCR 可以用总 RNA、mRNA 或体外转录的 RNA 作为模板。但无论是以何种 RNA 作为模板，都要确保整个 RT-PCR 体系中无 RNase 和基因组 DNA 的污染。

逆转录酶(reverse transcriptase)存在于 RNA 病毒体内，是一种依赖 RNA 的 DNA 聚合酶，具有三种活性：一是依赖 RNA 的 DNA 聚合酶活性，该活性催化以 RNA 为模板合成 cDNA 第一条链。二是 RNase 活性，该活性可以水解 RNA：DNA 杂合体中的 RNA。三是依赖 DNA 的 DNA 聚合酶活性，该活性是以第一条 DNA 链为模板催化合成互补的双链，生成双链 cDNA 的。

可以选择如下逆转录酶：① 禽成髓细胞瘤病毒(AMV)逆转录酶：聚合酶活性和 RNA 酶 H 活性均较强。酶最适温度为 42 ℃。② 鼠白血病病毒(MMLV)逆转录酶：聚合酶活性较强，RNA 酶 H 活性相对较弱。酶最适温度为 37 ℃。③ Thermus flavus、Thermus thermophilus 等嗜热微生物的热稳定性逆转录酶：在金属离子 Mn^{2+} 存在下，可以高温逆转录 RNA，以消除 RNA 模板的二级结构。④ MMLV 逆转录酶的 RNase H-突变体：商品名为 SuperScript 和 SuperScript II，能将更大部分的 RNA 逆转录成 cDNA，能将含二级结构的、低温逆转录很困难的 mRNA 模板合成较长的 cDNA。

RT-PCR 具有两种操作形式，分别为一步法和两步法。一步法一般是逆转录过程和 PCR 扩增在同一反应管内完成。该方法在逆转录及 PCR 两个程序之间不需要打开管盖，而且逆转录后的 cDNA 都用来扩增,因此具有操作简单、污染低、灵敏度高等优点,适用于病原菌及病毒的检测。两步法则是逆转录和 PCR 扩增分别在两个反应管内完成,首先进行 RNA 模板的逆转录,获得 cDNA,然后再以 cDNA 为模板进行 PCR 扩增。两步法在选择聚合酶和引物时更为灵活,适用于 mRNA 表达量的解析。

用于逆转录的引物包括随机引物、Oligo(dT)及基因特异性引物。① 随机引物是人工合成的长度为 6 个寡核苷酸残基的寡核苷酸片段的混合物。引物可以随机结合在 mRNA 的任何位置,通常用于 mRNA 表达量分析最适合。但用此种方法时,体系中各种 RNA 分子都可充当 cDNA 第一链的模板,引物在扩增过程中赋予其所需的特异性。因此用此引物合成的 cDNA 中 96% 来源于 rRNA。② Oligo(dT)是一种只能与 mRNA 结合的引物。Oligo(dT)可以与 mRNA 3'端 Poly(A)尾配对,因此仅逆转录 mRNA。由于 mRNA 含量仅为总 RNA 的 1%～4%,故 Oligo(dT)合成的 cDNA 少于随机引物合成的 cDNA。通常目的片段距 Poly(A)尾 2 kb 以内适用。③ 基因特异性引物是与目标 RNA 序列互补的寡核苷酸片段。此类引物仅逆转录生成靶序列特异性的 cDNA,使随后的 PCR 扩增特异性增高。一步法 RT-PCR 只能适用基因特异性引物。两步法三种引物都适用。

8.2.3 仪器、材料与试剂

1. 仪器:PCR 仪、台式高速离心机、微量移液器、经高压灭菌后的 PCR 专用反应管、水平式凝胶电泳设备、凝胶成像系统。
2. 材料:培养细胞、血液、组织等。
3. 试剂:第一链 cDNA 合成试剂盒、Taq DNA 聚合酶(5 U/μl)、dNTP 混合物(10 mmol/L)、10×扩增缓冲液、灭菌去离子水(ddH$_2$O)、上下游引物(10 μmol/L)、溴化乙锭(10 mg/ml);1×TAE、6×上样缓冲液。

8.2.4 实验流程

图 8.3　RT-PCR 实验流程

8.2.5 实验步骤

1. 总 RNA 的提取:详见实验 7.4 RNA 的提取。
2. 合成 cDNA 第一链:目前不同试剂公司出售的第一链 cDNA 合成试剂盒,其原理基本相同,但操作步骤略有差异。实验操作可参考以下步骤:

① 按第一链 cDNA 合成试剂盒说明书操作:将以下成分加入 0.2 ml PCR 专用反应管,以下操作皆在冰上完成:

Oligo(dT)引物(50 μm)或随机引物(50 μm)	1 μl
dNTP 混合物(10 mmol/L)	1 μl
模板 RNA	总 RNA 5 μg 以下
	mRNA 1 μg 以下
ddH$_2$O(无 RNase 污染)	补足至 10 μl

轻轻混匀管内溶液,并瞬时离心使反应液集中于管底。

② 65 ℃保温 5 min,冰上迅速冷却(有助于 RNA 变性,提高逆转录效率)。

③ 在上述反应管内依次加入下列试剂:

上述变性反应液	10 μl
5×反应缓冲液	4 μl
RNase 抑制剂(40 U/μl)	0.5 μl
逆转录酶(200 U/μl)	1 μl
ddH$_2$O(无 RNase 污染)	4.5 μl

轻轻混匀管内溶液,并瞬时离心使反应液集中于管底。

④ 42~50 ℃保温 60 min(如果使用随机引物的话,30 ℃孵育 10 min)。

⑤ 95 ℃加热 5 min 以终止反应。

⑥ 向反应管中加入 RNase H 1 μl,37 ℃保温 20 min,用以降解残留的 RNA。−20 ℃保存备用。

3. PCR 扩增:

① 将以下成分加入 0.2 ml PCR 反应管:

第一链 cDNA 反应液	2 μl
10×扩增缓冲液	5 μl
上游引物(10 μmol/L)	2 μl
下游引物(10 μmol/L)	2 μl
dNTP(10 mmol/L)	1 μl
Taq 酶(5 U/μl)	0.5 μl
ddH$_2$O(无 RNase 污染)	补足至 50 μl

轻轻混匀管内溶液,并瞬时离心使反应液集中于管底。

在对 mRNA 进行相对定量时,为了避免误差对实验结果的影响,在 PCR 扩增时,除了扩增靶基因外,还应该同时扩增内参基因。

② 设定 PCR 反应程序(参考实验 8.1 普通 PCR 中的程序设定)。

③ 琼脂糖凝胶电泳鉴定实验结果,在紫外灯下观察电泳凝胶(如图 8.4)。

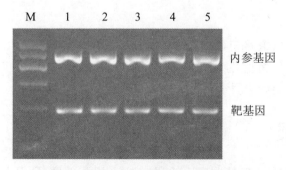

图 8.4 RT-PCR 产物琼脂糖凝胶电泳图

M:marker,1~5 分别为五组样品

8.2.6 结果分析

1. 根据电泳结果是否出现目标条带以及 DNA marker 判断扩增片段大小,从而分析结果为阴性或阳性。
2. 根据条带的宽带和亮度,判断 PCR 产物扩增量的多少。
3. 分析实验结果有无假阴性、假阳性、引物二聚体及非特异性扩增产物。

8.2.7 注意事项

1. RNA 抽提时,所用的器材及试剂应进行去 RNase 处理。
2. 在 RT 前,应鉴定 RNA 模板的浓度和纯度。
3. RNA 在 75% 乙醇中,4 ℃可至少保存一周,-20 ℃可至少保存一年。
4. 实验中要注意避免 RNA 的降解,注意保持 RNA 的完整性。
5. 利用 Trizol 抽提 RNA 时,在细胞组织中加入 Trizol 形成匀浆后,如果不能进行后续抽提实验的话,可将匀浆放置在-60 ℃保存,保存时间可达一个月(甚至可达一年以上)。
6. 相对定量的 RT-PCR 中要设置内参(管家基因)。常用的内参有 18S RNA、GAPDH、β-Actin 等。内参用于校正实验过程中各种误差对定量结果的影响,例如可以避免加样误差、RNA 定量误差,各 PCR 反应体系中扩增效率不一致、各孔间的温度差等所造成的误差。内参也可以起到阳性对照、监控反应系统是否出现异常的作用。

8.2.8 应用

RT-PCR 技术灵敏而且用途广泛,可用于检测细胞中基因表达水平,细胞中 RNA 病毒的含量和直接克隆特定基因的 cDNA 序列。

1. 克隆特定基因的 cDNA。
2. 基因表达检测:用于检测特定基因的 mRNA 水平的改变。
3. 感染性疾病的检测:检测病毒 RNA 基因组或特异转录因子是否存在。
4. 肿瘤的检测:检测肿瘤某些基因的 mRNA 表达。

1. 如何提高 RT-PCR 的灵敏度和特异性?
2. RT-PCR 中为什么要引入内参基因?
3. RT-PCR 的主要影响因素有哪些?

1970 年,美国两位科学家特明(H. M. Temin)和巴尔的摩(D. Baltimore)分别在动物致癌的 RNA 病毒中发现逆转录酶,他们因此获得 1975 年度诺贝尔生理学或医学奖。在 1985 年 Mullis 发明 PCR 技术之后,也逐渐诞生了多种 PCR 衍生技术,其中 RT-PCR 是在 1998 年 Saiki 等人首创的,即在利用逆转录酶,催化 mRNA 逆转录为 cDNA 的基础上,再做 PCR 扩增。

8.3 荧光定量 PCR

8.3.1 实验目的
1. 掌握荧光定量 PCR 扩增 DNA 的技术及原理。
2. 熟悉实时荧光定量 PCR 扩增仪的使用。

8.3.2 实验原理

实时荧光定量 PCR(real-time fluorescent quantitative polymerase chain reaction,FQ-PCR)技术是在 PCR 反应中引入荧光染料或荧光基团,仪器实时检测 PCR 扩增中每一个循环产物的荧光信号,从而对 PCR 反应的初始模板进行定性及定量分析的方法。随着 PCR 的扩增,PCR 产物的荧光信号强度逐渐增加,仪器自动收集每一个循环的荧光信号强度,利用荧光信号强度变化监测 PCR 产物量的变化,这就是荧光扩增曲线图。典型的荧光扩增曲线图是一条 S 型的曲线。扩增曲线中还可以显示出两个重要参数:荧光阈值(Xct)和 Ct 值,荧光阈值是在扩增曲线上人为设定的一个值,仪器的缺省设置为 3~15 个循环荧光信号的标准偏差的 10 倍。一般把 15 个循环前的荧光信号看作本底信号,只有超过荧光阈值的荧光信号才被认为是真实的信号。Ct 值即每个反应管内的荧光信号到达设定的荧光域值时所经历的 PCR 循环数。每个反应管内模板的 Ct 值与该模板的起始拷贝数的对数存在线性关系,起始拷贝数越多,Ct 值越小。利用已知起始拷贝数的标准品,以起始拷贝数的对数值作为横坐标,Ct 值作为纵坐标,可做出标准曲线。因此,通过检测待测样品的 Ct 值,即可从标准曲线上计算出该样品的起始拷贝数。

8.3.2.1 常用的实时荧光定量 PCR 的荧光染料

实时荧光定量 PCR 的荧光染料很多,常用的包括两种:

1. SYBR Green Ⅰ

SYBR Green Ⅰ是一种非特异性荧光染料。SYBR Green Ⅰ结合在双链 DNA 的小沟部位,发射出绿色荧光,而不与双链 DNA 结合的 SYBR Green Ⅰ分子不会发射出荧光信号,从而确保荧光信号的增加与 PCR 产物的增加完全同步。SYBR Green Ⅰ分子还可以与反应体系中引物二聚体、非特异性扩增产物等双链 DNA 结合,导致定量结果不准确,因此使用这种非特异性荧光染料,需要对扩增产物做融解曲线分析,并优化反应条件以消除引物二聚体、非特异性扩增产物的影响。

2. Taq Man 探针

Taq Man 探针法是高度特异的定量 PCR 技术,其核心是利用 Taq 酶的 $5'\rightarrow 3'$ 核酸外切酶活性和荧光能量传递特性。Taq Man 探针与目的序列的上游引物及下游引物之间的序列互补配对,探针两端分别标记荧光发射基团和荧光淬灭基团。在退火阶段,引物与探针分别与模板结合,此时探针两端的荧光发射基团发射的荧光因接近淬灭基团而被淬灭。在延伸阶段,Taq DNA 聚合酶待延伸至探针的位置时,发挥 $5'\rightarrow 3'$ 外切酶活性而切断探针,使得荧光基团与淬灭基团相互分离从而产生荧光信号。由于探针与模板是特异性结合,所以荧光信号的强弱就代表了模板的数量。每扩增一个循环,就会伴随着荧光信号的产生,随着循环数的增加,释放出来的荧光信号不断累积。荧光强度与扩增产物的数量呈正比关系。

8.3.2.2 模版定量的方式

1. 绝对定量

模板定量有两种方式,分别为绝对定量和相对定量。

绝对定量指的是用标准曲线来测算样品中初始模板量的多少。用已知拷贝数的标准品与样品同时进行 PCR 扩增,根据标准品的 Ct 值制作标准曲线,样品的 Ct 值同标准曲线进行比较,从而测算出样品中初始模板的量。如果想要明确得到样本中目的基因的初始浓度或病毒载量,应使用绝对定量法。

2. 相对定量

相对定量主要是用来比较不同样品中目的序列表达的差异。相对定量的计算有两种方法:

(1) 标准曲线法的相对定量

该方法也需要制作标准曲线,利用标准曲线来确定不同样本中靶序列的表达差异。相较于制作绝对定量的标准曲线,相对定量中无需知道所用标准品的确切拷贝数,只需知道其相对稀释度即可。与比较 Ct 法的相对定量相比,其优点是待测靶基因和内对照基因的扩增效率不需要相同,因此它需要的验证最少;缺点是每次进行 PCR 扩增时都需为靶基因及内参基因构建标准曲线,因此需要更多试剂,反应板内需要更多空间。该法适合于低 PCR 扩增效率的检测。

(2) 比较 Ct 法的相对定量(△△Ct 法)

该方法与标准曲线法相对定量的区别是利用数学公式来计算某个待测基因在不同样本中表达的变化。但此法计算的前提条件是待测基因和内参基因的扩增效率要基本一致,否则将影响定量结果的准确性。因此该法只需在第一次扩增时制作标准曲线,确定待测基因和内参基因的扩增效率是否一致。之后的 PCR 扩增则无需制作标准曲线,适合于高通量、大样本、多个基因的检测。此法的优点是无需每次制作标准曲线;缺点是低 PCR 扩增效率检测可能会导致结果不准确,而且应首先确定待测基因和内参基因的 PCR 扩增效率大致相等。

8.3.3 仪器、材料与试剂

1. **仪器**:荧光定量 PCR 仪、超低温冰箱、微量移液器等。
2. **材料**:培养细胞、血液、组织等。
3. **试剂**:第一链 cDNA 合成试剂盒、荧光定量试剂盒(SYBR Green Ⅰ或 Taqman)等。

8.3.4 实验流程

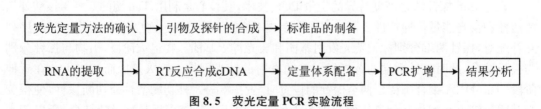

图 8.5 荧光定量 PCR 实验流程

8.3.5 实验步骤

1. RNA 抽提。详见实验 7.4 RNA 的提取。
2. 逆转录反应详见 8.2.5 cDNA 第一链的合成。
3. 荧光定量 PCR 反应。

（1）绝对定量分析：绝对定量分析用于确定未知样本中某个目标核酸序列的绝对量值。对于每个绝对定量实验需要指定一个待测样品、一组标准样品，确定重复反应孔数。

① 标准样品的制备

标准品获得方式如下：a. PCR 扩增产物作为标准品，该法操作简单方便，但定量不准确、不稳定。b. 化学合成目的基因，该法获得的标准品纯度高、定量准确，但合成的目的基因长度有限，一般在 120 bp 以下。c. 将 PCR 产物克隆至质粒载体中，该法获得的标准品定量准确、稳定，但操作繁琐。

标准曲线一般由 4~5 个梯度浓度的标准品制作而成，每个浓度重复 3 个反应孔。将标准品进行倍比稀释，即可获得梯度浓度的标准品，比如按 10 倍稀释，分别为 10^6/ml、10^5/ml、10^4/ml、10^3/ml、10^2/ml。具体的稀释方法如下：

1v 原液（标准品 1）+9v 稀释缓冲液，获得标准品 2。
1v 标准品 2+9v 稀释缓冲液，获得标准品 3。
1v 标准品 3+9v 稀释缓冲液，获得标准品 4。
1v 标准品 4+9v 稀释缓冲液，获得标准品 5。

② 配制 PCR 反应预混液

可以按照使用的试剂盒说明书及具体的反应孔数配制。

如 Taqman 探针法，每个反应孔包含：2~5 μl 模板、0.3~0.5 pmol/μl 上游及下游引物、0.1~0.3 pmol/μl 探针、1~2 U Taq DNA 聚合酶、2.5~4 mmol/L Mg^{2+}、0.2~0.4 mmol/L dNTPs、0.2~1 U UNG 酶、1×PCR buffer，反应总体积在 20~50 μl。

③ 准备反应板（可以使用 96 孔板或 8 联管）

将上述准备好的 PCR 反应预混液加入反应板的每个反应孔中。应保证标准品与靶序列同在一个反应板上，每个靶序列包括一组标准样品。

④ 设置反应程序（不同的仪器操作略有不同）

打开仪器，将上述准备完毕的反应板放入实时定量 PCR 仪中。创建绝对定量反应板文件，具体如下：选择绝对定量（标准曲线）分析→选择所用探针→为各个标准品浓度赋值（注意：赋值为 DNA 的绝对拷贝数）→为每个反应孔指定探针及任务→为每个反应孔指定样品名。并设置 PCR 反应条件（应根据具体的靶基因设置反应条件）：如 95 ℃ 10 min，95 ℃ 15 s，60 ℃ 1 min，40 个循环。

⑤ 运行程序

⑥ 分析绝对定量数据

待程序运行结束，点击分析按钮，查看扩增曲线、标准曲线、融解曲线（探针法不需要）等结果。

（2）相对定量分析：相对定量分析用来比较一个或几个待测样本中靶序列与对照样本中靶序列表达的相对变化，需要引入内参基因。需指定相对定量实验中每个样本需要的成分：目标序列（即要研究的靶核酸序列）、对照样本（即用于比较结果基础的样本）、内参基因、确定重复反应孔数。

① 标准样品的制备

执行相对定量反应时,如需制备标准曲线,可以参考绝对定量中标准样品的准备方法。相对定量的标准样品不需要确定 DNA 绝对拷贝数的多少。相对定量的赋值,只是为了方便实验最终结果的计算而已。比如可以把前面稀释 10 倍的样品赋值为 10 000 个拷贝,100 倍的赋值为 1 000 个拷贝,依次类推把 10 000 倍的赋值为 10 个拷贝等。要注意,赋值的数目的倍数差异和稀释的倍数应该是一样的,比如前面是 10 倍稀释,后面赋值也是 10 倍变化。

② 配制 PCR 反应预混液

可以按照使用的试剂盒说明书及具体的反应孔数配制。

如 Taqman 探针法,每个反应孔包含:2~5 μl 模板、0.3~0.5 pmol/μl 上游及下游引物、0.1~0.3 pmol/μl 探针、1~2 U Taq DNA 聚合酶、2.5~4 mmol/L Mg^{2+}、0.2~0.4 mmol/L dNTPs、0.2~1 U UNG 酶、1×PCR buffer,反应总体积在 20~50 μl。

③ 准备反应板(可以使用 96 孔板或 8 联管)

在反应板上做上标记,确保每个样本类型(例如,在比较多种组织的研究中的每种组织)都包含一个内参。如果将样本分配到多个反应板中,则每个反应板必须有一个内参。此外,在反应板上,每种样本类型的每个反应板都必须包含一个内参。将 PCR 反应液加入反应板中每个反应孔中。将反应板置于实时定量 PCR 仪中。

④ 设置反应程序(不同的仪器操作略有不同)

打开仪器,选择相对定量分析,选择标准曲线法或比较 Ct 法、指定所用探针、为标准品浓度赋值(无需赋值绝对拷贝数)、为每个反应孔指定探针及任务、输入样品名,并设置 PCR 反应条件。

⑤ 运行程序

⑥ 结果分析

点击分析按钮,查看扩增曲线、标准曲线、融解曲线(探针法不需要)、基因表达相对定量结果等图。

8.3.6 结果分析

1. 查看标准曲线:程序完成后,点击软件中的分析按钮/标准曲线选项,可以查看到标准曲线(如图 8.6)。

在分析自己的标准曲线时,应检查是否所有样本都在标准曲线内。另外,还应查看斜率/扩增效率值、R^2 值(相关系数)、Ct 值(阈值循环数)。扩增效率通过使用标准曲线中回归线的斜率来计算,斜率接近－3.3 表示最佳,即 100% PCR 扩增效率。R^2 值表示标准曲线回归线与标准反应的单个 Ct 数据点之间的拟合程度,值 1.00 表示回归线与数据点完全拟合,R^2 值>0.99 较理想。Ct 值是荧光水平达到阈值时的 PCR 循环数,Ct 值>8 且<35 较理想,Ct 值<8 显示反应中模板太多,Ct 值>35 则显示反应中初始模板太少。如果是比较 Ct 法进行相对表达的计算,则靶基因和内参基因的扩增效率要一致,且尽量达到 100%。

2. 查看扩增曲线:程序完成后,点击软件中的分析按钮/扩增曲线选项,可以查看到扩增曲线(如图 8.7)。扩增曲线屏幕上显示所有样本的扩增情况,检查有无偏离扩增曲线的反应孔,为了分析结果的准确性,可以忽略这些异常的反应孔。典型扩增曲线图包括:平台期、线性增长期、指数增长期、背景、基线、阈值线。一般情况下软件会自动生成基线和阈值线。

某些实验因素(如试剂的背景信号太高)会导致软件生成错误的基线和阈值,不同的基线或阈值会使扩增曲线出现不同的效果,此时需要手动调节基线和阈值线。基线设置正确时,扩增曲线会从最大基线之后开始,不需手动调节。基线设置太低时,扩增曲线从远离最大基线的右侧位置开始,此时应增大 End Cycle(结束循环)的值。基线设置太高时,扩增曲线从最大基线之前开始,此时应减小 End Cycle(结束循环)的值。阈值设置在扩增曲线的指数增长期之内,高于或低于最优化值的阈值设置将会增大重复组的标准偏差。

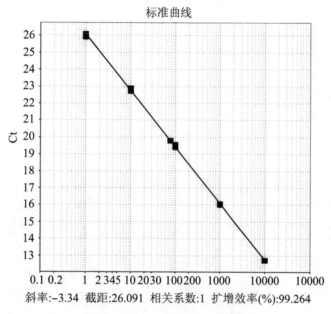

图 8.6　荧光定量 PCR 标准曲线

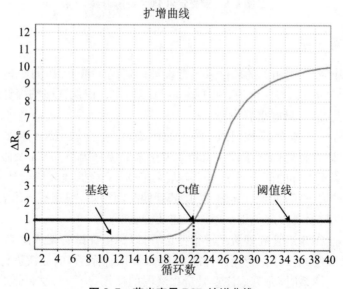

图 8.7　荧光定量 PCR 扩增曲线

3. 查看融解曲线:SYBR Green Ⅰ荧光染料对 DNA 模板没有选择性,是一种非特异结合染料,如果 PCR 反应体系中出现引物二聚体或非特异性扩增产物,SYBR Green Ⅰ都可以与之结合,必然会影响定量结果的准确性。要想用荧光染料法得到比较好的定量结果,对 PCR 引物设计的特异性和 PCR 反应的质量要求就比较高。可以通过绘制融解曲线来判断 PCR 反应产物中有无非特异性扩增产物及引物二聚体。在设置 PCR 反应程序时,选择融解曲线,就可以在反应结束后,点击融解曲线按钮,获得该样品反应的融解曲线。融解曲线中出现单一峰提示 PCR 产物是特异性扩增,如图 8.8(a)所示。融解曲线出现双峰,如图 8.8(b)所示,要考虑几种情况:一是引物二聚体,解决的办法是减少引物的量或重新设计引物。二是非特异扩增产物,这时需重新优化反应条件或重新设计引物。

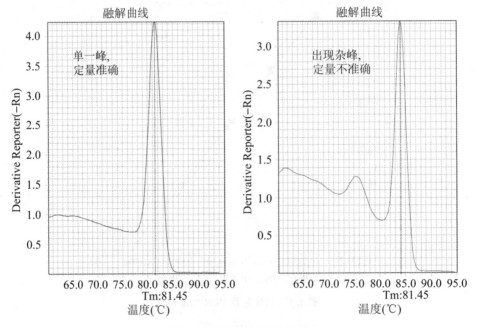

图 8.8　荧光定量 PCR 融解曲线

8.3.7　注意事项

1. 引物与探针最好用相关的软件来进行设计。荧光定量 PCR 的产物大小最好不要超过 250 bp。设计好的引物与探针最好再用 blast 比对一次,以保证引物探针的特异性。如果发现有非特异性互补区,最好重新设计。

2. 模板 RNA 中要避免有基因组 DNA 的污染,可在提取 RNA 时采用 DNA 酶处理 RNA 样品。也可以选择跨内含子设计引物的方法来避免基因组 DNA 及假基因的影响。将上下游引物分别落于相邻的两个外显子上,基因组 DNA 的扩增片段会比 cDNA 扩增片段增加了一个较大的内含子,而荧光定量 PCR 的延伸时间很短,很难扩增出大片段。

3. 操作时,应戴手套。避免用手摩擦管盖及管底部。

4. 操作时不能在 8 连管的管盖上进行标记,可以标记在试管架或离心管架上。

5. 荧光探针应避光保存。荧光探针加入 PCR 反应体系后,应尽快进行扩增。

6. 在配制反应体系时,尤其应注意微量移液器的使用,应小心缓慢地将液体加至管底,最好不要加至管壁,避免使用移液器吹打的方式混匀液体,为了避免管内出现气泡,最后应将反应管低速离心一段时间。

7. 每次实验时要设置有阳性对照和阴性对照,有助于找到 PCR 失败的原因。

8. 操作台、微量移液器、离心机、PCR扩增仪应经常用10%次氯酸或75%乙醇擦拭消毒。

9. 仪器运行期间，不能打开仪器盖子，另外也不要进行任何设置操作。

8.3.8 应用

荧光定量PCR可以用于mRNA丰度的分析、DNA拷贝数的检测、单核苷酸多态性(SNP)检测等方面。

1. 基因表达分析。利用荧光定量PCR技术可以定量检测不同组织或不同样本的基因表达丰度。

2. 医学疾病的诊断。荧光定量PCR技术已广泛应用于微生物学、肿瘤学、遗传学等多个领域。

(1) 感染性疾病的诊断：应用荧光定量PCR技术可以定量检测不同材料中病毒、细菌、寄生虫基因的含量，与常规方法相比，荧光定量PCR技术更敏感、方便、稳定。

(2) 肿瘤的诊断：荧光定量PCR技术不仅可以检测到肿瘤标志物，还可以定量测定其表达量，有助于肿瘤的早期诊断、治疗及预后分析。对肿瘤耐药基因表达的定量分析，有利于指导临床用药、及时调整治疗方案。

(3) 遗传性疾病的诊断：荧光定量PCR技术可以检测基因突变及SNP，已被应用于遗传性疾病的诊断，如血友病、镰刀形红细胞贫血等。

(4) 生物安全检测：高敏感的荧光定量PCR技术还可以用于转基因食物安全性检测、基因治疗后载体在体内分布的确定、疫苗中逆转录病毒活性的检测等方面。

思考题

1. 荧光定量PCR的引物和探针设计的注意事项有哪些？
2. 相对定量与绝对定量的主要区别是什么？
3. 相对定量有哪些方法，它们之间有什么区别？

知识拓展

1992年，一位日本学者Higuchi首次提出实时定量PCR技术，其目的是为了观察PCR反应的整个过程。他最早想到将EB作为标记染料，利用EB可以与双链核酸结合的特点，在PCR的退火或延伸阶段检测掺入到双链核酸中EB的含量，利用加入的标准品，结合PCR的数学函数关系，就可以准确定量样品中的靶基因。1996年，世界上第一台荧光定量PCR仪诞生，设备由荧光定量系统和计算机组成。

(马 佳)

第9章 核酸分子杂交

核酸分子杂交是核酸研究中一项基本的实验技术,具有灵敏度高、特异性强等优点。核酸分子杂交技术最早可追溯至20世纪60年代Hall和Bolton等人的开拓性工作,直到20世纪70年代,随着限制性内切酶、核酸自动合成等技术的发展和应用,一系列成熟的核酸分子杂交技术才得以建立、完善和广泛应用。

核酸分子杂交技术主要是利用DNA分子的变性和复性作用:DNA在一定条件下(加热或者碱处理),两条互补链被分离的过程称为变性作用。在适当的条件下(去除变性因素),变性DNA能够通过碱基互补配对而重新形成双螺旋,这一过程称为复性作用。基于上述特性,使来源不同但具有一定同源性的两条核酸单链在适宜的条件下按碱基互补配对的原则形成双链杂交分子,达到检测靶核酸序列的目的。杂交双链可以是DNA与DNA,也可以是DNA与RNA,或RNA与RNA。

核酸分子杂交通常用带有特定标记的已知序列的核酸(DNA或RNA)分子作为探针(probe),来检测样品中未知的核酸序列,也称为靶核酸(target)。主要用于特异DNA或RNA的定性、定量检测。由于检测方法的灵敏性及高度特异性,核酸分子杂交已成为分子生物学中最常用的基本技术,被广泛应用于基因克隆的筛选、酶切图谱的制作、基因突变的检测、遗传病的基因诊断、性别分析和亲子鉴定等诸多方面。

9.1 斑点杂交

9.1.1 实验目的

1. 掌握斑点杂交的原理和方法。
2. 了解斑点杂交定量分析基因表达。

9.1.2 实验原理

斑点杂交是实验室常用技术之一,它是将DNA变性后或RNA直接点样于硝酸纤维素膜或尼龙膜上,再采用特定的探针进行杂交,用于基因组中特定基因及其表达的定性、定量研究。根据点样模具不同,会形成不同的点样形状:点样形状呈圆形的称为斑点杂交(dot blotting);点样形状呈狭缝状的称为狭线杂交(slot blotting)。

通过Southern杂交或Northern杂交,可以确定制备物中某一特定的核酸分子的大小和含量,但在只需对核酸进行定量时,采用斑点杂交分析大量的核酸样品将更为方便。最初RNA斑点杂交是将少量RNA样品点在干的硝酸纤维素滤膜上,滤膜干燥后,用^{32}P标记的DNA或RNA探针进行杂交和用X光片进行放射自显影。由于斑点较大而且尺寸变化无常,故不易进行精确定量。尽管如此,在许多情况下仍可用RNA杂交斑点来衡量某一特定组织或培养细胞内特异基因的表达强度。近年来,此技术已有了进一步的发展。现已设计出一种多孔过滤加样器,许多核酸样品可以同时加样并以固定的带型聚集于硝酸纤维素滤膜上,而这种带型便于用密度扫描仪进行定量检测,多孔过滤加样器由 Lucite 有机玻璃板构成,上面有许多锥形孔(用于斑点杂交)或狭槽(用于狭线杂交)用于加样。加样器与抽吸板相配,带有一张硝酸纤维素膜用于聚集样品。上述装置已有商品出售。

9.1.3 仪器、材料与试剂

1. 仪器:多孔过滤加样器、热封口器、水浴箱、手提式检测器、真空烤箱、水抽吸泵。
2. 材料:镊子、剪刀、塑料手套、硝酸纤维素滤膜、塑料袋、塑料薄膜。
3. 试剂:20×SSC:3 mol/L NaCl、0.3 mol/L 柠檬酸三钠(pH 7.0)、甲酰胺、甲醛、10% SDS、50×Denhardt 试剂、10 mg/ml 鲑鱼精 DNA、50%硫酸葡聚糖、3%牛血清白蛋白、亲和素-碱性磷酸酶、底物缓冲液(100 mmol/L Tris·HCl, pH 9.5、1 mol/L NaCl, 5 mmol/L $MgCl_2$)、5-溴-4-氯-3-吲哚磷酸 BCIP(100 mg 溶于 200 μl 二甲基甲酰胺)、氮蓝四唑 NBT(15 mg 溶于 200 μl 二甲基甲酰胺)。

9.1.4 实验流程

图 9.1 斑点杂交实验流程

9.1.5 实验步骤

1. 膜的预处理。将一张硝酸纤维素滤膜剪成所需大小,并剪掉一角作为点样顺序标记。放在蒸馏水中浸泡片刻使之湿润,再浸入 20×SSC 1 h,将膜取出风干待用。
2. 核酸样品的预处理。一般的上样量为 10~20 μg。
(1) DNA 样品:将样品 DNA 溶于水或 TE 中,煮沸 5~10 min,冰浴中迅速冷却。
(2) RNA 样品:按照下列体系加入试剂:

RNA 样品	10 μl
甲酰胺	20 μl
甲醛	7 μl
20×SSC	2 μl

混匀后置于 68 ℃ 温育 15 min,置冰浴中冷却 5~10 min。

3. 点样。
(1) 手工直接点样:
用微量移液器将样品依次点到膜的标记点上,斑点直径不要过大,控制在 0.5 mm 以内,每个样品分少量多次点样,边点样边风干。
(2) 多孔抽滤加样器点样:
① 用 0.1 mol/L NaOH 仔细清洗点样器,并用灭菌水冲洗干净。
② 将密封垫支撑板放在该装置的抽真空板上,再将橡胶密封垫放在支撑板上。将浸湿的滤膜放在密封垫上,再将该装置的上层部分(带有许多锥形加样孔)放在滤膜上。重新装好点样器,将真空板与抽真空管道相连接。
③ 在点样孔内灌满 10×SSC,用较小的负压轻缓抽吸,使所有液体滤过滤膜,关闭真空

泵,重复一次。

④ 在上述预变性处理的核酸样品中加入 2 倍体积的 20×SSC,分别加入各孔,用较小的负压轻缓抽吸。

⑤ 待全部液体抽干后,再加 200 μl 10×SSC 洗两次,抽干后继续维持真空 5 min,使滤膜干燥。

⑥ 取出点样后的硝酸纤维素膜,于室温彻底晾干,置真空烤箱于 80 ℃ 干烤 2 h 固定核酸样品。固定的样膜,封存于塑料袋内待用或直接检测。

4. 预杂交。

(1) 将封存样膜的塑料袋剪一斜角开口,加少量的 2×SSC 使其湿润,弃余液。

(2) 配制预杂交液:6×SSC,50%去离子甲酰胺,5×Denhardt 试剂,0.5 mg/ml 鲑鱼精 DNA,0.5%SDS。

(3) 加入预杂交液(150~200 μl/cm²),去除袋内气泡,封好塑料袋斜角开口。

(4) 置于恒温水浴箱 42 ℃ 温育 2~4 h。

5. 杂交。

(1) 探针变性:一般将 DNA 探针在沸水浴中煮沸 5 min,然后迅速置于冰浴中。

(2) 配制杂交液:6×SSC,50%去离子甲酰胺,5×Denhardt 试剂,0.1 mg/ml 鲑鱼精 DNA,0.5%SDS。

(3) 取出杂交袋,倒出预杂交液。加入杂交液(60~100 μl/cm²)。

(4) 加入变性的标记探针,小心排除气泡,重新封好口。

(5) 42 ℃ 温育 16~20 h。温育过程中不时地将塑料袋摇动或置水浴摇床中温育。

6. 洗膜。

(1) 同位素标记探针的洗膜:

剪开杂交袋一角,将杂交液倒入放射性废物容器中,取出膜放进 2×SSC/0.1% SDS,室温,摇晃漂洗 5 min,然后按下列条件洗膜:

  6×SSC/0.1% SDS 室温 15 min×2
  2×SSC/0.1% SDS 室温 15 min×2
  1×SSC/0.1% SDS 50 ℃ 15 min×2

(2) 光敏生物素标记探针的洗膜:

洗膜条件:2×SSC/0.1% SDS,室温,20 min×3;洗涤后,将样膜置于干净滤纸上,风干,封入塑料袋内。

7. 显影。

(1) 放射自显影:

① 用干净滤纸吸去膜上多余水分,再裹一层保鲜膜。

② 暗室安全灯下,在胶片盒中压上 2 张 X 光胶片,样膜夹于中间,盖上胶片盒。

③ −80 ℃ 放射自显影 24 h~10 d,时间视杂交强度而定。

④ 取出胶片盒,恢复至室温。按常规冲洗 X 光片:显影 1~5 min;停显 1 min;定影 5 min;流动水冲洗 10 min,自然干燥。

(2) 酶联显色反应:

① 封闭:将 3% 牛血清白蛋白溶液加入塑料袋内,于 42 ℃ 温育 1 h。

② 加入酶:弃封闭液,再加入适当稀释的亲和素-碱性磷酸酶,室温温育 30 min,不时轻

微振荡。

③ 洗膜:100 mmol/L Tris·HCl(pH 7.5),1 mol/L NaCl,室温 20 min×3;100 mmol/L Tris·HCl(pH 9.5),1 mol/L NaCl,5 mmol/L $MgCl_2$,65 ℃ 30 min×3。

④ 显色:将膜转入新的塑料袋中,加入新配制的底物溶液(取 BCIP 和 NBT 溶液各 12 μl,加 3 ml 底物缓冲液),在暗环境中室温下显色,时间 15~60 min。

9.1.6 结果分析

对于放射性元素标记探针的斑点杂交,根据曝光点(或狭缝)的有无、强弱,可以判定目的基因的有无及量的多少(如图 9.2)。利用自动灰度扫描仪扫描曝光点,计算积分光密度值,可以进行半定量分析。对光敏生物素标记 DNA 探针的斑点杂交,出现蓝紫色斑点者为阳性,未着色者为阴性。根据着色的深浅可以判定目的基因的多少。

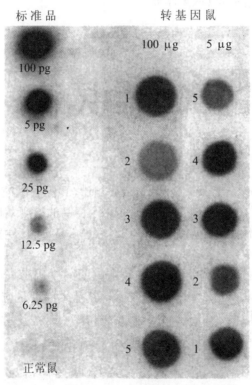

图 9.2 乙型肝炎表面抗原阳性的转基因鼠肝内 DNA Dot Blot 的结果

正常鼠为阴性对照

9.1.7 注意事项

1. 实验要设立各种对照(阳性对照、阴性对照和空白对照)。

2. 用于狭线杂交的多孔过滤加样器与用于斑点杂交的多孔过滤加样器相似,但其加样器的上半部有许多狭槽,不是锥形孔。锥形孔的体积为 200 μl,而狭槽的体积则为 1 ml。用于狭线杂交的多孔过滤加样器中没有橡胶密封垫,因而必须使用厚吸水纸作为支撑物。

3. 斑点印迹的关键是 DNA 在转印后要完全变性,变性作用如果不一致,杂交后两个斑点显示的相对强度就不能代表它们各自所含的靶 DNA 的量。最好把膜放到泡在碱液中的滤纸上,高 pH 使 DNA 保持在变性状态。

4. 显色时最好实时监控,达到理想的染色效果时应立即终止反应。

5. 大量 DNA 斑点印迹时,由于没有凝胶分离步骤,一起印迹过来的杂质可对杂交产生干扰作用,可能阻断杂交位点而减弱信号,或因探针的滞留而加强信号。如果信号强度是用来检测靶 DNA 的绝对量的,就要考虑到这点,或者用一系列稀释对照进行比较。斑点印迹用于分析拷贝数时更要慎重,只有靶 DNA 都是严格纯化了的才能在其印迹间进行比较。

6. 结果判定时,应与阳性、阴性对照进行比照,克服肉眼观察的误差。

9.1.8 应用

斑点(狭线)杂交是实验室常用技术之一,常应用于病原体基因,如微生物的基因检测,也可用于检查人类基因组中的 DNA 序列。

1. 简述斑点杂交法的主要步骤。
2. 在斑点杂交实验中引起非特异性染色的因素主要有哪些?

斑点杂交与 Southern 杂交及 Northern 杂交相比,其优点是简单、迅速,样品不必用内切酶消化或电泳分离,可在同一张膜上同时进行多个样品的检测,对于核酸粗提样品的检测效果也较好。其缺点是不能鉴定所测基因的相对分子质量,而且特异性不高,有一定比例的假阳性结果。

近年来研究人员又推出了应用于单个碱基突变的基因诊断方法——反相斑点杂交(reverse dot-blot hybridization,RDB 杂交)技术。其基本原理是应用生物素标记的特异性引物扩增目的 DNA,使 PCR 产物上带有生物素标记物,将 PCR 产物变性后与固定在膜上的寡核苷酸探针进行杂交,然后通过酶免疫显色法获取结果。

9.2 原位杂交

9.2.1 实验目的

1. 掌握组织细胞原位杂交的原理、基本技术和方法。
2. 了解细胞内基因表达定位检测。

9.2.2 实验原理

原位杂交的原理和核酸分子杂交其他方法的原理是一样的,不同之处只有一点:其他方法都是将 RNA 提取出来后进行分子杂交,而原位杂交则是将 mRNA 保持在细胞内原有的位置进行分子杂交,细胞或组织则尽可能保持原有形态。将细胞或组织以适当方法固定之后,除去脂类并适当消化细胞内的蛋白质,增大细胞对大分子物质的通透性,使核酸探针便于出入细胞。

9.2.3 仪器、材料与试剂

1. 仪器:烤箱、CO_2 培养箱、显微镜。
2. 材料:玻璃载玻片、盖玻片。
3. 试剂:明胶溶液,硅氢化物溶液,多聚赖氨酸,4%多聚甲醛,PBS,DEPC,蔗糖,30%、60%、70%、80%、95%、100%梯度乙醇,二甲苯,Triton X-100,蛋白酶 K,去离子甲酰胺,50%硫酸葡聚糖,50×Denhardt 试剂,10 mg/ml 鲑鱼精 DNA,碱性磷酸酶标记的 DIG 抗体(抗 DIG-AP),NBT,BCIP。

9.2.4 实验流程

图 9.3 原位杂交实验流程

9.2.5 实验步骤

1. 载玻片的处理。

(1) 明胶包被载玻片:以明胶包被的载玻片适合用冰冻或石蜡包埋标本制备较大的组织切片。

① 将载玻片在清洁液中浸泡 10 min,用自来水冲洗,最后用蒸馏水漂洗。

② 将载玻片在明胶溶液中浸泡 10 min。

③ 将载玻片置于空气中干燥,然后在含有 1%多聚甲醛的 PBS(pH 7.4)溶液中浸泡 10 min。

④ 将载玻片置于空气中干燥,然后置于 60 ℃烘烤过夜。

(2) 硅氢化物包被载玻片:硅氢化物(silane)包被的载玻片适用于细胞样品。

① 将洁净的载玻片置于硅氢化物溶液中浸泡 60 min。

② 在蒸馏水中洗涤载玻片,2×10 min。

③ 将载玻片置于 60 ℃烘烤过夜。

明胶和硅氢化物包被的载玻片在干燥无尘的条件下可以存放数月。

2. 标本制备。

注意:所有的溶液都必须用 RNase 抑制剂处理。

(1) 细胞涂片的制备:

① 贴壁培养细胞用 0.04% EDTA 消化后离心(注意不能用胰酶消化,以防胰酶中 RNase 的降解作用)。悬浮培养细胞可直接离心后用 PBS 冲洗 2 次,细胞计数后用 PBS 重新悬浮细胞至浓度为 10^6 个/ml。

② 取细胞悬液滴于多聚赖氨酸(1 mg/ml)包被的显微镜载玻片上,室温空气干燥 5 min。

③ 用 4%多聚甲醛室温固定 30 min。

④ 用 PBS 洗涤固定的细胞,2×5 min。
⑤ 依次在 30%、60%、70%、80%、95%、100%梯度乙醇中浸泡脱水,空气干燥后,−20 ℃冰箱内保存。

(2) 冰冻切片的制备:
① 将组织切成 4 mm×4 mm 大小,置于新鲜配制并过滤的固定液(DEPC 处理的 PBS,含 4%多聚甲醛,pH 7.5)中,于 4 ℃浸泡 2~4 h。
② 将组织置于蔗糖溶液(DEPC 处理的 PBS,含 30%蔗糖)中,4 ℃浸泡过夜。然后将组织贮存在−80 ℃冰箱内。
③ 进行切片时,将标本升温至−20 ℃,置于冰冻切片机标本固定头上行 10 μm 切片,附于预先处理好的载玻片上,空气干燥 5 min。
④ 用 4%多聚甲醛室温固定 30 min。
⑤ 用 PBS 洗涤固定的细胞,2×5 min。
⑥ 依次在 30%、60%、70%、80%、95%、100%梯度乙醇中浸泡脱水,空气干燥后,放入−20 ℃冰箱内保存。

(3) 石蜡切片的制备:
① 按照有关的标准程序制备甲醛固定并用石蜡包埋的材料。
② 从石蜡包埋的材料切取 7 μm 厚的切片,置于包被好的载玻片上。
③ 将载玻片置于 40 ℃烤箱过夜烘干。
④ 在二甲苯中浸泡脱蜡,2×10 min。
⑤ 依次在浓度梯度乙醇中浸泡脱水。

3. 预杂交。

所有试剂都要用 DEPC 处理。
(1) 将切片浸泡于 PBS(pH 7.4),2×5 min。
(2) 浸泡于含 100 mmol/L 甘氨酸的 PBS,2×5 min。
(3) 用含 0.3% Triton X-100 PBS 处理切片,15 min。
(4) 用 PBS 洗涤,2×5 min。
(5) 用含 1 μg/ml 的蛋白酶 K(无 RNase)的 TE 缓冲液在 37 ℃处理切片 30 min,增加通透性。
(6) 用含 4%多聚甲醛的 PBS 在 4 ℃处理 5 min,对切片进行再固定。
(7) 用 PBS 洗涤,2×5 min。
(8) 将切片盒置于摇摆平台上,将切片浸泡于 0.1 mol/L TEA 缓冲液,2×5 min,使切片乙酰化。
(9) 将预杂交液(4×SSC,50%去离子甲酰胺)加在载玻片上,37 ℃,10 min。

4. 原位杂交。

(1) 配制杂交液:40%去离子甲酰胺,10%硫酸葡聚糖,1×Denhardt 试剂,4×SSC,10 mmol/L DTT,1 mg/ml 鲑鱼精 DNA。
(2) 倒去载玻片上的预杂交液,每块载玻片上加 30 μl 杂交液(含 5~10 ng DIG 标记的 DNA 探针)。
(3) 用硅化盖玻片盖住样品,放在湿盒内 42 ℃保温过夜。

5. 洗涤。

(1) 将载玻片浸入 2×SSC 5～10 min，去掉盖玻片。

(2) 于 37 ℃水浴摇床内洗涤载玻片。

    2×SSC   2×15 min

    1×SSC   2×15 min

    0.1×SSC   2×30 min

6. 检测。

(1) 免疫荧光检测：

① 滴加 100 μl 封闭液（100 mmol/L·Tris-HCl(pH 7.5)，150 mmol/L NaCl，0.1% Triton X-100，2%正常羊血清）封闭非特异性结合位点。

② 以同样的封闭液将抗 DIG-荧光素抗体按 1∶500 稀释，加在载玻片上，放在湿盒内温育 45 min。

③ 用 100 mmol/L Tris-HCl(pH 7.5)，150 mmol/L NaCl，0.05% Tween 20 洗载玻片。

④ 将载玻片依次在 30%、60%、80%、95%、100%乙醇中浸泡 5 min，脱水。

⑤ 将载玻片放在空气中干燥后包埋在防褪色液中。

(2) 免疫检测：

① 在摇摆平台上，用 100 mmol/L Tris-HCl(pH 7.5)，150 mmol/L NaCl 洗涤载玻片，2×10 min。

② 将封闭液加至切片上，孵育 30 min。轻轻倒去封闭液，将含有适当稀释的抗 DIG-AP 的封闭液加至切片上，在湿盒内温育 2 h。

③ 在摇摆平台上，用 100 mmol/L Tris-HCl(pH 7.5)，150 mmol/L NaCl 洗切片，2×10 min。将切片在 100 mmol/L Tris-HCl(pH 9.5)，150 mmol/L NaCl，50 mmol/L $MgCl_2$ 中温育 10 min。

④ 制备显色液：10 ml 100 mmol/L Tris·HCl(pH 9.5)，150 mmol/L NaCl，50 mmol/L $MgCl_2$ 中加入 45 μl NBT(75 mg/ml)，35 μl BCIP(50 mg/ml)。

⑤ 将 200 μl 显色液加到切片上，将载玻片置于湿盒内，在黑暗处温育 2 h。

⑥ 将载玻片浸入 10 mmol/L Tris·HCl(pH 8.1)，1 mmol/L EDTA，终止显色反应。用蒸馏水浸泡洗涤。

⑦ 将切片用适当的细胞染色液（如核固红等）进行衬染，用水漂洗 2×10 min。

⑧ 用水溶性封固剂（如甘油等）封片。

9.2.6 结果分析

和其他实验方法一样，并非原位杂交的任何阳性信号都是特异性的，故必须同时有对照实验以证明其特异性。对照试验的设置须根据核酸探针、靶核苷酸的种类和现有的可能条件去选定（如图 9.4）。

在实际运用中存在结果判断的两个主要问题：① 标本间的定量比较，缺乏比较的基准；② 对于阴性结果，如何区别杂交失败的阴性结果和由于 RNA 的降解而出现的阴性结果。在用原位杂交检测基因表达时，由于标本处理、长时间储存等问题，会因 RNA 的降解而导致阴性的结果或出现人为的差异。因此需要一个较为稳定的阳性对照或比较基准。有学者用原位杂交法对生理及病理状况下的宫颈组织中 3-磷酸甘油醛脱氢酶（GAPDH）和 β-肌动蛋白基因表达检测发现,两基因表达的检出率为100%,且广泛存在于黏膜上皮细胞及间质细胞内,并且所选标本为常规存档蜡块,保存时间跨度约10年。这表明GAPDH和β-肌动蛋白的表达水平相对稳定,是较好的内参基因。

 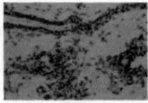 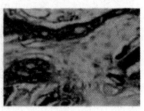

阴性对照　　　　　　　　U₆(阳性对照)　　　　　　　　miR-205

图9.4　乳腺组织中阴性对照、U₆、miR-205探针的原位杂交结果(SP×100,NBT/BCIP显色)
乳腺组织原位杂交后,阴性对照结果未见蓝色颗粒;U₆探针杂交结果显示阳性信号呈现蓝紫色,定位于乳腺导管上皮或间质细胞的胞核;miR-205探针杂交结果显示蓝紫色阳性信号定位于乳腺导管上皮细胞胞质和胞核

9.2.7　注意事项

1. 组织制备。获得手术标本或其他来源的组织块后,应尽快固定或冰冻,以防止mRNA降解。如果可能,尽量用浸泡在蔗糖中的多聚甲醛固定的组织制备冰冻切片,这样更有利于mRNA定位及保护样品的形态。然而,手术获得的组织通常是在福尔马林中固定的,为了保证mRNA的正确定位,在福尔马林中固定的时间不要超过24 h。在福尔马林中存放时间过长,会引起mRNA与蛋白质的共价连接,使探针难以接近靶序列。

2. 选择冰冻切片或细胞涂片固定液时,对不同组织应有区别,肝、脾、肾等组织用乙醇：冰醋酸以3:1为好;而用多聚甲醛固定本底较高。

3. 切片在进入固定液之前,必须在空气中干燥至组织或细胞涂片表面没有水分,否则组织细胞极易脱落。

4. 增加细胞通透性是原位杂交中最关键的步骤。在石蜡包埋的材料中,增加通透性的最佳条件在不同的材料中不完全一样,取决于固定的时间和方式。应当先确定蛋白酶K的最佳浓度,也可将载玻片在含0.1%胃蛋白酶的0.2 M HCl中于37 ℃ 30 min,以增加通透性。

5. 所有操作过程必须戴手套,应尽可能使用镊子等器械操作,避免RNase的污染。

9.2.8　应用

原位杂交技术是一种有效的研究基因表达的方法,可以从整体水平反映基因表达的全貌,在功能基因组学时代将具有很大的应用潜力,为基因表达研究提供了一种可与LacZ染色和免疫组织化学媲美的选择。与免疫组化相结合,原位杂交可以将显微镜下的组织形态学资料与DNA、mRNA、蛋白质水平的基因活动联系起来。进行分子杂交之后,将细胞或组织切片置于显微镜下观察,可确定不同细胞内的基因表达情况。

1. 原位杂交实验中主要的注意点是什么?

2. 为什么要进行预杂交的步骤?
3. 如何避免实验中的假阳性现象?

知识拓展

继 1969 年 Gall 和 Pardue 利用放射性同位素标记 DNA 探针检测细胞制片上非洲爪蟾细胞核内 RNase 成功之后,同年 Pardue 等人又以小鼠卫星 DNA 为模板,体外合成 RNA 成功地与中期染色体标本原位杂交,从而开创了 RNA-DNA 原位杂交技术,为宏观的细胞学与微观的分子生物学研究架起了一座桥梁。1974 年,Evans 第一次将染色体显带技术和原位杂交技术结合,提高了基因定位的准确性。1981 年,Roumam 首次报道了荧光素标记的 cDNA 原位杂交,同年 Langer 等人用生物素标记核苷酸制备探针。1986 年,Crener 与 Licher 等人分别证实了荧光原位杂交技术应用于间期和染色体非整倍体检测的可行性,发明了间期细胞遗传学研究的新方法。20 世纪 90 年代,荧光原位杂交(fluorescence in situ hybridization,FISH)在方法上逐步形成了从单色向多色、从中期染色体向粗线期染色体及纤维-FISH 发展的趋势,灵敏度和分辨率也有了大幅度提高。

由于核酸原位杂交的特异性高,并可以精确定位,因此该技术已广泛地应用于医学分子生物学的研究之中。由于原位杂交能在成分复杂的组织中进行单一细胞的研究而不受同一组织中其他成分的影响,因此对于那些细胞数量少且散于其他组织中的细胞内 DNA 或 RNA 的研究更为方便。此外,原位杂交不需要从组织中提取核酸,对于组织中含量极低的靶序列有极高的敏感性,并可完整地保持组织和细胞的形态,更能准确地反映出组织细胞的相互关系及功能状态。它在研究细胞的生物学功能、基因表达的规律,以及肿瘤发生机制及病原微生物的检测中,有广泛的应用前景。随着方法学的不断发展与完善,检测的灵敏性、特异性及方法的简便快捷、无害性、稳定性,使其有更为广泛的应用前景。

9.3 Southern 印迹杂交

9.3.1 实验目的

1. 掌握 Southern blotting 鉴定分析 DNA 的原理。
2. 掌握 Southern blotting 的基本步骤。
3. 了解 DNA 凝胶电泳转移的方法。

9.3.2 实验原理

印迹技术(blotting)就是将在凝胶中分离的生物大分子转移或直接放在固定化介质上并加以检测分析的技术,类似于用吸墨纸吸收纸张上的墨迹。

Southern 印迹杂交(Southern blotting)是指将经凝胶电泳分离的 DNA 片段转移到合适的固相支持物上(通常是尼龙膜或硝酸纤维素膜),各个 DNA 片段的相对位置保持不变,再通过特异性的探针杂交来检测被转移的 DNA 片段的一种技术。经杂交信号的检测能确定与探针互补的 DNA 条带的位置,并可进一步计算 DNA 片段的分子量大小。

本实验包括提取细胞的 DNA,用限制性内切酶酶切消化后,通过琼脂糖凝胶电泳分离各DNA片段,经变性处理后将DNA从凝胶中转印到固相支持物上,然后与标记的核酸探针进行杂交,最后采用放射自显影或化学发光等方法进行检测,从而可以确定被检测的DNA样品中是否有与探针同源的片段以及该片段的长度。

9.3.3 仪器、材料与试剂

1. 仪器:琼脂糖凝胶电泳装置、恒温水浴箱、烤箱、微波炉、紫外透射仪、微量移液器等。
2. 材料:硝酸纤维素膜(NC膜)或尼龙膜、Whatman 3 mm 滤纸、纸巾、玻璃板、重物、托盘等。
3. 试剂:DNA样品、限制性内切酶、琼脂糖、20×SSC、50×Denhardt试剂、10 mg/ml 鲑鱼精DNA。

① 变性液:1.5 mol/L NaCl,0.5 mol/L NaOH;
② 中和液:1 mol/L Tris·HCl(pH 7.4),1.5 mol/L NaCl;
③ 转移液:0.4 mol/L NaOH,1 mol/L NaCl。

9.3.4 实验流程

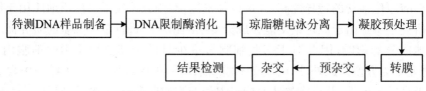

图9.5 Southern印迹杂交实验流程

9.3.5 实验步骤

1. 待测DNA样品的制备(参见实验7.2 蛋白酶K和苯酚从哺乳动物细胞中分离高分子质量DNA)。
2. DNA的限制性内切酶消化(参见第10章 DNA的酶切)。
3. DNA酶切片段的电泳分离(参见实验6.1 琼脂糖凝胶电泳分离DNA)。
4. 转膜。

(1) 毛细管转移法:该方法主要利用一种上行毛细管转移系统来完成(如图9.6)。

① 电泳结束后,在凝胶旁放置一透明尺,在紫外灯下拍照。将凝胶的左上角切去(加样孔一端为上),以便于定位,然后将凝胶移至一个搪瓷盘内。

② 将凝胶置于500 ml变性液中浸泡45 min,并且不断温和地振摇,使DNA变性。对于较大的DNA片段(大于10 kb),可在变性前用0.2 mol/L HCl预处理10 min,脱嘌呤后,再进行碱变性处理。将凝胶用去离子水漂洗一次,然后浸泡于500 ml中和液中30 min,不断振摇,使之中和。

③ 如图9.6所示,在盘中放置一玻璃平台,上面铺一层滤纸,倒入20×SSC溶液至略低于平台表面,使滤纸两侧浸泡在缓冲液中。用玻棒赶出所有气泡,并将滤纸推平。

④ 裁剪一张稍大于凝胶的硝酸纤维素膜,注意接触滤膜时要戴手套。将滤膜浮在去离子水表面,直至滤膜从下向上湿透,随后用20×SSC浸泡至少5 min,减去滤膜的一角,使其与凝胶的切角相对应。

⑤ 将中和后的凝胶面向下扣在滤纸上，小心赶出凝胶与滤纸间的气泡；用塑料薄膜封严凝胶四周，以防止在转移过程中产生短路（缓冲液从凝胶周围直接流至凝胶上方的滤纸）。将湿润的硝酸纤维素膜覆盖在凝胶上，使两者的切角重叠。注意滤膜置于凝胶表面后就不可再移动，两者之间不应留有气泡。

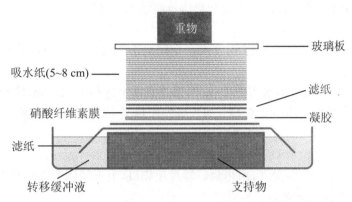

图 9.6　毛细管虹吸法 Southern 转膜示意图

⑥ 用 2×SSC 浸湿两张与凝胶一样大小的滤纸，将其放在硝酸纤维素滤膜上，排除气泡。

⑦ 裁剪一叠（5~8 cm 高）略小于滤纸的吸水纸，将其放在滤纸上，并加放一块玻璃板，然后用一个 500 g 的重物压实。使上述 DNA 转移持续过夜（12~16 h），期间换吸水纸 1~2 次。

⑧ 转移结束后，小心拆卸印迹装置，将膜与凝胶一起转移至干燥的滤纸上，凝胶在上，用软铅笔在滤膜上标记凝胶加样孔的位置。

⑨ 撕去凝胶，用 5×SSC 漂洗滤膜 5 min 以除去琼脂糖碎片。取出滤膜，将滤膜上的溶液滴尽后放在一张滤纸上晾干 30 min。

⑩ 将晾干的滤膜放在两张滤纸中间，用真空烤箱 80 ℃ 干烤 2 h，使 DNA 固定于硝酸纤维素膜上。

注意：此硝酸纤维素膜即可用于下一步的杂交反应。如果不立即使用，可保存在真空干燥器中。

（2）电转法：当使用电转法时，不能使用硝酸纤维素滤膜，因为核酸结合到这些滤膜上，要求缓冲液的离子强度要高。这些缓冲液传导电流的效率极高，必须采用大体积来保证该系统的缓冲容量不因电解而耗尽。此外，克服欧姆热效应也需要充分的外冷却。最近带电荷的尼龙膜较常用于电转法，在离子强度极低的缓冲液中，小至 50 bp 的核苷酸也可结合在尼龙膜上。

虽然单链 DNA 和 RNA 可直接转移，但双链 DNA 片段则须原位进行变性，随后中和凝胶，再将其浸于电泳缓冲液，夹放于大电泳槽内平行电极间的多孔板之间。完全转移所需的时间取决于核酸片段的大小、凝胶的空隙及外加电场的强度。一般 2~3 h 内可转移完毕。由于电转移要求比较大的电流，故往往难以使电泳缓冲液维持在一定的温度，以适于 DNA 的有效转移。许多商业化的电转仪附有冷却设备，但也有一些只可在冷室中应用。

（3）真空转移法：在真空条件下，DNA 和 RNA 可从凝胶中快速并定量地转移。目前有商品供应的真空转移装置有数种。在这些装置内，硝酸纤维素膜或尼龙膜置于真空室上方的一多孔屏之上,而凝胶则放在与膜相接触的位置。从装置上部一贮液槽中吸流出来的缓冲液将核酸从凝胶中洗脱,并使核酸聚集在滤膜或尼龙膜上。

真空转移较之毛细管转移更为有效,而且极为快捷。经碱处理后不完全脱嘌呤和变性的 DNA,30 min 内即可从正常厚度(4～5 mm)和正常琼脂糖浓度(<1%)的凝胶中定量地转移。如果小心操作,真空转移可以使杂交信号增强 1～2 倍。

5. 杂交。

(1) 将固定后的硝酸纤维素滤膜放入一个稍宽于滤膜的杂交塑料袋中,用(5～10) ml 2×SSC 浸湿滤膜。

(2) 将鲑鱼精 DNA 置沸水浴中 10 min,迅速置冰上冷却 1～2 min,使 DNA 变性。

(3) 从杂交塑料袋中除净 2×SSC,加入事先预热至 42 ℃的预杂交液(按每平方厘米滤膜加 0.2 ml)。

(4) 加入变性的鲑鱼精 DNA(10 mg/ml),至终浓度为 200 μg/ml。

(5) 尽可能除净袋中的空气,用热封口器封住袋口,上下颠倒数次使其混匀,置于 42 ℃水浴中温浴 4 h,进行预杂交。

(6) 将标记的 DNA 探针置沸水浴中 10 min,迅速置冰上冷却 1～2 min,使 DNA 变性。

(7) 从水浴中取出含有滤膜和预杂交液的杂交塑料袋,剪开一角,将变性的 DNA 探针加到预杂交液中。

(8) 尽可能除净袋中的空气,封住袋口,滞留在袋中的气泡要尽可能的少,为避免同位素污染水浴,将封好的杂交袋再封入另一个未污染的塑料袋。

(9) 置 42 ℃水浴杂交过夜(至少 18 h)。

(10) 取出滤膜,依次按照下列条件洗膜:

    2×SSC,1%SDS   室温下洗 15 min

    1×SSC,0.5%SDS   室温下洗 15 min

    0.2×SSC,0.1%SDS   68 ℃洗 30 min

    0.1×SSC,0.1%SDS   68 ℃洗 60 min

在洗膜的过程中,不断振摇,不断用手提式监测器测定滤膜的放射性,当放射强度指示数值较环境背景高 1～2 倍时,即为洗膜的终止点。上述洗膜过程无论在哪一步达到终点,都必须停止洗膜。

6. 杂交结果的检测。

(1) 放射性自显影:

① 洗涤后,室温下将滤膜在 0.1×SSC 中稍事漂洗,用滤纸吸干膜表面的水分,并用保鲜膜包裹。

② 将滤膜正面向上,放入曝光暗盒内,将一张 X 射线胶片压在杂交膜上,再压上增感屏后屏。

③ 合上暗盒,置于−70 ℃低温冰箱中曝光 1～7 d。

④ 从冰箱中取出暗盒,置室温 1～2 h,使其温度上升至室温,在暗室中去除 X 射线胶片。

⑤ 显影:在暗室中将 X 射线胶片放入显影液中 3～4 min,必须适当摇动,避免显影不匀。

⑥ 定影:温度 16～24 ℃,时间 10～20 min,要经常翻动。

(2) 非放射性标记物探针的检测:在分子生物学的部分技术中,放射性试剂已逐步被非同位素试剂所取代,化学发光是目前采用的最主要的非同位素技术。金刚烷胺(CSPD)是碱性磷酸酶标记的最为广泛使用的化学发光底物,对于地高辛标记的探针,在杂交后用抗地高辛抗体-碱性磷酸酶交联物进行检测:碱性磷酸酶除去磷酸残基会刺激底物发出 477 nm 的化学发光,可用 X 光片、CCD 照相机等来捕获印迹的图像。

① 按照前述 Southern 印迹方法将凝胶转移到尼龙膜上,将此尼龙膜置预杂交液中 42 ℃保温 1 h,倒去预杂交液。

② 将地高辛标记的探针加入杂交液中煮沸 10 min 变性后,倒入杂交袋中和尼龙膜杂交过夜。

③ 用 2×SSC,1%SDS 洗膜两次,每次 5 min;再用 0.1×SSC,1%SDS,65 ℃水浴中洗膜两次,每次 15 min。

④ 加 30 ml Blocking 溶液(0.1 mol/L Tris·HCl,pH 8.0,0.15 mol/L NaCl,2% Blocker)摇动 1 h。

⑤ 加 anti-dig 碱性磷酸酶 4.5U 反应 30 min。

⑥ 倒去 Blocking 溶液,用 0.1 mol/L Tris·HCl,pH 8.0,0.15 mol/L 的 NaCl 缓冲液洗膜两次,每次 15 min。再用 0.1 mol/L 二乙醇胺,1.0 mmol/L $MgCl_2$,pH 10.0 缓冲液洗膜两次,每次 5 min。

⑦ 用 CDP-star 浸膜 5 min,X 光片曝光 5 min,冲胶片。

9.4.6 结果分析

在膜上阳性反应呈带状。表示此 DNA 片段中含有与标记探针同源的序列,并且结合分子量 Marker 的标记可以确定 DNA 片段的分子量大小(如图 9.7)。

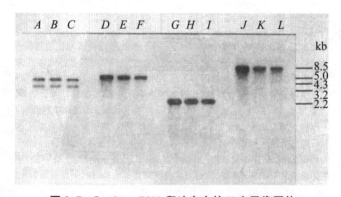

图 9.7 Southern DNA 印迹杂交的 X 光显像图片

水稻(*Oryza sativa* L.)的叶绿体 DNA 分别用限制性核酸内切酶 BglⅡ(A-C)、BamHⅠ(D-F)、EcoRⅠ(G-I)和 HindⅢ(J-L)消化,用 1%的琼脂糖凝胶电泳分离,然后用^{32}P 标记的玉米 psbA 探针做 Southern 杂交。X 光底片中显现的阳性条带表明含有水稻的 psbA 基因序列

9.3.7 注意事项

1. 在 Southern blotting 转移时,DNA 结合于硝酸纤维素膜的作用取决于转移缓冲液的离子强度。DNA 片段越小,使其有效地保留在硝酸纤维素膜上所需要的离子强度就越高,要使长度小于 500 个核苷酸的 DNA 片段进行转膜,就需要用 20×SSC。也可换用尼龙膜,尼龙膜与 DNA 小片段结合的效率高于硝酸纤维素膜。

2. DNA 小片段保留于硝酸纤维素膜的效率也取决于滤膜孔径的大小,标准的 0.45 μm 孔径的硝酸纤维素滤膜不能保留长度小于 300 个核苷酸的片段。若使用 0.2 μm 孔径的硝酸纤维素滤膜,可改善转移效率。

3. 杂交前进行预杂交,是为了封闭杂交膜上的非特异性 DNA 结合位点,减少与探针的非特异性吸附作用,降低杂交结果的本底。

4. 杂交时,杂交液体积越小越好。溶液体积较小时,核酸重结合的动力学较快,且探针需用量亦可减少,使得滤膜上的 DNA 成为驱动反应的因素。然而,要保证滤膜始终由一层杂交液所覆盖,所用的液体必须足够,所以杂交塑料袋不能太大。

9.3.8 应用

通过 Southern blotting 印迹杂交可以确定 DNA 片段的分子量大小,作为分子生物学的经典实验方法,主要应用于基因组 DNA 的酶切图谱分析,稍加变通便可用于分析质粒、粘粒及噬菌体的限制酶切消化产物;还可应用于基因突变分析及限制性片段长度多态性分析等研究中;在生物医学基础研究、遗传病检测、DNA 指纹分析等临床诊断工作中也有广泛的应用。

1. 简述 Southern blotting 的主要步骤。
2. 比较毛细管转移法与电转法的特点。

DNA 的印迹杂交技术是由英国人 Edward M. Southern 于 1975 年首次提出应用的,因而命名为 Southern blotting。随后 1977 年 Alwine 等人提出一种与此相似的、用于分析细胞 RNA 样品中 mRNA 分子大小和丰度的分子杂交技术,为了与 Southern blotting 相对应,科学家们将这种 RNA 印迹杂交方法趣称为 Northern blotting。再后来,与此原理类似的蛋白质印迹杂交方法也趣称为 Western blotting,这体现出科学工作者的幽默和睿智。

9.4 Northern 印迹杂交

9.4.1 实验目的

1. 掌握 RNA 凝胶电泳转移印迹的原理和方法。
2. 了解 RNA-DNA 杂交方法。

9.4.2 实验原理

1977 年 Alwine 等人提出一种用于分析细胞总 RNA 或含 polyA 尾的 RNA 样品中特定 mRNA 分子的大小和丰度的分子杂交技术,即 RNA 印迹杂交,也称为 Northern 印迹杂交

(Northern blotting)。

Northern 印迹杂交与 Southern 印迹杂交的原理和方法类似,也采用琼脂糖凝胶电泳。首先将分子量大小不同的 RNA 分离开来,随后将其原位转移至固相支持物上(尼龙膜或硝酸纤维素膜等),再用放射性(或非放射性)标记的核酸探针进行杂交,最后检测其杂交信号并分析结果。

与 Southern 印迹杂交不同的是:

(1) 总 RNA 不需要进行酶切,可直接应用于电泳。

(2) RNA 在进行凝胶电泳之前须经变性处理,使其在电泳过程中保持变性状态;而 DNA 在电泳前和电泳过程中均未变性。

(3) 电泳结束后,凝胶中的 RNA 无须做任何处理,可直接将其转移到硝酸纤维膜上;而 DNA 在转移前须经碱变性及中和处理。

(4) 在 DNA 凝胶电泳中要用 DNA 分子量 Marker 参照物确定样品 DNA 的片段大小;而在总 RNA 中,则含有 28S rRNA 和 18S rRNA,其含量远远高于其他 RNA,在凝胶电泳中它们可形成两条清晰的条带,可直接作为参照物在杂交后确定目的 mRNA 的大小。

9.4.3 仪器、材料与试剂

1. 仪器:琼脂糖凝胶电泳装置、恒温水浴箱、烤箱、微波炉、紫外透射仪、热封口器等。

2. 材料:搪瓷盘、镊子、剪刀、硝酸纤维素膜(NC 膜)或尼龙膜、Whatman 3 mm 滤纸、纸巾、玻璃板、重物等。

3. 试剂:DNA 样品、限制性内切酶、琼脂糖、20×SSC、50×Denhardt 试剂、10 mg/ml 鲑鱼精 DNA。预杂交液:50%甲酰胺,5×Denhardt 试剂,5×SSPE,6.5%葡聚糖硫酸酯,1%十二烷基肌氨酸钠,500 μg/ml 肝素。

9.4.4 实验流程

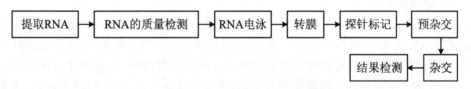

图 9.8 Northern 印迹杂交实验流程

9.4.5 实验步骤

1. RNA 的提取(参见实验 7.4 RNA 的提取)。

2. RNA 的质量检测(参见 7.4.4 RNA 的质量控制)。

3. RNA 电泳(参见 7.4.4 RNA 的质量控制)。

4. 转膜(参见 9.3.5 转膜)。Northern 印迹法与 Southern 印迹法基本相同,就是在转膜前 RNA 无需变性处理。

5. 杂交(参见 9.3.5 杂交)。

6. 杂交结果的检测(参见 9.3.5 杂交结果的检测)。

9.4.6 结果分析

以目标 RNA 所在位置标示其分子量的大小，而其显影强度则可提示目标 RNA 在所测样品中的相对含量（即目标 RNA 的丰度）（如图 9.9）。一般来说，一个基因的转录本很少只在一种组织中表达，较常见的是在不同的组织中有不同的表达水平。即使在所有组织和不同细胞中都有表达的基因，它在不同组织中的表达仍存在一些差异。因此，在基因表达水平非常低的情况下，建议进行多次曝光分析，或者延长 X 射线胶片曝光时间。如果长时间曝光也不能产生强烈的信号，则可以通过提高探针的比活性来增强其敏感性。

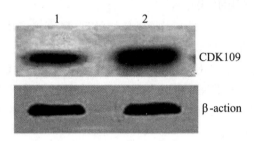

图 9.9 Northern blot 检测 CDK109 mRNA 的表达
1. 对照组；2. 高温致畸组

用地高辛标记的探针，分别与孕 8.5 d 高温组和对照组胚胎神经管组织总 RNA 进行 Northern blot，结果显示，杂交信号显著，并且高温致畸组的杂交信号远高于对照组，说明高温致畸组神经管中 CDK109 mRNA 的表达与对照组相比明显增强

9.4.7 注意事项

1. RNA 极易被环境中存在的 RNase 所降解，因此须特别注意 RNase 的污染问题，可参考 RNA 提取实验。

2. RNA-DNA 杂交不如 DNA-DNA 杂交那样强，用于 RNA-DNA 杂交的杂交液含有较多的成分以促进 RNA-DNA 结合。杂交后，洗脱条件也不像 DNA-DNA 杂交那样强烈。

3. 使用过的杂交膜只要去除上次杂交的探针就可反复使用，但是要注意保持杂交膜的湿润，因此在整个洗膜过程中应避免使膜干燥，在完成洗涤后，用镊子将膜夹起，滴去多余的洗涤液（但不能使膜干燥），立即用塑料薄膜将膜包裹住。

9.4.8 应用

Northern blot 可用来检测不同组织、器官、生物体不同发育阶段以及胁迫环境或病理条件下特定基因的表达样式。如 Northern blot 被大量用于检测癌细胞中原癌基因表达量的升高及抑癌基因表达量的下降，器官移植过程中由于免疫排斥反应造成某些基因表达量的上升，Northern blot 还可用来检测目的基因是否具有可变剪切产物或者重复序列。

1. 简述 Northern 印迹杂交与 Southern 印迹杂交的不同之处。

2. 在 Northern 印迹杂交实验过程中最应注意的是什么？

 知识拓展

分析基因的表达可以有很多种方法，除 Northern blot 外还有 RT-PCR、基因芯片、RNase 保护实验等。基因芯片常和 Northern blot 一起使用，但通常情况下，Northern blot 的灵敏度要高于基因芯片实验，而基因芯片的优势在于它可在一次实验中同时反映出几千个基因表达量的变化。与定量 PCR 的高灵敏度相比，Northern blot 显然要逊色不少，但 Northern blot 较高的特异性可以有效地减少实验结果的假阳性。Northern blot 实验中一个主要的问题是存在 RNA 的降解，所以 Northern blot 中所有的实验用品都需要经过去除 RNase 的过程，如高温烘烤、DEPC 处理等。同时，Norther blot 中很多实验用品如甲醛、EB、DEPC、紫外灯等对人体都有一定的伤害。

Northern blot 的优势在于它可检测目的片段的大小、是否具有可变剪切出现，同时它允许探针的部分不配对性。杂交过后的膜经过一定的处理，除去探针后还可保存很长时间供再次杂交使用，具体方法：将杂交过的膜置于 100 ℃ 0.5%SDS 中煮沸 3 min，自然冷却至室温后，将膜放入双蒸水中漂洗 2~3 遍。取出膜，用滤纸略微吸去表面的水分，用保鲜膜包好，室温下真空保存。尼龙膜可反复使用 5 次以上。

（张玉心）

第 3 篇

分 子 克 隆

第 10 章　DNA 的酶切

10.1　实验目的

1. 掌握限制性内切酶的特性和酶切的目的与原理。
2. 掌握 DNA 的酶切技术。

10.2　实验原理

限制性内切酶(restriction endonucleases, REase)是从细菌中分离出来的一种能在特异位点切割 DNA 分子、产生相应的限制性片段的核酸内切酶。在细菌体内，限制性内切酶与甲基化酶往往相伴存在，共同构成了细菌的限制-修饰体系。限制性内切酶可以识别外源性的 DNA 并切割后使之降解，起到限制入侵的外源 DNA 的作用。而甲基化酶可对宿主 DNA 进行甲基化修饰，封闭了限制性内切酶的识别位点，从而起到保护宿主 DNA 的作用。目前已知的限制性内切酶已达到数千种，识别各自不同的核苷酸顺序。根据酶的亚单位组成、识别序列的种类和是否需要辅助因子，限制-修饰系统至少可分为Ⅰ型、Ⅱ型、Ⅲ型和Ⅳ型。其中Ⅱ型限制-修饰系统所占比例最高，因此在基因操作中，除非特指，一般所说的限制性内切酶均指Ⅱ型限制酶。

限制性核酸内切酶的命名，一般是以微生物署名的第一个字母和种名的前两个字母组成，这些字母都要求斜体，第四个字母表示菌株(品系)，用正体。而在同一细菌中发现的识别不同碱基序列的几种限制性内切酶，则按照发现的先后顺序用罗马数字编成不同的号，放在大写字母的后面。如大肠杆菌 Escherichia 属、coli 种、RY13 株中分离到几种限制酶，分别表示为 EcoR Ⅰ、EcoR Ⅱ、EcoR Ⅴ 等。

Ⅱ型限制酶的 DNA 识别位点是具有回文结构(双链 DNA 中按对称轴排列的反向互补序列)的核苷酸序列，最常见的是识别 4～6 个碱基对的限制性内切酶，少数也有些限制酶可以识别更长的核苷酸序列。Ⅱ型限制酶需要 Mg^{2+} 的存在才能发挥活性，在回文序列内部或附近切割 DNA，产生带 3′-羟基和 5′-磷酸基团的 DNA 末端。如果限制酶在位于对称轴的位置平齐切割双链 DNA，形成的是两个平末端的 DNA 片段。如果限制酶在对称轴两侧相似的位置错位切开双链 DNA，产生两个带有单链突出末端的 DNA 片段，则称为黏性末端。

根据所使用的限制酶的数量来分，DNA 的酶切方式可以分为单酶切和双酶切。单酶切是只用一种限制酶来切割 DNA 分子的方式。双酶切是采用两种限制酶切割同一 DNA 分子的方式。DNA 的双酶切可以同步酶切，也可以分步酶切，如果没有一种可以同时适合两种酶的缓冲液，就需采用分步酶切。分步酶切解决办法：① 先使用低盐浓度的限制酶进行酶切，酶切完毕后再调整盐浓度使之适应第二种限制酶的要求，然后加入第二种酶完成双酶切反应；② 先用一种限制酶酶切，然后乙醇沉淀回收第一次酶切产物后，再使用第二种限制酶酶切；具体要根据所使用限制酶的条件，避免产生星号活力。

根据酶切的程度是否完全，DNA的酶切方式分为部分酶切与完全酶切。部分酶切是指DNA片段上的酶切靶点只有一部分被切开，部分酶切适用于基因的克隆，若基因内部有限制酶的酶切位点，使用完全酶切会将基因切断而不能得到完整的基因。通过控制酶的浓度或酶切时间，来完成限制酶的部分酶切，通常多用第一种即控制酶的浓度的方法。在一定的酶切反应温度和反应时间的条件下，在不同的反应管中加入不同稀释浓度的酶，利用不同酶浓度来控制酶切程度。该方法与控制反应时间的方法相比，易于操作，容易控制而被广泛应用。完全酶切是指使用的内切酶将DNA片段上的切点全部切开，对于除目的基因克隆之外的绝大多数DNA的操作，例如载体的切割、限制性酶切图谱的制作等都很适合。

根据酶切反应的体积不同，DNA的酶切可分为小量酶切反应和大量酶切反应。小量酶切反应多用于质粒的酶切鉴定，反应体系为20 μl，含0.2～1 μg DNA，大量酶切反应多用于制备目的基因片段，反应体系为50～100 μl，酶切DNA量在10～30 μg。

DNA酶切后，利用琼脂糖凝胶电泳将酶切产物按分子量的大小进行分离，DNA分子量越小迁移速度越快。要准确地确定酶切产物片段的大小，必须用分子量标准物同时进行电泳对照。

10.3 仪器、材料与试剂

1. 仪器：微量移液器、离心机、水浴锅、电泳仪、紫外透射观测仪。
2. 材料：质粒DNA。
3. 试剂：限制性内切酶、限制性内切酶的适用buffer、ddH$_2$O、琼脂糖、电泳缓冲液（TAE或TBE）、分子量标准、溴化乙锭、DNA上样缓冲液。

10.4 实验流程

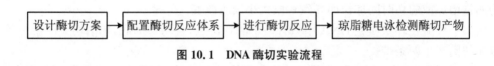

图10.1　DNA酶切实验流程

10.5 实验步骤

1. 单酶切。
(1) 取一个灭菌的Eppendorf管，依次加入下列试剂：

待酶切的DNA	X μl（1 μg）
10×buffer	2 μl
限制性内切酶	1 μl
ddH$_2$O	补足至20 μl

(2) 用手指轻弹Eppendorf管底部，使溶液混匀。在台式离心机中瞬时离心以集中溶液于管底。
(3) 37 ℃水浴1～2 h，70 ℃水浴10 min以终止反应。

(4) 琼脂糖凝胶电泳检测酶切产物。

2. 双酶切（同步酶切）。

(1) 取一个灭菌的 Eppendorf 管，依次加入下列试剂：

待酶切的 DNA	X μl(1 μg)
10×buffer	2 μl
限制性内切酶 1	1 μl
限制性内切酶 2	1 μl
ddH_2O	补足至 20 μl

(2) 用手指轻弹 Eppendorf 管底部，使溶液混匀。在台式离心机中瞬时离心以集中溶液于管底。

(3) 37 ℃水浴 1～2 h，70 ℃水浴 10 min 以终止反应。

(4) 琼脂糖凝胶电泳鉴定实验结果，在紫外灯下观察电泳凝胶（如图 10.2 所示）。

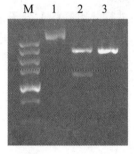

图 10.2　DNA 酶切

M：marker，1～3 分别为重组子未酶切、重组子双酶切、空载体双酶切

10.6　结果分析

1. 完全酶切。

(1) 单酶切：若 DNA 样品是环状双链 DNA，单酶切后产生的 DNA 片段数与限制酶的酶切位点数相同。若 DNA 样品是 L-DNA，单酶切产生的 DNA 片段数为酶切位点数加 1。

(2) 双酶切：若 DNA 样品为环状双链 DNA，双酶切后产生的 DNA 片段数是两种限制酶的酶切位点数之和。而对于 L-DNA，双酶切后的 DNA 片段数则是两种限制酶酶切位点数之和加 1。

在确保不发生星号活性的酶量和酶切时间的前提下，完全酶切切出来的片段大小不会因为酶量增加或酶切时间加长而导致片段大小发生改变。

例如一种酶在环状质粒 DNA 中只有一个酶切位点，且酶切彻底，单酶切应产生一条带，而双酶切则产生两条带。

2. 不完全酶切。如果酶切产物的条带数目多于理论值，那么有可能是酶切不完全。当然酶切片段多于理论值也可能是由以下的原因引起的：① 限制性内切酶星号活力；② 存在第二种限制性内切酶污染；③ 样品 DNA 中含有其他 DNA。

3. DNA 完全没有被限制性内切酶切割，可能是由以下几个原因引起的：① 限制性内切酶失活；② 非限制性内切酶最佳反应条件；③ DNA 不纯，含有 SDS、有机溶剂、EDTA 等；④ 酶切位点被修饰；⑤ DNA 上不存在该酶的识别顺序。

4. 限制性内切酶的星号活性。在非理想的条件下，限制性内切酶切割与识别位点相似但不完全相同的序列，这一现象称为酶的星号活性。酶的星号活性一般较弱，酶切产物大小也不容易确定，所以应避免酶的星号活性。酶的星号活性的产生原因：

(1) 较高的甘油浓度，超过 5%(v/v)；

(2) 酶与底物 DNA 比例过高，超过 100 U/μg；

(3) 低离子强度，小于 25 mM 盐浓度；

(4) 高 pH，pH>8.0；

(5) 存在有机溶剂如 DMSO、乙醇等；

(6) 镁离子被其他二价离子所取代,如 Mn^{2+}、Co^{2+} 等；

(7) 此外,酶切时所用反应管的大小、孵育的时间及方式也会对酶切产生影响。尽管反应管是密封的,但在加热反应的时候,管内仍会有水分的蒸发,使得反应体系中酶、DNA 等浓度升高,而引起酶的星号活性或使星号活性变强。当反应管体积大,容量反应体系小,孵育时间长,这种现象会加重,即水会蒸发得更多。因此当反应体系较小时,最好选择大小合适的反应管。加热的方式也会影响水分的蒸发,均衡加热的方式使水蒸发减少,因此推荐用 PCR 仪,或是反应管内添加矿物油的方法来减少水蒸发。如果选用水浴加热的话,最好是孵育时间短和/或酶切反应体系与反应管大小的比例较大,比如用 1.7 ml 的反应管水浴加热的话,反应体系最好≥100 μl。

10.7 注意事项

1. 酶活力通常用酶单位(U)表示,1 个酶单位是指在最适反应条件下,1 小时完全降解 1 μg 纯 DNA 所用的酶量。

2. 要注意避免限制性内切酶的失活,操作要在冰上进行,操作应尽可能快。

3. 酶切反应用的反应管和吸头要用新的,灭菌处理。使用前打开包装,用镊子夹取,不要直接用手去拿,以防手上的杂酶污染。

4. 在配制反应液时,一般次序是先加双蒸馏无菌水、缓冲液、DNA,最后再加限制性内切酶。

5. 常规酶切反应均在 37 ℃进行,但有些酶的最适反应温度并不是 37 ℃,如 *Sma*I,最适反应温度为 30 ℃,故实际操作时最好根据所选用的酶确定反应温度。

6. 酶切的时间也不是固定不变的。一般情况下,质粒酶切要相对 PCR 产物更容易一些,以经验来说,一般质粒几个小时就可以酶切完全,而 PCR 产物,则需要过夜。

7. 酶反应体积一般不宜小于 20 μl。因为过小的反应体积在加入各种成分时易产生误差,甘油含量易超过 10%。

8. DNA 的纯度是影响 DNA 酶切的另一个重要因素。DNA 样品中可能会有 RNA、蛋白及有机溶剂等的污染。DNA 纯度的另一个指标是不可有微量 DNase 的污染。如果酶切后电泳结果显示为不清晰条带或成为一片红色(术语称 Smear)时,说明系统中有 DNA 酶的污染。

9. DNA 样品中的 RNA 污染可利用 RNase 处理;杂蛋白及 DNase 污染可用氯仿/异戊醇抽提;氯仿、SDS、硫酸根等小分子物质的污染可以通过沉淀更换一个新的缓冲体系去除。

10.8 应用

1. DNA 分子物理图谱的构建:DNA 分子物理图谱即 DNA 限制性内切酶酶切图谱,它由一系列位置确定的多种限制性内切酶酶切位点组成,以直线或环状图式表示。DNA 的序列分析、基因组功能图谱绘制、基因文库构建、DNA 无性繁殖、限制性片段长度多态性技术等都是建立在限制性内切酶酶切图谱的基础上进行的。

2. 重组 DNA 分子的构建与鉴定:限制性内切酶是 DNA 重组技术中重要的工具酶,被称为基因工程的分子手术刀。酶切可以：① 获得黏性末端进行连接；② 用于验证 DNA 重组是否成功；③ 用于验证质粒酶切位点是否有效；④ 载体中目的基因片段的分离和回收。

3. 基因组 DNA 的片段化。
4. 杂交中 DNA 探针的制备。

1. 影响限制性内切酶活性的因素有哪些？
2. DNA 完全酶切需要具备哪些条件？
3. DNA 完全没有被限制酶切割的原因有哪些？
4. 什么是限制性内切酶的星号活性？产生原因有哪些？

1978 年，沃纳·阿尔伯(Werner Arber)、丹尼尔·内森斯(Daniel Nathans)、汉密尔顿·史密斯(Hamilton O. Smith)因为限制性内切酶的发现及其在分子遗传学的应用而获得了当年的诺贝尔生理学或医学奖。

阿尔伯最先提出了限制性内切酶的概念及演示其活性。20 世纪 50 年代，卢里亚等人在研究噬菌体感染细菌时发现，在某一菌株中生长的噬菌体感染另一菌株时往往生长不好，但同一菌株中存活下来的噬菌体再感染该菌株时，可以正常生长。阿尔伯在发现这一现象后，开始寻找原因，1962 年，阿尔伯推断出细菌中存在限制酶和修饰酶，限制酶可以切断入侵的外源性 DNA，而细菌本身 DNA 的限制酶识别位点因被修饰酶甲基化修饰而免遭限制酶切断，即细菌的"限制-修饰作用"。1968 年，阿尔伯又演示了 *E. Coli B* 限制内切酶活性的存在。

史密斯最先发现和提纯 II 型限制性核酸内切酶。1968 年，史密斯实验室在研究细菌重组实验时，发现和流感嗜血杆菌一起孵育的噬菌体 P22 被切断，立刻着手寻找流感嗜血杆菌的限制酶，1969 年他们纯化出了流感嗜血杆菌的限制性内切酶 *Hind* II，这种限制酶只能在特定部位切断 DNA 分子。

内森斯最先将限制性内切酶应用于分子遗传学，为基因工程拉开了序幕。20 世纪 60 年代，内森斯研究肿瘤病毒 SV40，面临将 SV40 DNA 切断的难题。在得知史密斯发现了 *Hind* II 之后，1971 年，内森斯利用 *Hind* II 切割 SV40 并获得成功，首次展示了限制酶在 DNA 分子分析上的巨大潜力。

在 20 世纪 70 年代，限制性内切酶流传开来后，很多试剂公司开始从数以千计的细菌中寻找更多新的限制性核酸内切酶。到了 20 世纪 80 年代，开始利用分子克隆技术来获得限制性内切酶。

（马　佳）

第 11 章　DNA 的连接

11.1　实验目的

1. 掌握 DNA 片段连接的方法。
2. 熟悉不同末端 DNA 连接的原理。

11.2　实验原理

DNA 的连接就是在一定的条件下,由 DNA 连接酶催化两个双链 DNA 片段相邻的 5′端磷酸和 3′端羟基之间形成新的磷酸二酯键的过程。在进行 DNA 酶切时,选择合适的限制酶消化目的 DNA 和载体 DNA,可使两者产生同源末端,包括黏性末端和平末端,在此分别举例介绍。

1. 互补黏性末端的连接。如果限制酶在对称轴的 5′侧切割底物 DNA 的每一条链,则双链 DNA 交错断开,产生互补 5′黏性末端的 DNA 片段。例如 EcoR I 识别双链 DNA 中的 GAATTC 顺序并切割如下:

$$\downarrow$$
5′……NNGAATTCNN……3′
3′……NNCTTAAGNN……5′
$$\uparrow$$

则 DNA 双链交错断开,两个末端相互分离成:

5′……NNG　　　　pAATTCNN……3′
3′……NNCTTAAp　　　　GNN……5′

这样两个带黏性末端的片段在有利于碱基配对的条件下温育,它们可以互相退火,被酶切开的磷酸二酯键又可用 T4 噬菌体 DNA 连接酶或大肠杆菌 DNA 连接酶重新连接而成。因为凡被 EcoR I 切割的片段都有相同的黏性末端,经过相同限制性酶切的目的基因和载体又能以新组合的方式互相结合连接在一起。

2. 平末端的连接。如果限制酶在对称轴上同时切割 DNA 的两条链,就会产生带平末端的 DNA 片段。例如 Sma I 识别双链 DNA 的 CCCGGG 序列并将其切割成:

5′……NNCCC　　　　pGGGNN……3′
3′……NNGGGp　　　　CCCNN……5′

以这种方式产生的平末端只可用 T4 噬菌体 DNA 连接酶来连接。平末端之间的连接效率比黏性末端的连接效率低,但平末端不仅能与相同的限制酶或其他限制酶产生的平末端相连接,也能与补平 3′凹端或削平 3′及 5′黏性末端后的平末端相连接。

3. TA 克隆。TA 克隆是一种 PCR 产物与载体直接进行克隆的方法。1994 年几位学者发现 Taq DNA 聚合酶会在 PCR 产物的 3′端自动加上一个脱氧腺苷(A)突出端,而且这种特性与模板无关。同时利用 TA 克隆系统提供的线性含 3′-T 突出端的载体，就能将 PCR 产物直接高效地与 T 载体连接。TA 克隆无需使用含限制酶序列的引物，不需要对 PCR 产物进行平端处理或优化，也不需要在 PCR 产物上连接接头分子，即可直接进行克隆，从而大大提高 PCR 产物的连接、克隆效率。

11.3 仪器、材料与试剂

1. 仪器：恒温水浴箱、涡旋振荡器、台式离心机。
2. 材料：微量加样器、Tip 头、Eppendorf 管。
3. 试剂：T4 噬菌体 DNA 连接酶、10×DNA 连接酶缓冲液（购于生产厂家）、无菌双蒸水。

11.4 实验流程

图 11.1 DNA 连接实验流程

11.5 实验步骤

1. 在一个 Eppendorf 管中，按照下列体系加入试剂和溶液：

10×DNA 连接酶缓冲液	2 μl
DNA 片段	a μl(10 μg)
载体 DNA	b μl(1 μg)
双蒸水	17−a−b μl
T4 DNA 连接酶	1 μl

   DNA 片段的摩尔数应控制在载体 DNA 摩尔数的 3～10 倍，总反应体积为 20 μl。
2. 连接反应：将上述反应体系置于 16 ℃保温过夜。
3. 反应后，取少量连接产物进行琼脂糖电泳，观察连接效果。
4. 连接产物可直接用于转化或者贮存于−20 ℃冰箱里备用。

11.6 结果分析

连接反应后，可以取适量连接产物进行琼脂糖凝胶电泳，观察连接反应结果，电泳时要加上同时点样 DNA 分子量 Marker 来判断连接产物的分子量，最好还能加上载体酶切片段和目的基因酶切片段作为对照。

11.7 注意事项

1. 高纯度 DNA 是连接反应成功的关键，要特别注意避免酚、SDS 和琼脂糖凝胶中杂质的污染。

2. 为了减少载体 DNA 的自身环化,连接前应将载体 DNA 进行去磷酸化处理。

3. 一般情况下,酶浓度高,反应速度越快、产量也高,而连接酶是保存于 50% 甘油中的,在连接反应体系中甘油含量过高会影响连接效果,建议连接酶的加入体积不超过总体积的 10%。

4. 黏末端连接时有可能出现目的片段的多拷贝插入,而平末端连接时没有黏末端的碱基互补限制,所以平末端外源 DNA 片段在载体中的插入方向有两种可能性,需要对重组体进行内切酶谱分析,才能筛选出含有正确插入方向和单拷贝插入片段的重组体。

5. 由于平末端连接后可能会失去原来接合处的酶切位点,就不能再用原来的限制性内切酶来切割重组质粒,需要寻找其他限制性内切酶来酶切重组体。

11.8 应用

目的基因片段与载体分子在 DNA 连接酶的作用下形成磷酸二酯键,在体外产生重组体分子是基因操作实验中最为频繁的操作,也是基因工程 DNA 重组技术中非常关键的一步,纯化切割后的目的基因只有与带有自主复制起点的载体连接,才能进一步转化得到真正的克隆。

1. 如何解决单酶切时载体自身环化的问题?
2. 为何黏端连接得到的重组体可以用原切割内切酶将插入片段从重组体上完整地切割下来?
3. 如何实现定向克隆?它有什么优点?
4. 在 DNA 连接反应中有哪些影响连接效率的因素?

T4 噬菌体 DNA 连接酶虽然既可催化 DNA 黏性末端的连接,也能催化 DNA 平齐末端的连接,但是平齐末端 DNA 分子的连接在效率上要明显低于黏性末端间的连接作用。因为两个平齐末端相遇,没有退火现象发生,导致 5′磷酸基团与 3′羟基处于并列的机会显著减少。黏性末端的连接比平齐末端的连接大致快 100 倍,所以现在基因克隆实验中常用的平齐末端连接法有同聚物加尾法、衔接物连接法以及接头连接法。

(张玉心)

第12章 大肠杆菌感受态细胞的制备及转化

12.1 实验目的

1. 掌握利用 $CaCl_2$ 法制备和转化大肠杆菌感受态细胞的方法和技术。
2. 了解一步法、电转化法、甘油-聚乙二醇法、氯化铷法等制备和转化大肠杆菌感受态细胞的方法和技术。

12.2 实验原理

在自然条件下,许多质粒都可通过细菌的接合作用转移至新的宿主内,但人工构建的质粒载体一般不能自行完成从一个细胞到另一个细胞的接合转移。如需将质粒载体转移进受体细菌,需诱导受体细菌产生一种短暂的容易吸收外源 DNA 的状态,以摄取外源 DNA。处于对数生长期的细菌经 $CaCl_2$ 处理后接受外源 DNA 的能力显著增加,即细菌处于感受态(competent cell)。

$CaCl_2$ 法制备大肠杆菌感受态细胞简便易行,且其转化效率完全可以满足一般实验的要求,制备出的感受态细胞暂时不用时,可加入占总体积15%的无菌甘油于-70 ℃保存(半年),因此 $CaCl_2$ 法使用非常广泛。

转化(Transformation)是指将外源 DNA 分子(质粒 DNA 或以质粒为载体的重组 DNA)导入细菌,使之获得新的遗传性状的一种手段,它是现代分子生物学和基因工程等研究领域的基本实验技术之一。转化过程所用的受体菌一般是限制-修饰系统缺陷的变异菌株,即不含限制性核酸内切酶和甲基化酶的突变体(如 TOP10、DH5α、JM109 等),它可以容忍外源 DNA 分子进入体内并稳定地遗传给后代。受体菌经过一些特殊方法,如 $CaCl_2$ 法处理后,细菌处于0 ℃,$CaCl_2$ 低渗溶液中,菌体细胞膨胀成球形,其细胞膜的通透性发生暂时性改变,成为感受态细胞。转化混合物中的 DNA 与 Ca^{2+} 形成抗 DNA 酶的羟基-钙磷酸复合物黏附于细胞表面,经42 ℃短时间(1~2 min)热休克处理,促进细胞吸收 DNA 复合物。进入受体细胞的 DNA 分子通过复制、表达实现遗传信息的转移,使受体细胞出现新的遗传性状(如 Amp^r 等)。将受体菌置于非选择性培养基中保温一段时间,促使其在转化过程中获得的新的表型,如氨苄青霉素耐药(Amp^r)得以表达,然后将此受体菌培养物涂布在选择性培养基上(如 Amp^r 培养基),倒置培养过夜,即可筛选出转化子(Transformant,即带有异源 DNA 分子的受体细胞)。

12.3 仪器、材料与试剂

1. 仪器:超净工作台、低温离心机、恒温摇床、恒温箱、-70 ℃冰箱、恒温水浴箱、无菌离心管、无菌枪头、玻璃培养皿、玻璃涂布器、标记笔等。

2. 材料：重组质粒、大肠杆菌 TOP10(R^-，M^-，Amp^-)。

3. 试剂：

（1）0.1 mol/L $CaCl_2$ 溶液，高压灭菌消毒或过滤除菌。

（2）LB 液体培养基：10 g 胰蛋白胨、5 g 酵母提取物、10 g NaCl，加水至 1 L，高压灭菌消毒。

（3）LB 固体培养基：每升 LB 液体培养基中加 15 g 琼脂(1.5%)，高压灭菌消毒，待冷却至不烫手背时铺培养皿。

（4）氨苄青霉素(Amp)：用无菌水或生理盐水配制成 100 mg/ml 溶液，置 -20 ℃保存。

（5）30%甘油：30 ml 甘油溶于 100 ml 蒸馏水，高压灭菌。

12.4 实验流程

图 12.1 大肠杆菌感受态细胞的制备及转化实验流程

12.5 实验步骤

1. 受体菌的培养。

（1）从大肠杆菌 TOP10 平板上挑取一个新活化的 TOP10 单菌落，接种于含 2 ml LB 液体培养基的试管中，37 ℃下振荡培养过夜。

（2）取菌液 0.5 ml 以 1∶100 的比例转接到含 50 ml LB 液体培养基的锥形瓶中，37 ℃振荡培养 2~3 h。（此时，OD_{600}≤0.4~0.5，细胞数务必<10^8/ml，此为实验成功的关键。）

2. 感受态细胞的制备。

（1）将菌液转移至 50 ml 离心管中，冰上放置 10 min。

（2）在 4 ℃下，4 000 rpm 离心 10 min，回收细胞。弃去上清，将管倒置 1 min 以便培养液流尽。

（3）用冰上预冷的 0.1 mol/L 的 10 ml $CaCl_2$ 溶液轻轻悬浮沉淀细胞，立即在冰上放置 30 min。

（4）在 4 ℃下，4 000 rpm 离心 10 min，弃去上清，加入 2 ml 预冷的 0.1 mol/L 的 $CaCl_2$ 溶液，轻轻悬浮细胞，务必于冰上放置。

3. 感受态细胞的分装与冻存。

（1）在 2 ml 制备好的感受态细胞中加入 2 ml 30%甘油（即 1∶1 体积，甘油终浓度 15%）。

（2）将此感受态细胞分装成每份 200 μl（1.5 ml EP 管），液氮速冻，快速转入 -70 ℃冰箱保存（如果没有液氮，可以将分装的感受态细胞直接转入 -70 ℃冰箱保存）。

4. 转化。

（1）取 200 μl 新鲜制备或冻存的感受态细胞，加入重组质粒 2 μl（50 μg）（实验组），轻轻混匀,冰上放置 30 min。

(2) 放入 42 ℃循环水浴热休克 1~2 min,中途不要摇动离心管。

(3) 将离心管移至冰浴 2 min。

(4) 加 800 μl 无抗生素的 LB 液体培养基,于 37 ℃摇床中以 150 rpm 速度振摇 1 h,使细菌复苏。

(5) 每管取适当体积(100 μl)已转化的感受态细胞,用玻璃涂布器分别均匀涂布在含氨苄青霉素(100 μg/ml)的 LB 琼脂平板上,室温放置 20 min,使液体吸收。

(6) 37 ℃倒置培养 12~16 h 至单菌落形成。

同时做对照:以同体积的无菌水代替重组 DNA 溶液,其他操作与实验组相同。

12.6 结果分析

对照组 A 仅有感受态细胞,Amp 抗性基因未转入,故在 Amp^r 平板上无法长菌(如图 12.2A);实验组 B 以重组质粒进行转化,既含目的 DNA,也含有 Amp 抗性基因,所以在 Amp^r 平板上可以长菌(如图 12.2B)。

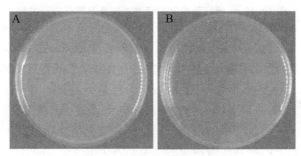

图 12.2 大肠杆菌转化结果
A:对照组;B:实验组

12.7 注意事项

1. 所用试剂要用分析纯,并用无菌水配制,最好分装保存于 4 ℃。整个操作过程均应在无菌条件下进行,所用器皿,如离心管、移液枪头等最好是新的,并经高压灭菌处理。所有的试剂都要灭菌,且注意防止被其他试剂、DNA 酶或杂 DNA 所污染,否则均会影响转化效率或导致杂 DNA 的转入。

2. 不要用经过多次转接或储于 4 ℃的培养菌,最好从 −70 ℃或 −20 ℃甘油保存的菌种中直接转接用于制备感受态细胞的菌液。

3. 受体细胞一般应是限制-修饰系统缺陷的突变株,即不含限制性内切酶和甲基化酶的突变株。并且受体细胞还应与所转化的载体性质相匹配。

4. 细胞生长密度以每毫升培养液中的细胞数在 5×10^7 个左右为佳。即应使用对数期或对数生长前期的细菌,可通过测定培养液的 OD_{600} 控制(应注意 OD_{600} 值与细胞数之间的关系随菌株的不同而不同)。密度过高或不足均会使转化率下降。达到细菌对数生长早期、中期,需用时 2.0~2.5 h,此步骤最为关键,若超过此阶段,则转化效率急剧下降。

5. 实验操作时要格外小心，悬浮细胞时要轻柔，以免造成菌体破裂，影响转化。
6. 整个操作均需在冰上进行，不能离开冰浴，否则细胞转化效率将会降低。
7. 倒平板时应避免培养基温度过高。若温度过高，则加入的氨苄青霉素会失效，且培养基凝固后表面及皿盖会形成大量冷凝水，易于造成污染及影响单菌落的形成。
8. －70 ℃冰箱储存的感受态细胞在 6～8 w 后，转化率很快降低。
9. 培养时间勿过长，以免卫星菌落的出现。

12.8 应用

感受态细胞的制备和转化是分子生物学实验中频繁使用的一项重要的常规操作，可用于基因克隆、蛋白表达以及文库构建等研究。

1. 制备和转化感受态细胞时，应特别注意哪些环节？
2. 为何培养时间过长会导致卫星菌落的出现？
3. 制备的感受态细胞可用在哪些研究和应用领域？
4. 若实验出现异常的结果，请分析原因。

在分子生物学高度发展、广泛应用的今天，大肠杆菌感受态细胞的制备技术已经应用于各科研领域。为了提高受体菌摄取外源 DNA 的能力，提高转化效率以获得更多的转化子，人们摸索出了不同方法处理细菌，使其处于感受态。实验室除常规利用 $CaCl_2$ 法进行大肠杆菌感受态细胞的制备和转化外，还有一步法、电转化法、甘油-聚乙二醇（Glycerin-PEG）法、氯化铷（RbCl）法等多种方法可以利用。

1. 大肠杆菌一步法感受态细胞的制备及转化。

本方法在致敏缓冲液中没有 Ca^{2+}，而由 Mg^{2+} 代替，联合 PEG 和 DMSO 可达到 $10^7 \sim 10^8$ 的转化率。适用此法的菌株广泛，－70 ℃冻贮 18 w 转化率无明显下降。

一步法感受态细胞的制备及转化操作步骤为：

（1）1×TSS 致敏缓冲液的制备：用 LB 培养基配制 10% PEG（MW＝3350），5% DMSO，50 mmol/L $MgCl_2$，以 HCl 或 NaOH 调节 pH 至 6.5，0.22 μm 滤器过滤除菌，4 ℃可保存 6 个月。

（2）前一晚挑单菌落接种于 2 ml LB 液体培养基中，37 ℃下振荡培养过夜。

（3）取菌液 0.5 ml 以 1∶100 的比例转接到 50 ml LB 液体培养基中，37 ℃振荡培养至 OD_{600} 为 0.4～0.5，冰浴 10 min 后，4 000 rpm，4 ℃下离心 10 min，弃上清，收获细菌。

（4）用 0.1 倍的原培养物体积（这里为 5 ml）的 1×TSS 致敏缓冲液（冰预冷）悬浮细胞，然后分装成 100 μl/份，全部冰上操作，立即转化或－70 ℃贮存。

（5）转化细菌：－70 ℃取出制备好的 100 μl/份的感受态细胞，冰上放置 5 min，每管加 2 μl DNA（含 0.1～100 μg 闭环质粒 DNA），轻轻混匀后冰浴 30 min。

(6) 加入 0.9 ml 无抗生素 LB 培养液(含 20 mmol/L 葡萄糖),37 ℃,150 rpm 振荡 1 h,使抗生素基因表达。

(7) 取 200 μl 已转化的感受态细胞,铺于 Amp^r LB 琼脂平板上,室温放置 20 min 待液体吸收后,倒置培养 12~16 h 至单菌落形成。

本方法中,热休克与否对转化率影响不大,甚至 42 ℃ 处理 45 s,转化率反而会下降。该法只加一种试剂即可,且不需要另加保护剂就可直接冻存,实验步骤相对简便。但该法对实验操作要求较高,如所用器具一定要清洁、所有操作尽量保证在冰上等。一步法转化效率相对较低,适用于对转化率要求不高的实验。

2. 大肠杆菌电转化法感受态细胞的制备及转化。

电转化法是利用瞬间高压电脉冲,使细胞表面产生暂时性的孔隙,可在细胞膜表面形成小孔,同时由于电击作用可促使细胞膜融合,最后在细胞膜上形成大的孔道,易于 DNA 进入。

电转化感受态细胞的制备及转化操作步骤为:

(1) 前一晚挑单菌落接种于 2 ml LB 液体培养基中,37 ℃ 下振荡培养过夜。

(2) 取菌液 2 ml 以 1∶100 的比例转接到 200 ml LB 液体培养基中,37 ℃ 振荡培养至 OD_{600} 为 0.4~0.5(一般为 2~3 h)。

(3) 将菌液迅速置于冰上,以下步骤务必在超净工作台和冰上操作。

(4) 吸取 1.5 ml 培养好的菌液至 1.5 ml 离心管中,在冰上冷却 10 min。

(5) 4 ℃ 下 4 000 rpm 冷冻离心 10 min,弃上清,加入 1 500 μl 冰冷的灭菌水,重新悬浮细胞,该步骤重复 2 次。

(6) 4 ℃ 下 4 000 rpm 冷冻离心 10 min,弃上清,加入 20 μl 冰冷的 10% 甘油,重新悬浮细胞。此时可立即进行电转化或迅速置于 -70 ℃ 贮存。

(7) -70 ℃ 取出制备好的感受态细胞,冰上放置 5 min 解冻,加入 1~10 μl DNA,冰浴 5 min。

(8) 添加 1~3 μl DNA,冰浴 5 min。

(9) 转移 DNA/细胞混合物至冷却后的 2 mm 电穿孔容器(无泡)中。

(10) 加载 P1000,准备好 300 μl LB 或 2×YT。

(11) 对电穿孔容器进行脉冲(200 Ω,25 μFd,2.5 kV)(检查时间常数,应该在 3 以上)。

(12) 立即添加 300 μl 的 LB 或 2×YT 至电穿孔容器中。

(13) 37 ℃ 下培养细胞 40 min~1 h 以复原。

(14) 将细胞转移至适当的选择培养基上,置于 37 ℃,过夜培养,次日查看转化结果。

电转化法是利用瞬间高压在细胞上打孔,因而需用冰冷的灭菌水多次洗涤处于对数生长前期的细胞,以使细胞悬浮液中含有尽量少的导电离子。影响电转化效率的因素较多,如电场强度、脉冲时间、DNA 浓度等。该法最初用于将 DNA 导入真核细胞,通过优化前述各种参数,每 μg 可得 10^9~10^{10} 个转化子,转化效率比 $CaCl_2$ 法和一步法高。但相对来说,细胞的生存率较低。虽然电转化法有诸多优势,但一般实验室不具备设备条件。

3. 大肠杆菌甘油-聚乙二醇(Glycerin-PEG)法感受态细胞的制备及转化。

常规 $CaCl_2$ 法制备的感受态细胞维持其感受态时间往往很短,由于这种方法制备的感受态细胞储存液中除 $CaCl_2$ 再无任何细胞保护剂类物质,故 0 ℃ 以下保存时间较短。而 Glycerin-PEG 法较常规 $CaCl_2$ 法更优,这可能与该细胞储存液中含有一定浓度的甘油和葡萄糖等保护剂有关。储存液中含一定浓度的 Mg^{2+} 和葡萄糖可以增强转化。此外,聚乙二醇为多糖类物质,可能有促使质粒 DNA 与感受态细胞膜结合的作用,与 Mg^{2+} 及葡萄糖共同促进质粒转化。

Glycerin-PEG 法感受态细胞的制备及转化操作步骤为:

(1) 前一晚挑单菌落接种于 5 ml LB 液体培养基中,37 ℃下振荡培养过夜。

(2) 取菌液 1 ml 以 1∶100 的比例转接到 100 ml LB 液体培养基(10 mmol/L $MgCl_2$,2 g/L 葡萄糖)中,37 ℃振荡培养至 OD_{600} 为 0.4~0.5(一般为 2~3 h)。

(3) 菌液冰浴 10 min 后,4 ℃下 4 000 rpm 离心 10 min 收集菌体。

(4) 弃上清,菌体以 1 ml 上述冰预冷的 LB 液体培养基轻轻重悬。

(5) 加入 5 ml LB 液体培养基(含 360 ml/L 甘油、120 g/L PEG6 000、12 mmol/L $MgSO_4$)轻轻混匀,分装,立即转化或 -70 ℃贮存,3 个月内转化效率无明显降低。

(6) -70 ℃取出制备好的感受态细胞,冰上解冻,即可进行转化。

4. 大肠杆菌氯化铷(RbCl)法感受态细胞的制备及转化。

RbCl 法也是实验室常用的一种感受态细胞制备的方法,可用于不同质粒的转化。RbCl 法对于同一种质粒,不同的菌种和冻存时间对转化效率无影响。该法转化效率高于 $CaCl_2$ 法,是一种可以长期保存而不影响转化效率的感受态细胞制备方法。

RbCl 法感受态细胞的制备及转化操作步骤为:

(1) 前一晚挑单菌落接种于 5 ml LB 液体培养基中,37 ℃下振荡培养过夜。

(2) 取菌液 1 ml 以 1∶100 的比例转接到 100 ml LB 液体培养基(20 mmol/L $MgSO_4$)中,37 ℃振荡培养至 OD_{600} 为 0.4~0.5(一般为 2~3 h)。

(3) 菌液冰浴 10 min 后,4 ℃下 4 000 rpm 离心 10 min 收集菌体。

(4) 弃上清,菌体以 40 ml 冰预冷的 TFBⅠ轻轻重悬细胞。

(5) 冰浴 30 min,4 ℃下 4 000 rpm 离心 10 min 收集菌体。

(6) 弃上清,以 4 ml 冰预冷的 TFBⅡ轻轻重悬细胞,冰浴 30 min。

(7) 100 μl/管分装,立即转化或于 -70 ℃贮存。

(8) -70 ℃取出制备好的感受态细胞,冰上解冻,即可进行转化。

(吕静竹)

第 13 章 重组子的鉴定

13.1 实验目的

1. 掌握酶切鉴定重组子和 PCR 扩增鉴定重组子的原理和方法。
2. 了解其他鉴定重组子的原理和方法。

13.2 实验原理

PCR 技术的出现给克隆的筛选增加了一个新手段。如果已知目的序列的长度和两端的序列,则可以设计合成一对引物,以转化细胞所得的 DNA 为模板进行扩增,若能得到预期长度的 PCR 产物,则该转化细胞就有可能含有目的序列。

13.3 仪器、材料与试剂

1. 仪器:恒温摇床、台式高速离心机、微量移液器、PCR 仪、琼脂糖凝胶电泳系统、水浴锅、凝胶成像系统等。
2. 材料:大肠杆菌 TOP10 转化菌。
3. 试剂:琼脂糖、无菌三蒸水、引物、10×反应缓冲液、TBE 电泳缓冲液、DNA Marker、6×电泳加样缓冲液、溴化乙锭溶液。

13.4 实验流程

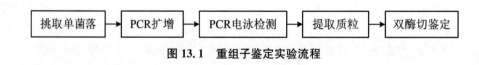

图 13.1 重组子鉴定实验流程

13.5 实验步骤

1. PCR mixture 的制备(总体积 50 μl),并混匀。

Taq buffer(10×)	2 μl
dNTP(2.5 mM)	1.6 μl
Primer upward(20 pM)	0.5 μl
Primer downstream(20 pM)	0.5 μl
Taq(5 U/μl)	0.25 μl

ddH$_2$O	15.2 μl
Taq(2 U/μl)	0.2 μl

将上述溶液混匀,用微量离心机甩一下,使溶液集中在 PCR 管底。

2. 常温下随机挑选转化板上的转化子,用半根灭菌的牙签挑取菌落,在 PCR 管中涮一下,放入一个灭菌的 1.5 ml 离心管中,对 PCR 管和 1.5 ml 离心管编号。

3. 将混有菌体的 PCR mixture 置 PCR 仪按常规条件扩增:

PCR 循环: 94 ℃ 5 min   1 个循环
　　　　　94 ℃ 45 s ⎫
　　　　　65 ℃ 45 s ⎬ 30 个循环
　　　　　72 ℃ 45 s ⎭
　　　　　72 ℃ 7 min   终延伸

4. PCR 产物鉴定:取 10 μl PCR 产物加 2 μl 加样缓冲液,1% 琼脂糖电泳。

5. 对于 PCR 扩增显现特异性条带的克隆,将置于 1.5 ml 离心管中的半截牙签放入 5 ml 培养基中,37 ℃培养,8~12 h 后提取质粒,亦可酶切鉴定确认(参见第 10 章 DNA 的酶切)。

13.6 结果分析

结果分析如图 13.2。

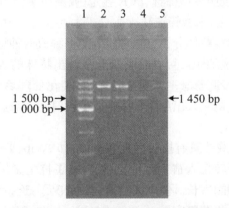

图 13.2　PCR 及双酶切电泳检测结果
1:DL 5 000 DNA Marker;2,3:重组质粒 pUC18-HBV-C 双酶切;4:HBV-C PCR 产物;5:线性化 pUC18

13.7 注意事项

1. 注意无菌操作,避免污染。
2. 加样准确、快速,避免引物二聚体及非特异扩增的形成。

13.8 应用

PCR 技术鉴定重组子的方法应用非常普遍,因为目前许多载体克隆位点两侧存在恒定的序列,例如 T7 启动子和 SP6 启动子,针对这种序列的 PCR 引物可以很方便地从专业公司购买或者合成。有时插入基因本身就是 PCR 产物,实验室已有这些引物。例如 T-A 克隆载体,克隆位点两侧有 T7、SP6 和 M13 启动子通用序列,用 PCR 鉴定就非常方便。

1. PCR 鉴定重组子的原理是什么?
2. 重组子鉴定的方法有哪些?

在转化过程中,并非每个宿主细胞都被转化;即使获得转化的细胞,也并非都含目的基因,而是可能含有自身形成环状的载体分子,或是非目的基因与载体形成的重组子等。因此重组 DNA 转化受体细胞后须在不同层次、不同水平上进行筛选,以区别转化子与非转化子、重组子与非重组子,以及鉴定所需的特异性重组子。

一般重组子鉴定主要按照表型筛选、PCR 鉴定(或酶切鉴定)和测序鉴定的顺序进行。

1. 遗传表型直接筛选法(平板筛选)。

在构建基因工程载体时,载体分子上通常组装了一种或两种选择性遗传标记基因(如抗性基因等),转化或转染宿主细胞后可使宿主细胞呈现出特殊的表型或遗传学特征,据此可进行转化子或重组子的初步筛选。一般的做法是,将转化处理后的菌液(包括对照)适量涂布在选择性培养基上,在最适生长温度条件下培养一段时间,根据菌落的生长情况挑选出转化子。

(1) 抗药性筛选:克隆载体具有抗生素抗性基因,如 Amp、Tet、Kan 等。外源基因插在抗性基因之外,这个重组子转化入宿主后,宿主就具有了抗生素抗性,因而在含抗生素的培养基中,只有阳性重组子才能生长。但有些单酶切的情况下,连接时有可能出现反向连接或自身环化,所以还需要进行酶切鉴定。

(2) 插入失活筛选:外源 DNA 插入特定载体后,导致遗传标记基因失活,以此来筛选重组子的方法称插入失活筛选。某些质粒载体同时含有 2 个抗性基因,如 pBR322 含有 Tet^r 及 Amp^r,外源基因插入位点位于 Tet 抗性基因内部,当外源基因插入 Tet 后,宿主菌即转变成 Tet^s 及 Amp^r,因而阳性重组子可在含 Amp 的培养基中生长而不能在含 Tet 的培养基中生长。

(3) 插入表达筛选:与插入失活策略相反,插入表达是利用外源 DNA 插入特定载体后激活遗传标记基因的表达,借此筛选重组子。有些载体在设计时,在遗传标记基因前连接上一段负调控序列,当插入失活该负调控序列时,其下游的遗传标记基因才能表达。如 pTR262 质粒载体,它由 pBR322 衍生而来,其 Tet^r 基因的上游含一段来源于 λ 噬菌体 DNA 的 CⅠ 阻遏蛋白编码基因及其调控序列,CⅠ 基因表达的阻遏蛋白可抑制 Tet^r 基因表达。

当目的基因插入 C I 基因的 Hind III 或 Bgl I 位点后,使 C I 基因失活,Tet^r 基因因阻遏解除而得以表达,因此阳性重组子在含有 Tet 的平板上可生长。pTR262 质粒本身因为 Tet^r 基因表达受阻而表现为 Tet^s 表型,因此自身环化载体转化的细胞不能在含有 Tet 的平板上生长。

(4) 标志补救筛选:若克隆的基因能在宿主菌表达,且表达产物与宿主菌的营养缺陷互补,那么就可以利用营养突变菌株进行筛选,这称为标志补救。如重组 DNA 为亮氨酸自养型(Leu$^+$),将重组 DNA 导入亮氨酸异养型(Leu$^-$)的宿主细胞后,宿主细胞在不含 Leu 的培养基中可生长;而不含重组 DNA 的宿主细胞则不能生长在不含 Leu 的培养基上。

(5) 蓝白斑筛选(α-互补筛选):蓝白斑筛选是通过插入失活 LacZ 基因,破坏载体与宿主之间的 α-互补作用来鉴别重组子与非重组子的筛选方法,是携带 LacZ 基因的许多载体的筛选优势。这些载体包括 M13 噬菌体、pUC 质粒系列、pGEM 质粒系列等。它们的共同特点是载体上携带一段细菌 LacZ 基因的调控序列和 N 端 146 个氨基酸的编码信息(α 肽编码序列)。在这个编码区中插入了一个多克隆位点,它不破坏读框,但可使少数几个氨基酸插入到 β-半乳糖苷酶的 N 端而不影响功能。当无外源 DNA 插入时,质粒表达 α 肽。这种类型的载体适用于可编码 β-半乳糖苷酶 C 端部分序列的宿主细胞,后者可表达 β-半乳糖苷酶的 ω 肽。单独存在的 α 肽及 ω 肽均无 β-半乳糖苷酶活性,只有宿主细胞与克隆载体同时共表达这两个肽时,才能形成具有酶活性的蛋白质。这时宿主细胞内具有 β-半乳糖苷酶活性,在含有底物 X-gal(5-溴-4-氯-3-吲哚-β-D-半乳糖苷)的诱导剂 IPTG(异丙基硫代-β-D-半乳糖苷)条件下,菌落呈蓝色,这就是 α-互补。当外源 DNA 插入到 LacZ 基因的多克隆位点,结果无 α 肽表达,转化菌落无 α-互补,缺乏 β-半乳糖苷酶活性,在含有 X-gal 培养板上为白色菌落,而载体自身环化后转化的细菌则由于可形成 α-互补而显示为蓝色菌落。因这种颜色标志,重组子与非重组子的区别一目了然,可以很容易将之区分。

这一简单的颜色试验大大简化了在这种构建质粒载体中鉴定重组子的工作。仅仅通过目测就可轻而易举地筛选数千个菌落,并识别可能含有重组质粒的菌落。然后通过小量制备质粒 DNA,进行限制酶酶切分析或其他方法即可鉴定。

蓝白斑筛选非常可靠,但并非永不出错。如果外源 DNA 很小(小于 100 bp),或者插入片段没有破坏读码框,也没有影响 α 片段的结构,就可能不会严重影响 α-互补。虽然这种现象在文献中有所报道,但是极为罕见,因此只对遇到这种问题的研究者才有意义。另外,不是所有的白色克隆都携带重组质粒。Lac 质粒的突变或丢失可能掩盖质粒表达 α 片段的能力。不过这在实际中并不成问题,因为在质粒群体中产生 Lac$^-$ 突变体的频率远远低于连接反应中产生的重组子的数目。

2. 电泳检测法。

(1) 直接电泳检测法:重组质粒 DNA 分子由于有外源 DNA 的插入,比未插入外源 DNA 的质粒载体大,因此,通过凝胶电泳可轻易将重组子筛选出来。不过,该法不适合插入外源 DNA 片段过小的重组子的检测。

(2) 酶切电泳检测法:通过直接电泳检测法筛选出来的重组子,插入的外源 DNA 不一定是目的 DNA 片段。用设计的内切酶进行酶切后电泳,如果载体中含有插入的目的基因,电泳出现两个条带,一条是线性载体,另一条是目的基因;反之,电泳后就只有一条线性载体带。在凝胶上同时设分子量标记、空质粒等对照,即可确定载体中是否有插入片段以及插入片段的大小。酶切鉴定是克隆鉴定的第一步。如果酶切电泳条带与设计插入片段的长度相符,可初步确定目的基因插入了载体,下一步还需进行测序鉴定。

如果需要进行基因表达,必须鉴定外源基因在重组质粒中的连接方向,这对于在克隆时使用单酶切位点的情况尤为重要。可以利用联合酶切方案进行目的基因插入方向的鉴定。在插入的外源基因的邻近末端部位选择一个单酶切点 a,在载体上另选一个单酶切点 b,用这两个内切酶分别酶切两份阳性重组质粒,正、反两个方向的插入将产生不同大小的 DNA 片段,通过凝胶电泳即可鉴定插入片段方向是否正确。

(3) PCR 扩增检测法:目前许多载体克隆位点两侧存在恒定的序列,例如 T7 启动子和 SP6 启动子,针对这种序列的 PCR 引物可以很方便地从专业公司购买或者合成。有时插入基因本身就是 PCR 产物,实验室已有这些引物。例如 T-A 克隆载体,克隆位点两侧有 T7、SP6 和 M13 启动子通用序列,用 PCR 鉴定就非常方便。对所挑选阳性的菌落中的质粒进行 PCR 扩增,而后进行凝胶电泳,可以鉴定载体中是否含有插入片段以及插入片段的大小。如果 PCR 电泳条带与设计插入片段的长度相符,可初步确定目的基因插入了载体,下一步还需进行测序鉴定。

3. 核酸分子杂交检测。

利用碱基配对的原理进行分子杂交是核酸分析的重要手段,也是鉴定基因重组子的常用方法。杂交的双方是待测的插入核酸序列和根据插入序列制备的互补的 DNA 或 RNA 探针。通过一定的物理方法,将菌落(噬菌斑)或提取的 DNA 从平板或凝胶上转移到固相支持物上,然后同液体中的探针进行杂交。菌落(噬菌斑)或 DNA 从平板或凝胶向滤膜转移的过程称为印迹,故这些杂交又都称为印迹杂交(blotting hybridization)。

(1) Southern 印迹(Southern blot):Southern 印迹的基本原理是:具有一定同源性的两条 DNA 单链在一定条件下,可按碱基互补的原则形成双链,且此杂交过程是高度特异的。DNA 分子经限制性核酸内切酶酶切后,按分子量大小凝胶电泳分离 DNA 片段,然后将含 DNA 片段的凝胶变性,利用毛细管作用的原理,将变性的单链 DNA 片段转移到硝酸纤维素膜或其他固相支持物上,各 DNA 片段的相对位置保持不变。固定后再用放射性同位素或非放射性标记的相应外源 DNA 片段作为探针,进行分子杂交,鉴定重组子中的插入片段是否是目的基因片段。利用 Southern 印迹法可进行克隆基因的酶切图谱分析、基因组基因的定性及定量分析、基因突变分析及限制性片段长度多态性分析(RFLP)等。

(2) 核酸原位杂交(nucleic acid hybridization in situ):用特定标记的已知顺序的核酸作为探针,与细胞或组织切片中的核酸进行复性杂交并对其进行检测的方法,称为核酸原位杂交。根据探针与待检核酸的性质分为 DNA/DNA、DNA/RNA 和 RNA/RNA 杂交。该法直接将菌落(噬菌斑)转移到硝酸纤维素膜或其他固相支持物上,不必进行核酸分离纯化、内切酶酶切及电泳分离等操作,而是经溶菌和变性处理后使 DNA 暴露出来并与滤膜原位结合,再用放射性同位素或非放射性标记的特异 DNA 或 RNA 探针进行分子杂交,筛选出含有目的基因片段的阳性菌落(噬菌斑)。这种方法能进行大规模操作,是筛选基因文库的首选方法。该技术的优点是特异性高,可精确定位;能在成分复杂的组织中进行单一细胞的研究而不受同一组织中其他成分的影响;不需要从组织中提取核酸,对于组织中含量极低的靶序列有极高的敏感性;可完整地保持组织与细胞的形态。因此该技术被广泛应用于基因定位、基因缺失、基因易位等研究。近年来由定性发展到定量,方法更为完善。

(3) 斑点印迹(dot blot):如果只需检测克隆菌株中是否含有目的基因,则可采用斑点印迹。该法与菌落原位杂交的原理相同,但方法更为简单、迅速。将少量核酸样品(DNA 或

RNA)直接点样在硝酸纤维素滤膜上,80 ℃烘烤后可牢固地固定在膜上,再用探针进行杂交,通过放射性探针自显影或非放射性探针显色,确定阳性斑点。

(4) Northern 印迹(Northern blot):Northern 印迹由 Southern 印迹演变而来,其被测样品是 RNA。RNA 经甲醛或聚乙二醛变性及电泳分离后,转移到硝酸纤维素膜或其他固相支持物上,用放射性同位素或非放射性标记的特异 DNA 或 RNA 探针进行分子杂交,以检测某一组织或细胞中已知的特异 mRNA 的表达水平,或是比较不同组织和细胞的同一基因的表达情况。

4. 免疫化学检测。

其基本过程与核酸分子杂交检测法相似,不同的是该法使用抗体探针,而非 DNA 或 RNA 探针来鉴定目的基因表达产物,因而其前提是克隆基因可在宿主细胞内表达,并且有目的蛋白的抗体。

(1) 放射性抗体检测法:该法类似于菌落原位杂交,不同之处在于它是利用抗体作为探针,检测转入受体菌并且表达出相应蛋白质的外源基因。首先将长有转化子菌落的琼脂平板影印,备用。原平板中的阳性菌落裂解释放抗原后,与吸附有抗体的固相支持物聚乙烯薄膜接触,在阳性菌落会形成抗原-抗体复合物。而阴性菌落因不含抗原,故而无法形成抗原-抗体复合物。将含抗原-抗体复合物的聚乙烯薄膜放入预先用同位素标记的抗体溶液中温浴杂交,阳性菌落中的抗原就会与同位素标记的抗体相结合。最后经放射自显影,确定复制平板上能够表达抗原的阳性菌落,即重组子菌落。该法简便易行,一次可检测大量克隆子。

(2) 免疫沉淀检测法:这是一种在平板培养基上直接进行的免疫反应,以鉴定产生外源蛋白重组菌落的方法。主要用于检测分泌型蛋白,对于不能分泌到菌体外的蛋白质可先进行原位溶菌处理,而后进行免疫沉淀。在生长菌落的琼脂培养基中,加入溶菌酶和所要表达的外源蛋白的特异性抗体。在溶菌酶的作用下,菌落表面的细菌发生溶菌反应,逐步释放出细胞内部的蛋白质。如果某些菌落的细胞能够合成并分泌出这种外源蛋白时,外源蛋白即会同包含在琼脂培养基中的抗体发生反应,在菌落周围出现由抗原-抗体沉淀物所形成的白色沉淀圈,借此鉴定重组子。但该法灵敏度低,易受干扰,实用性相对较差。

(3) 酶联免疫检测法(ELISA):酶免疫技术是三大经典标记免疫技术之一,是以酶标记抗原或酶标记抗体为主要试剂,通过复合物中的酶催化底物呈色而对被测物进行定性或定量的标记免疫分析技术。其基本原理是:将酶与试剂抗原或抗体用交联剂结合起来,此种酶标记的抗原或抗体与标本中相应的抗体或抗原发生特异反应,并牢固结合。在加入相应的酶的底物时,底物被酶催化生成呈色产物,在免疫组化染色时可指示待测反应物的存在和定位。在酶联免疫测定中,则可根据呈色物的有无和呈色深浅做定性或定量观察。由于此技术是建立在抗原抗体反应和酶的高效催化作用的基础上,故而该技术具有检测灵敏度高、特异性强、准确性好等特点。

(4) Western 印迹(Western blot):Western 印迹与 Southern 或 Northern 杂交方法类似,但 Western 采用聚丙烯酰胺凝胶电泳,被检测物是蛋白质,"探针"是抗体,"显色"是二抗。经过 PAGE 分离的蛋白质样品,转移至固相载体(如硝酸纤维素薄膜等)上,固相载体以非共价键形式吸附蛋白质,且能保持电泳分离的多肽类型及其生物学活性不变,以固相载体上的蛋白质或多肽作为抗原,与对应的抗体发生免疫反应,再与酶或同位素标记的第二抗体发生反应,经过底物显色或放射自显影以检测电泳分离的特异性目的基因表达的蛋白质成分。该技术广泛应用于检测蛋白水平的表达,如检测样品中特异蛋白的存在、细胞中特异蛋白的定量分析等。

5. 核酸序列分析。

核酸序列分析是指通过一定的方法确定 DNA 分子上的核苷酸排列顺序，即测定 DNA 分子的 A、T、G、C 碱基的排列顺序。测序的结果直接反映了转化子中有无目的基因的存在。用酶切、PCR 等方法初步鉴定正确的重组质粒需要进一步做测序鉴定，测序完全正确的重组质粒才可以进行下一步实验。

随着 DNA 测序技术的不断发展和其重要性的日益提高，DNA 序列分析已变得越来越简单快速，朝着自动化和商品化的方向发展，从而极大地提高了 DNA 序列分析的速度及准确性。国内很多专业生物工程公司提供测序服务，方便快捷，收费合理。DNA 序列测定技术建立在高分辨率变性聚丙烯酰胺凝胶电泳技术的基础上，可以区分 1 个碱基的差异，一个反应可以测定 500～700 bp，其中前 500 bp 可以保证极高的正确性。

（吕静竹）

第4篇

蛋白技术

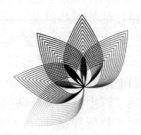

第14章 外源基因在大肠杆菌中的诱导表达

14.1 实验目的

1. 了解原核表达载体的构成及表达调控因素。
2. 了解外源基因在原核细胞中表达的特点。
3. 掌握外源基因在大肠杆菌中诱导表达的一般操作方法。

14.2 实验原理

在大肠杆菌中高效表达真核基因,涉及强化蛋白质生物合成、抑制蛋白产物降解以及恢复维持蛋白质特异性空间构象三个方面的因素。异源蛋白的生物合成主要归结为外源基因拷贝数、基因转录水平和 mRNA 翻译速率的时序性控制,而这种控制是通过相应表达调控元件的精确组装来实现的。目前在表达型载体上应用最为广泛的大肠杆菌天然启动子有四种,即 Plac、Ptrp、Pl 和 PrecA,它们分别来自乳糖操纵子、色氨酸操纵子、噬菌体左早期操纵子以及 recA 基因。与这些启动子拼接的外源基因在大肠杆菌受体细胞内通常是以极低的基底水平表达的。如在不含乳糖的生长培养基中,重组大肠杆菌的 Plac 启动子处于阻遏状态,此时外源基因痕量表达甚至不表达。当重组大肠杆菌生长到某一阶段,向培养物中加入乳糖或 IPTG,它们特异性与阻遏蛋白结合,并使之从操纵子上脱落下来,Plac 启动子打开并启动转录,外源基因随即被诱导表达。野生型大肠杆菌的 Plac 启动子除可被乳糖或 IPTG 诱导外,同时又能被葡萄糖及其代谢产物所抑制,而在大规模培养重组大肠杆菌时,培养基中必须加入葡萄糖,因此在实际操作中通常使用的是野生型 Plac 启动子的突变体 PlacUV5 启动子。它含有一个突变碱基对,其活性比野生型 Plac 启动子更强,而且对葡萄糖及分解代谢产物的阻遏作用不敏感,但仍为受体细胞中的 Lac 阻遏蛋白阻遏,因此可以用乳糖或 IPTG 进行有效诱导。

依据基因的表达调控原理,可采用多种手段提高外源基因在大肠杆菌中合成相应蛋白质的速率,然而大量积累的异源蛋白极易发生降解作用,严重影响目标产物的最终产率。导致异源重组蛋白在大肠杆菌细胞中不稳定的主要原因为:

(1) 大肠杆菌缺乏针对异源重组蛋白的折叠复性和翻译后加工系统。

(2) 大肠杆菌不具备真核生物细胞完善的亚细胞结构以及众多基因表达产物的稳定因子。

(3) 高效表达的异源重组蛋白在大肠杆菌细胞中形成高浓度微环境,致使蛋白分子间的相互作用增强。

上述三种因素均使得异源重组蛋白对受体细胞内源性蛋白酶的降解作用大为敏感,这是外源基因尤其是真核生物基因表达产物在大肠杆菌中不稳定的基本机理。因此,在不影响外源基因表达效率的前提下,如何杜绝上述三方面不利情况的发生,提高异源重组蛋白的稳定性,是大肠杆菌工程菌构建过程中应考虑的主要问题。

一般来说,高效表达外源基因必须考虑以下几个基本原则:

(1) 优化表达载体的设计。为了提高外源基因的表达效率,在构建表达载体时对决定转录起始的启动子和决定 mRNA 翻译的 SD 序列进行优化。具体方法包括组合强启动子和强终止子;增加 SD 序列中与核糖体 16S rRNA 互补配对的碱基序列,使 SD 序列中 6~8 个碱基与核糖体 16S rRNA 的碱基完全配对;根据待表达外源基因的不同情况调整 SD 序列与起始密码子 ATG 之间的距离及碱基的种类;防止核糖体结合位点附近序列转录后形成"茎环"二级结构。

(2) 提高稀有密码子 tRNA 的表达作用。多数密码子具有简并性,而不同基因使用密码子的频率不相同。大肠杆菌基因对某些密码子的使用表现了较大的偏爱性,在几个同义密码中往往只有一个或两个被频繁地使用。第一个密码子在大肠杆菌的基因中都高频地出现,而另外三个密码子出现的频率很低。同义密码子使用的频率与细胞内相应的 tRNA 的丰度呈正相关,稀有密码子的 tRNA 在细胞内的丰度很低。在 mRNA 的翻译过程中,往往会由于外源基因中含有过多的稀有密码子而使细胞内稀有密码子的 tRNA 供不应求,最终使翻译过程终止或发生移码突变。此时可通过点突变等方法将外源基因中的稀有密码子转换为在受体细胞中高频出现的同义密码子。

(3) 提高外源基因 mRNA 的稳定性。大肠杆菌的核酸酶系统能专一性地识别外源 DNA 或 RNA 并对其进行降解。对于 mRNA 来说,为了保持其在宿主细胞内的稳定性,可采取两种措施,一是尽可能减少核酸外切酶可能对外源基因 mRNA 的降解,二是改变外源基因 mRNA 的结构,使之不易被降解。

(4) 提高外源基因表达产物的稳定性。大肠杆菌中含有多种蛋白水解酶,在外源基因表达产物的诱导下,蛋白水解酶的活性可能会增加。因此,须采用多种措施提高外源蛋白在大肠杆菌细胞内的稳定性。常用的方法包括:将外源基因的表达产物转运到细胞周质或培养基中;选用某些蛋白水解酶缺陷株作为受体菌;对外源蛋白中水解酶敏感的序列进行修饰或改造;在表达外源蛋白的同时,表达外源蛋白的稳定因子。

(5) 优化发酵过程。首先是与细菌生长密切相关的条件或因素,如发酵系统中的溶氧、pH、温度和培养基的成分等,这些条件的改变都会影响细菌的生长及基因表达产物的稳定性。第二方面是对外源基因表达条件的优化。在发酵罐内工程菌生长到一定的阶段后,开始诱导外源基因的表达,诱导的方式包括添加特异性诱导物和改变培养温度等。使外源基因在特异的时空进行表达不仅有利于细胞的生长代谢,而且能提高表达产物的产率。第三方面是提高外源基因表达产物的总量。外源基因表达产物的总量取决于外源基因表达水平和菌体浓度。在保持单个细胞基因表达水平不变的前提下,提高菌体密度有望提高外源蛋白质合成的总量。表达蛋白可经 SDS-PAGE 检测(实验)或做 Western-blotting,用抗体对其进行识别。

14.3 仪器、材料与试剂

1. 仪器:恒温摇床、培养用锥形瓶、超净工作台、低温离心机、干热灭菌箱。

2. 材料:克隆在 E.coli 表达载体中的外源基因;酵母提取物(yeast extract);胰化蛋白胨(tryptone);氯化钠(NaCl);甘油;氨苄青霉素(ampicillin, Amp);异丙基硫代-β-D-半乳糖

（IPTG）；滤菌膜；滤器；移液管。

3. 试剂：

(1) LB 培养基。

(2) TM 表达用培养基。

细菌培养用胰化蛋白胨	12 g/L
细菌培养用酵母提取物	24 g/L
氯化钠	10 g/L
甘油	6 ml/L

用 Tris 调 pH 至 7.4，再用自来水补至 1 L，15 磅高压蒸气灭菌 20 min。

(3) 50 mg/ml Amp 过滤菌膜于灭菌 eppendorf 管中，－20 ℃贮存。

(4) 1 mol/L IPTG 过滤菌膜于灭菌 eppendorf 管中，－20 ℃贮存备用。

14.4　实验流程

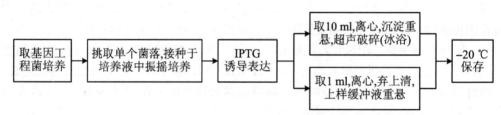

图 14.1　外源基因在大肠杆菌中的诱导表达实验流程

14.5　实验步骤

1. 取基因工程菌在 LA 培养板上划线培养，37 ℃，过夜。

2. 挑取单个菌落，接种于 3 ml LA 培养液中，37 ℃，200～250 rpm 振摇培养，过夜。

3. 将菌液置于 0 ℃数小时。

4. 取菌液 1 ml 接种于 100 ml（用 250 ml 三角烧瓶）LA 培养液中。一共做 2 个三角烧瓶，编号为 1、2 号基因工程菌。37 ℃，200～250 rpm 振摇培养 2～2.5 h，菌液的 OD 值(600 nm)达 0.4～0.5。

5. 向培养物中加入 IPTG，使 1 号的 IPTG 终浓度为 1 μmol/L，2 号的 IPTG 终浓度为 2 μmol/L。

6. 分别于加入 IPTG 前、加入 IPTG 后 1、2、3、4、5 小时，每次分别取出 10 ml 培养物和 1 ml 培养物，分别置于 14 ml 离心管和 1.5 ml 离心管中，5 000 rpm 离心 15 min，弃上清。向 1.5 ml 离心管中的菌体加入 100 μl 上样缓冲液，置于－20 ℃冰箱内保存。

7. 用 300 μl PBS 缓冲液重悬 14 ml 离心管中的菌体，转移到 1.5 ml 离心管中，用超声破碎仪处理样品，20 kHz，处理 3 s，间歇 5 s，共 10 次。注意：超声破碎细胞时样品容易发热，须在冰浴上进行。

8. 15 000 rpm 离心，15 min。

9. 将上清和沉淀分开，分别加入上样缓冲液，保存于－20 ℃冰箱内备用。

14.6 结果分析

实验结果可通过 SDS-PAGE 检测表达蛋白,具体操作步骤见第 17 章。

14.7 注意事项

1. 选择表达载体时,要根据所表达蛋白的最终应用考虑。如为方便纯化,可选择融合表达;如为获得天然蛋白,可选择非融合表达。
2. 融合表达时,在选择外源 DNA 同载体分子连接反应时,对转录和翻译过程中密码结构的阅读不能发生干扰。
3. 含外源基因的表达菌株应于培养之后再转接至培养瓶中,最好不要将菌种直接接于培养瓶内培养,诱导表达。
4. 表达菌生长至 A_{600} 值为 0.6 左右是诱导适合条件,避免菌株生长过浓。

14.8 应用

原核表达系统(大肠杆菌表达系统)是基因表达技术中发展最早、应用最广泛的经典表达系统,近几十年,大肠杆菌表达系统也不断得到发展和完善,被科研工作者及工业用户大量用于各种重组蛋白表达。与其他表达系统相比,具有目的基因表达水平高、培养周期短、抗污染能力强、成本相对低等特点。进入后基因时代后,大肠杆菌首先被选做研究蛋白组学、基因功能、蛋白质网络等新课题的模型,揭示了很多基因表达的未知领域,同时提供了更多发展大肠杆菌表达系统的依据。伴随分子生物学新技术的涌现,大肠杆菌势必在实验研究及工业生产重组蛋白的应用中发挥出更大的作用。

1. 原核表达载体的构成及表达调控因素有哪些?
2. 如何提高外源基因在大肠杆菌中的表达?

原核表达系统是常被用来研究基因功能的成熟系统,但原核表达系统还存在许多难以克服的缺点:如通常使用的表达系统无法对表达时间及表达水平进行调控,有些基因的持续表达可能会对宿主细胞产生毒害作用,过量表达可能导致非生理反应,目的蛋白常以包涵体形式表达,导致产物纯化困难;而且原核表达系统翻译后加工修饰体系不完善,表达产物的生物活性较低。为克服上述不足,许多学者将原核基因调控系统引入真核基因调控领域,其优点是:① 根据原核生物蛋白与靶 DNA 间作用的高度特异性设计,而靶 DNA 与真核基因调控序列基本无同源性,故不存在基因的非特异性激活或抑制;② 能诱导基因高效表达,可达 105 倍,为其他系统所不及;③ 能严格调控基因表达,即不仅可控制基因表达的"开关",

还可人为地调控基因表达量。因此，利用真核表达系统来表达目的蛋白越来越受到重视。目前，基因工程研究中常用的真核表达系统有酵母表达系统、昆虫细胞表达系统和哺乳动物细胞表达系统。在真核细胞中表达蛋白的步骤比大肠杆菌复杂得多。首先要考虑选用什么载体。一般人们趋向于使用分泌表达载体，以便于蛋白的纯化。但有的蛋白并不适合分泌表达，如一些胞质蛋白、非糖基化蛋白等。此外分泌表达的蛋白信号肽存在一个效率问题，有的蛋白即使存在信号肽，也不能分泌，并且有的分泌蛋白较易受到蛋白酶的降解。所有这些因素都需综合考虑。

14.9 真核细胞表达外源基因操作步骤

1. 克隆。选用合适的内切酶把外源基因克隆于表达载体的多克隆位点。如果选用的是分泌型表达载体，则外源基因的阅读框架和信号肽的阅读框架应该保持一致。

2. 重组载体线性化。重组载体只有被酶切线性化整合效率才能大大提高，环状质粒整合效率是很低的。选用不同的内切酶线性化可得到不同的转化子。如对载体 pPC19 选用 Bgl II 线性化，转化后可得到 Mut^s 表型转化子；选用 Sa I 或 Stu I 线性化，转化后可得到 Mut^t 表型转化子。

3. 转化。目前对真核细胞的转化方法有多种，例如对于 P. Pastoris 的转化目前有 4 种方法：① 锂盐法；② PEG 法；③ 原生质球法；④ 电穿孔法。锂盐法和 PEG 法方法简便，但效率很低，每微克 DNA 只有几十个转化子或更低，一般不多用。原生质球法和电穿孔法转化率都较高，而且一般可得到高拷贝重组，其转化率都可达到 $10^5/\mu g$。但原生质球法操作繁琐费时；电穿孔法简便、快速、高效，是理想的转化方法。因此可选用上述四种方法中的一种转化，一般选用原生质球法或电击法。

4. 筛选。转化子可先在不含组氨酸的培养基上初筛。复筛可用 PCR 进行。即提取转化子 DNA，用外源基因两侧特异引物扩增筛选。然而，这只限于少量转化子，若转化子太多，则工作量太大。对于大量转化子的筛选，可用原位点杂交进行，即把相同量的不同转化子点在 NC 膜上，在原位对酵母细胞壁 (cell wall) 进行裂解，使之释放 DNA。DNA 经变性、中和后，可和由外源基因制备的探针杂交。用这种方法，在一张 NC 膜上，可完成对几百个转化子的筛选。用原位点杂交不仅可以筛选大量转化子，而且可以鉴定多拷贝。这是因为当点在 NC 膜上的菌量相同时，转化子中外源基因拷贝数越多，杂交后信号则越强。

5. 鉴定表型。筛选出的转化子需鉴定表型，以酵母为例，即确定是 Mut^+ 还是 Mut^s。这两种不同表型在诱导表达的条件上是有差异的，可以把转化子同时点在 MD 和 MM 两块板上，在 MD 和 MM 板上生长差别不大的转化子为 Mut^+；相反，在 MD 上生长快，MM 上生长很慢的转化子为 Mut^s。

6. 诱导表达。外源蛋白在真核细胞中的表达分两步，即菌体生长和蛋白诱导表达。先在培养基上培养菌体，达到一定 OD 值后，离心弃上清，菌体悬浮于液体培养基中诱导表达。表达的条件有待优化，如通气状况、pH、培养基的组成等。一旦最佳条件确定，则可以按比例放大，从摇瓶培养转至大规模发酵培养。

（王文锐）

第 15 章 蛋白质的提取与纯化

15.1 实验目的

1. 掌握利用试剂盒提取组织或细胞蛋白的方法。
2. 掌握利用凝胶层析法分离纯化蛋白质的实验技能。
3. 了解试剂盒提取组织或细胞蛋白的原理。
4. 了解凝胶过滤层析分离蛋白质的原理与方法。

15.2 实验原理

15.2.1 蛋白质提取与制备

蛋白质提取与制备的方法很多,性质上的差异很大,即使是同类蛋白质,因选用材料不同,使用方法差别也很大,且又处于不同的体系中,因此不可能有一个固定的程序适用于各类蛋白质的分离。但多数分离工作中的关键部分和基本手段还是共同的,大部分蛋白质均可溶于水、稀盐酸或稀碱溶液中,少数与脂类结合的蛋白质溶于乙醇、丙酮及丁醇等有机溶剂中。因此可采用不同溶剂提取、分离及纯化蛋白质和酶。本实验利用目前市场试剂盒提取蛋白,提取的蛋白可用于 Western blotting、蛋白质电泳、免疫共沉淀等下游蛋白研究。

15.2.2 凝胶过滤层析法分离纯化蛋白质

凝胶是一类不溶于水,在水中却有较大膨胀度和较好的分子筛功能,具有立体网状结构的物质(如葡聚糖、琼脂糖、聚丙烯酰胺等)。目前用于层析的凝胶主要有葡聚糖凝胶(商品名为 Sephadex)、天然琼脂糖凝胶(商品名为 Sapharose)、聚丙烯酰胺凝胶(商品名为 Bio-Gel),其后还发展了凝胶的各种衍生物,如羧甲基-交联葡聚糖(CMSephadex)、二乙基氨乙基-交联葡聚糖(DEAE-Sephadex)等种类。交联葡聚糖凝胶是凝胶层析法中使用最广泛的一类层析凝胶,商品名称:Sephadex。其基本骨架是葡聚糖,它是由右旋葡萄糖残基通过 α-1,6 糖苷键连接而成的,葡聚糖分子之间通过醚桥(甘油基)交联形成的三维空间网状结构。一般组别分离时 Sephadex G-25 最为常用;分级分离时(如多蛋白质组分样品的分离纯化),应根据待分离样品中各组分的分子量大小和分子量分布范围来确定型号。

凝胶层析法的原理:凝胶层析是一种液相层析,机理是分子筛效应。当洗脱开始以后,小分子可进入凝胶颗粒内部,流程长,流动慢;大分子不能进入凝胶颗粒内部,流程短,流动快。分子量大小不同的多种成分在通过凝胶床时,按照分子量大小"排队",凝胶表现分子筛效应。

层析柱的重要参数:V_t(total volume)、V_o(outer volume)、V_i(inner volume)、V_e(elution volume)、V_g(gel volume),$V_t = V_o + V_i + V_g$,$V_e = V_o + K_d \times V_i$。

组分的洗脱体积(Ve)：① 当样品的体积很少时（与洗脱体积比较可以忽略不计），在洗脱图中，从加样到峰顶位置所用洗脱液体积为 Ve。② 当样品体积与洗脱体积比较不能忽略时，洗脱体积计算可以从样品体积的一半到峰顶位置。③ 当样品体积很大时，洗脱体积计算可以从应用样品开始到洗脱峰升高的弯曲点（或半高处）。Kd 是分配系数，用于衡量两个物质的分离分辨率，是凝胶层析的一个特征常数，只与被分离物质分子大小和凝胶孔径大小有关，与层析柱的长短粗细无关。Kd 值的计算：$Kd=(Ve-Vo)/Vi$。Kd 值意义：① Kd=0，则 $Ve=Vo$，全排阻；② Kd=1，则 $Ve=Vo+Vi$，全掺入；③ 0<Kd<1，则 $Ve=Vo+Kd×Vi$，部分掺入；④ Kd>1，则 $Ve>Vo+Vi$，如某些芳香族化合物（Phe, Tyr, Trp 等），Sephadex G-25 对它们有吸附作用。

影响凝胶层析分离的因素：样品的体积、黏度、层析柱、洗脱液流速的影响；洗脱液离子强度、pH 的影响。样品的体积、黏度：分析分离时，Vsample=1～4% Vbed。制备分离时，Vsample=10～30 Vbed。相对黏度：样品液黏度与洗脱液黏度的比值。分离效果只与相对黏度有关，一般来说，相对黏度不得为 1.5～2，上样量(0.4 ml)约为 1% 柱床体积。层析柱：① 柱长：组别分离时，20～30 cm；分级分离时，长可至 100 cm；② 柱径：柱长与柱径的比为 5:1～10:1（脱盐），20:1～100:1（纯化），一般选用的是 1 cm×30 cm 的层析柱。洗脱液流速的影响：洗脱液的流速与样品分离的分辨率相关。流速过快，会使色谱峰变形，流速过慢，样品扩散倾向加剧。一般流速控制在 30～200 ml/h，洗脱流速控制在 1 ml/min。洗脱液的离子强度和 pH 的影响：纯化蛋白时，通常选用离子强度>0.02 的盐溶液做洗脱剂，以增加样品的溶解度和消除凝胶的吸附作用；酸性组分应选用偏碱性洗脱液；碱性组分应选用偏酸性洗脱液。

凝胶的防腐、保存：Sephadex、Sepharose 等都是多糖类物质，易于长菌，因此常在凝胶（不用时）中加入抑菌剂，使用时再除去。常用 0.02% 叠氮化钠或 20% 乙醇溶液做防腐剂。1 cm 光程时，254 nm 处透光率为 60%，280 nm 处透光率为 100%。

本实验采用葡聚糖凝胶 G-75 做固相载体，可分离分子量范围在 2 000～70 000 之间的多肽与蛋白质。上样样品为牛血清蛋白(MW=67 000)和溶菌酶(MW=14 300)的混合溶液。当混合液流经层析柱时，两种物质因 Kav 值不同而被分离。

15.3 仪器与试剂

1. 仪器：试剂盒、移液器、吸头、离心机、离心管、涡旋振荡器、冰盒、层析柱、恒流泵、自动部分收集器、紫外检测器、记录仪、量筒、烧杯、试管、吸管、玻璃棒等。

2. 试剂：

(1) 标准蛋白：

　　牛血清白蛋白：MW=67 000（上海生化所）。

　　溶菌酶：MW=14 300。

(2) 洗脱液：0.9% NaCl 溶液。

(3) 蓝色葡聚糖-2000、葡聚糖凝胶 Sephadex G-75。

15.4 实验流程

图 15.1 蛋白质的提取与纯化实验流程

15.5 实验步骤

15.5.1 蛋白的提取和制备

1. 细胞总蛋白的提取。

(1) 提取液制备:每 500 μl 预冷的总蛋白提取液中加入 2 μl 蛋白酶抑制剂混合物,混匀后置冰上备用。

(2) 取 $(5\sim10)\times10^5$ 个细胞,在 4 ℃,1 000 rpm 条件下离心 5~10 min,小心吸取培养基,尽可能吸干,收集细胞。

(3) 用预冷 PBS 洗涤细胞两次,每次洗涤后尽可能吸干上清。

(4) 每 5×10^5 个细胞中加入 500 μl 预冷的总蛋白提取液,混匀后,在 4 ℃ 条件下振荡 15~20 min。

(5) 在 4 ℃,14 000 rpm 条件下离心 15 min。

(6) 快速将上清吸入另一预冷的干净离心管,即可得到总蛋白。

(7) 将上述蛋白提取物定量后放于 −80 ℃ 冰箱保存备用或直接用于下游实验。

2. 组织总蛋白的提取。

(1) 提取液制备:每 500 μl 预冷的总蛋白提取液中加入 2 μl 蛋白酶抑制剂混合物,混匀后置冰上备用。

(2) 取 100 mg 组织样本剪碎,加入总蛋白提取液,用组织匀浆器匀浆至无明显肉眼可见固体。

(3) 将组织匀浆吸入一预冷的干净离心管中,在 4 ℃,10 000 rpm 条件下离心 5 min。

(4) 将上清吸入另一预冷的干净离心管,即可得到总蛋白。

(5) 将上述蛋白提取物定量后放于 −80 ℃ 冰箱保存备用或直接用于下游实验。

15.5.2 蛋白质的纯化

1. 凝胶的前处理。根据分离蛋白质分子量选择 Sephadex G-75。选用 1.5 cm×60 cm 的柱子。凝胶型号选定后,将干胶颗粒悬浮于 5~10 倍量的蒸馏水或洗脱液中充分溶胀,溶胀之后将极细的小颗粒倾泻出去,然后减压抽气去除凝胶孔隙中的空气。自然溶胀费时较长,加热可使溶胀加速,即在沸水浴中将湿凝胶浆逐渐升温至近沸,1~2 h 即可达到凝胶的充分胀溶。加热法既可节省时间又可消毒。在凝胶溶胀时避免剧烈搅拌,以防凝胶交联结构的破坏。

2. 装柱。装柱前,必须用真空干燥器抽尽凝胶中的空气,并将凝胶上面过多的溶液倾出。取洁净的玻璃层析柱垂直固定在铁架台上。先关闭层析柱出水口,向柱管内加入约1/3柱容积的洗脱液,然后边搅拌边将薄浆状的凝胶液连续倾入柱中,使其自然沉降,等凝胶沉降2~3 cm后,打开柱的出口,调节合适的流速,使凝胶继续沉积,待沉积的胶面上升到离柱的顶端约5 cm处时停止装柱,关闭出水口。注意装柱过程中凝胶不能分层。

3. 平衡。装柱完成后,接上恒流泵,以0.9%的氯化钠为流动相,以0.75 ml/min($\varnothing$1.6 cm柱)或0.5 ml/min($\varnothing$1.0 cm柱)的速度开始洗脱,用1~2倍床体积的洗脱液平衡,使柱床稳定。

4. 凝胶柱总体积(Vt)的测定。平衡完毕后,测定凝胶柱床的高度,计算柱床总体积Vt(凝胶柱$\varnothing$1.5 cm)。

5. Vo的测定。打开出水口,使残余液体降至与胶面相切(但不要干胶),关闭出水口。用细滴管吸取0.2 ml(4 mg/ml)蓝色葡聚糖-2000,小心地绕柱壁一圈(距胶面2 mm)缓慢加入,打开出水口(开始收集),等溶液渗入胶床后,关闭出水口,用少许洗脱液冲洗2次,待渗入胶床后,再在柱上端加满洗脱液,开始洗脱,做出洗脱曲线。收集从加样开始至洗脱液中蓝色葡聚糖浓度最高点(肉眼观察)的洗脱液,量出其体积即为Vo。蓝色葡聚糖洗下来之后,还要用洗脱液继续平衡1~2倍床体积(实验中平衡1 h),以备下步实验使用。

6. 上样、洗脱。将柱中多余的液体放出,使液面刚好盖过凝胶,关闭出口。用移液管吸取0.5 ml蛋白质混合液小心地加到凝胶床上,打开出水口,待样品完全进入凝胶后,加少量洗脱液冲洗柱内壁2次,待液体完全流进床内后,关闭出水口。在柱上端加满洗脱液,打开恒流泵,开始洗脱收集,6 min一管。用紫外分光光度计测定各管收集液的OD_{280}值,以洗脱体积为横坐标、OD值为纵坐标,绘出洗脱曲线。

7. 凝胶柱的处理。一般凝胶柱用过后,反复用蒸馏水(2~3倍床体积)通过柱即可。如若凝胶有颜色或比较脏,需用0.5 mol/L NaOH-0.5 mol/L NaCl洗涤,再用蒸馏水洗。冬季一般放2个月无长霉情况,但在夏季如果不用,需要加0.02%的叠氮化钠防腐。

15.6　结果分析

1. 蛋白定量。
2. 绘制洗脱曲线。

以洗脱体积为横坐标、OD值为纵坐标,在坐标纸上绘出洗脱曲线。并标出各成分的Ve值。

3. 计算各成分的Kav值。

15.7　注意事项

1. 层析柱的选择。层析柱大小主要是根据样品量的多少以及对分辨率的要求来进行选择。一般来讲,主要是层析柱的长度对分辨率影响较大,长的层析柱分辨率要比短的高;但层析柱长度不能过长,否则会引起柱子不均一、流速过慢等实验上的一些困难。一般柱长度不超过100 cm,为得到高分辨率,可以将柱子串联使用。层析柱的直径和长度比一般在1:25~1:100之间,用于分组分离的凝胶柱,如脱盐柱由于对分辨率要求较低,所以一般比较短。

2. 凝胶柱的鉴定。凝胶柱的填装情况将直接影响分离效果,凝胶柱填装后用肉眼观察应均匀、无纹路、无气泡。另外通常可以采用一种有色的物质,如蓝色葡聚糖-2000、血红蛋白等上柱,观察有色区带在柱中的洗脱行为以检测凝胶柱的均匀程度。如果色带狭窄、平整、均匀下降,则表明柱中的凝胶填装情况较好,可以使用;如果色带弥散、歪曲,则需重新装柱。有时为了防止新凝胶柱对样品的吸附,可以用一些物质预先过柱,以消除吸附。

3. 洗脱液的选择。由于凝胶过滤的分离原理是分子筛作用,它不像其他层析分离方式主要依赖于溶剂强度和洗脱液的改变来进行分离,在凝胶过滤中流动相只是起运载工具的作用,一般不依赖于流动相性质和组成的改变来提高分辨率,改变洗脱液的主要目的是为了消除组分与固定相的吸附等相互作用,所以和其他层析方法相比,凝胶过滤洗脱液的选择不那么严格。由于凝胶过滤的分离机理简单以及凝胶稳定工作的 pH 范围较广,所以洗脱液的选择主要取决于待分离样品,一般来说,只要能溶解被洗脱物质且不使其变性的缓冲液都可以用于凝胶过滤。为了防止凝胶可能有吸附作用,一般洗脱液都含有一定浓度的盐。

4. 加样量。加样要尽量快速、均匀。另外加样量对实验结果也可能造成较大的影响,加样过多,会造成洗脱峰的重叠,影响分离效果;加样过少,提纯后各组分量少、浓度较低,实验效率低。加样量的多少要根据具体的实验要求而定:凝胶柱较大,当然加样量就可以较大;样品中各组分分子量差异较大,加样量也可以较大;一般分级分离时加样体积为凝胶柱床体积的 1%～5%,而分组分离时加样体积可以较大,一般为凝胶柱床体积的 10%～25%。如果有条件可以首先以较小的加样量先进行一次分析,根据洗脱峰的情况来选择合适的加样量。假设要分离的两个组分的洗脱体积分别为 $Ve1$ 和 $Ve2$,那么加样量不能超过 $Ve1$～$Ve2$。实际由于样品扩散,所以加样量应小于这个值。从洗脱峰上看,如果所要的各个组分的洗脱峰分得很开,为了提高效率,可以适当增加加样量;如果各个组分的洗脱峰只是刚好分开或没有完全分开,则不能再加大加样量,甚至要减小加样量。另外加样前要注意,样品中的不溶物必须在上样前去掉,以免污染凝胶柱。样品的黏度不能过大,否则会影响分离效果。

5. 洗脱速度。洗脱速度也会影响凝胶过滤的分离效果,一般洗脱速度要恒定而且合适。保持洗脱速度恒定通常有两种方法,一种是使用恒流泵,另一种是恒压重力洗脱。洗脱速度取决于很多因素,包括柱长、凝胶种类、颗粒大小等,一般来讲,洗脱速度慢一些样品可以与凝胶基质充分平衡,分离效果好。但洗脱速度过慢会造成样品扩散加剧、区带变宽,反而会降低分辨率,而且实验时间会大大延长;所以实验中应根据实际情况来选择合适的洗脱速度,可以通过进行预备实验来选择洗脱速度。市售的凝胶一般会提供一个建议流速,可供参考。

15.8 应用

凝胶过滤层析可以应用于多种情况,例如对样品进行脱盐和缓冲液交换,测定目标分子的相对分子量,测定多聚物的分子量分布,测定亲和过程的平衡常数,当然还有对样品进行分析型或制备型的分离等。

1. 脱盐。高分子(如蛋白质、核酸、多糖等)溶液中的低分子量杂质可以用凝胶层析法除去,这一操作称为脱盐。本法脱盐操作简便、快速,蛋白质和酶类等在脱盐过程中不易变性。适用的凝胶为 Sephadex G-10、15、25 或 Bio-Gel-p-2、4、6,柱长与直径之比为 5∶15,样品体积可达柱床体积的 25%～30%。为了防止蛋白质脱盐后溶解度降低会形成沉淀吸附于柱上,一般用醋酸铵等挥发性盐类缓冲液使层析柱平衡,然后加入样品,再用同样缓冲液洗脱,收集的洗脱液用冷冻干燥法除去挥发性盐类。

2. 用于分离提纯。凝胶层析法已广泛用于酶、蛋白质、氨基酸、多糖、激素、生物碱等物质的分离提纯。凝胶对热原有较强的吸附力,可用来去除无离子水中的致热原制备注射用水。

3. 测定高分子物质的分子量。用一系列已知分子量的标准品放入同一凝胶柱内,在同一条件下层析,记录每一分钟成分的洗脱体积,并以洗脱体积对分子量的对数做图,在一定分子量范围内可得一直线,即分子量的标准曲线。测定未知物质的分子量时,可将此样品加在测定了标准曲线的凝胶柱内洗脱后,根据物质的洗脱体积,在标准曲线上查出它的分子量。

4. 高分子溶液的浓缩。通常将 Sephadex G-25 或 50 干胶投入到稀的高分子溶液中,这时水分和低分子量的物质就会进入凝胶粒子内部的孔隙中,而高分子物质则排阻在凝胶颗粒之外,再经离心或过滤,将溶胀的凝胶分离出去,就得到了浓缩的高分子溶液。

1. 蛋白质提取的原理是什么?
2. 某样品中含有 1 mg A 蛋白(MW 10000 Da)、1 mg B 蛋白(MW 30000 Da)、4 mg C 蛋白(MW 60000 Da)、1 mg D 蛋白(MW 90000 Da)、1 mg E 蛋白(MW 120000 Da),采用 Sephadex G75(排阻上下限为 2000～70000 Da)凝胶柱层析,请指出各蛋白的洗脱顺序。
3. 利用凝胶层析法分离混合样品时,怎样才能得到较好的分离效果?
4. 怎样计算各种蛋白质的相对含量?

1. 离子交换层析。离子交换层析利用离子交换剂为固定相,是根据荷电溶质与离子交换之间静电相互作用力的差别进行溶质分离的洗脱层析法。常用于蛋白质等生物分子离子交换的阴离子交换基有 DEAE(二乙胺乙基)、QAE(季铵乙基);阳离子交换基有 CM(羧甲基)等。

离子交换层析很少采用恒定洗脱法,而多采用流动相离子强度线性增大的线性梯度洗脱法或离子强度阶跃增大的逐次洗脱法。线性梯度洗脱法的优点是流动相离子强度(盐浓度)连续增大,不出现干扰峰,操作范围广;而逐次洗脱法则利用切换不同盐浓度的流动相溶液进行洗脱,不需要特殊梯度设备,操作简便。综合上述两种洗脱法的特点,在试剂层析操作中,如果料液组成未知,一般应首先采用线性梯度洗脱法,确定各种组分的分配特性以及层析操作的条件。

如果说凝胶色谱主要用于生物产物的初步纯化和中后期的脱盐的话,则离子交换层析是蛋白质、肽和核酸等生物产物的主要纯化,这主要是由于离子交换层析基于离子交换的原理分离纯化生物产物,不仅具有通用性,而且选择性远高于凝胶层析。

2. 亲和层析。亲和层析是以普通凝胶为载体,连接上金属离子制成螯合吸附剂,用于分离纯化蛋白质,这样的方法称为金属螯合亲和层析。蛋白质对金属离子具有亲和力是这种方法的理论依据。已知蛋白质中的组氨酸和半胱氨酸残基在接近中性的水溶液中能与镍或铜离子形成比较稳定的络合物,因此,连接上镍或铜离子的载体凝胶可以选择性地吸附含咪唑基和巯基的肽和蛋白质。过渡金属元素镍在较低 pH 范围时(pH 6~8),有利于选择性地吸附带咪唑基和巯基的肽和蛋白质,在碱性 pH 时,使吸附更有效,但选择性降低。金属螯合亲和层析行为在很大程度上是由被吸附的肽和蛋白质分子表面咪唑基和巯基的稠密程度所支配的,吲哚基可能也很重要。

(夏 俊)

第16章 蛋白质的定量检测

16.1 Lowry法测定蛋白质含量

蛋白质含量的测定是生物化学与分子生物学研究中最常用、最基本的分析方法之一。测定蛋白质含量的方法有许多种,从经典的凯氏定氮法发展至今,已经形成了吸光光度法、荧光光度法、共振光散射法和近红外光谱技术等几十种蛋白质含量的测定方法。每种方法都有其优点和局限,应针对具体情况选择合适的测定方法,才能获得较好的检测结果。本章将介绍几种常用蛋白质含量的测定方法(如图16.1)。

$$
\begin{cases}
凯氏定氮法 \\
吸光光度法 \begin{cases} 可见吸光光度法 \begin{cases} \text{Biuret法} \\ \text{Lowry法} \\ \text{BCA法} \\ \text{Bradford法} \end{cases} \\ 紫外吸光光度法 \end{cases} \\
荧光光度法 \begin{cases} 内源荧光法 \\ 荧光探针法 \end{cases} \\
共振光散射法 \\
近红外光谱技术
\end{cases}
$$

图16.1 常用蛋白质含量的测定方法

16.1.1 实验目的

1. 掌握Lowry法测定蛋白质含量的基本原理及实验操作技术。
2. 掌握标准曲线的制作要领及通过标准曲线求样品溶液中蛋白质含量的方法。

16.1.2 实验原理

蛋白质分子中的肽键能与碱性溶液中的Cu^{2+}反应,生成紫色或紫红色的络合物(双缩脲反应)(如图16.2),此络合物中的酪氨酸和色氨酸残基可还原酚试剂中的磷钼酸-磷钨酸,生成蓝色化合物(钼蓝和钨蓝的混合物),其颜色深浅与蛋白质的含量呈正比,通过比色可测定蛋白质的浓度。

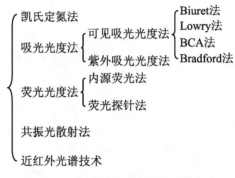

图16.2 蛋白质-Cu^{2+}络合物分子结构式

16.1.3 仪器与试剂

1. 仪器：721型分光光度计、酸度计、试管及试管架、刻度吸量管、微量移液器。
2. 试剂：
(1) 碱性铜试剂：
    溶液1：称取2.0 g Na_2CO_3，溶于0.1 mol/L NaOH溶液100 ml中。
    溶液2：称取0.5 g $CuSO_4 \cdot 5H_2O$，溶于1%酒石酸钾钠溶液100 ml中。
临用前将溶液1与溶液2按体积比50∶1混合，即为碱性铜试剂，1天内使用。
(2) Folin-酚试剂：市售Folin-酚试剂在使用前以酚酞指示终点，用0.5 M NaOH滴定，稀释（约1倍）至酸度为1 mol/L(1 N)。
(3) 标准蛋白质溶液：准确称取20 mg牛血清蛋白(BSA)，加ddH_2O稀释至100 ml，制得200 μg/ml的标准蛋白质溶液（牛血清蛋白的纯度可预先经凯氏定氮法测定）。

16.1.4 实验流程

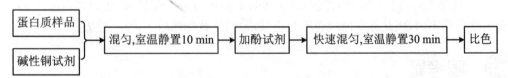

图16.3 Lowry法测定蛋白质含量的实验流程

16.1.5 实验步骤

1. 取待测血清0.1 ml，稀释100～1 000倍(70～700 μg/ml)，此为待测样品。
2. 取7支干净的试管，按表16.1进行操作。

表16.1 Lowry法测定蛋白质含量

试 剂(ml)	试管编号						
	1	2	3	4	5	6	7
标准蛋白溶液	0	0.2	0.4	0.6	0.8	1.0	0
ddH_2O	1.0	0.8	0.6	0.4	0.2	0	0
待测样品							1.0
碱性铜试剂	5.0	5.0	5.0	5.0	5.0	5.0	5.0
				充分混匀，室温放置30 min			
Folin-酚试剂	0.5	0.5	0.5	0.5	0.5	0.5	0.5

每管加入Folin-酚试剂后迅速混匀，室温放置30 min。
以第1管作为空白对照，在波长650 nm处比色读取各管吸光度值。以吸光度为纵坐标，各管蛋白质浓度为横坐标，绘制出血清蛋白的标准曲线。

16.1.6 结果分析

根据待测样品的$A_{650 nm}$值，对照标准曲线查阅数值后计算待测血清蛋白质的浓度。

16.1.7 注意事项

1. 影响实验成败或容易导致实验失败的关键点,如假阳性、假阴性;优化实验。
2. Folin-酚试剂仅在酸性 pH 条件下稳定,所以当 Folin-酚试剂加到碱性的蛋白质铜络合物溶液中时,必须立即混匀,以使磷钼酸-磷钨酸试剂被破坏之前,即能发生还原反应。
3. 所测的蛋白质样品中,若含有酚类、柠檬酸、干扰双缩脲反应的基团(如 $-CO-NH_2$,$-CH_2-NH_2$,$-CS-NH_2$)以及在性质上是氨基酸或肽的缓冲剂(如 Tris 缓冲剂)均可干扰反应。若所测的样品酸度较高,则需增加 Na_2CO_3-NaOH 溶液的浓度,这样即可纠正显色后色浅的弊病。

16.1.8 应用

Lowry 法是发展较早的一种蛋白质检测方法,可测范围为 $25\sim250\ \mu g$ 蛋白质。已有许多采用这一试剂的改良分析操作进行血清、抗原-抗体沉淀物和胰岛素中蛋白质含量测定的报道。其优点是操作简便、灵敏度高,比双缩脲法灵敏 100 倍,较紫外分光光度法灵敏 $10\sim20$ 倍。缺点是费时较长,要精确控制操作时间;不同蛋白质因酪氨酸、色氨酸含量不同而使显色强度稍有不同,因此标准曲线也不是直线形式;干扰物质较多,专一性差。

试用 Lowry 法比较牛初乳与普通鲜牛乳中蛋白质含量的差异。

1921 年,Folin 提出利用蛋白质分子中酪氨酸和色氨酸残基(酚基)还原酚试剂(磷钨酸-磷钼酸)起蓝色反应。

1922 年,Wu(吴)提出利用福林-酚(Folin-酚)试剂测定蛋白质含量。

1951 年,Lowry 对此法进行了改进,先在标本中加入碱性铜试剂,再与酚试剂反应,提高了检测的灵敏度。因此,Lowry 法又称 Folin-酚试剂法。

16.2 BCA 法测定蛋白质含量

16.2.1 实验目的

1. 掌握 BCA 法测定蛋白质含量的基本原理及实验操作技术。
2. 掌握标准曲线的制作要领及通过标准曲线求样品溶液中蛋白质含量的方法。

16.2.2 实验原理

Bicinchoninic acid(BCA)法的原理与 Lowery 法蛋白定量相似,即在碱性环境下蛋白质与 Cu^{2+} 络合并将 Cu^{2+} 还原成 Cu^+。Cu^+ 与 BCA 结合形成稳定的紫蓝色复合物,在 562 nm 处有吸光度峰并与蛋白质含量成正比,通过比色可测定蛋白质的浓度。

16.2.3 仪器与试剂

1. 仪器:721 型分光光度计、恒温水浴、试管及试管架、刻度吸量管、微量移液器。
2. 试剂:

(1) BCA 试剂的配制:

① 试剂 A:精确称取 10 g BCA(1%),20 g $Na_2CO_3 \cdot H_2O$(2%),1.6 g $Na_2C_4H_4O_6 \cdot 2H_2O$(0.16%),4 g NaOH(0.4%),9.5 g $NaHCO_3$(0.95%),加水定容至 1 L,用 NaOH 调节 pH 至 11.25。

② 试剂 B:取 2 g $CuSO_4 \cdot 5H_2O$(4%),加蒸馏水至 50 ml。

③ BCA 试剂:取试剂 A 与试剂 B 按体积比 50:1 混合即为 BCA 试剂。此试剂可稳定一周。

(2) 标准蛋白质溶液:

准确称取 0.5 g 牛血清蛋白,用 ddH_2O 稀释 100 ml,制成 5 mg/ml 的标准蛋白质溶液,分装后于 −20 ℃ 冻存。使用时稀释 10 倍(牛血清蛋白的纯度可经凯氏定氮法测定)。(注:待测蛋白样品与标准蛋白质溶液使用同种溶液稀释,也可以用 0.9% NaCl 或 PBS 稀释标准蛋白质溶液。)

16.2.4 实验流程

图 16.4 BCA 法测定蛋白含量的实验流程

16.2.5 实验步骤

1. 取 7 支干净的试管,按表 16.2 进行操作。

表 16.2 BCA 法测定蛋白质含量

试剂(ml)	试管编号						
	1	2	3	4	5	6	7
蛋白标准液	0	0.01	0.02	0.04	0.06	0.08	0
ddH_2O	0.1	0.09	0.08	0.06	0.04	0.02	0
待测样品							0.1
BCA 试剂	2	2	2	2	2	2	2
充分混匀,60 ℃ 水浴 15 min							

2. 将反应管温度冷却至室温,以第 1 管作为空白对照,测定 562 nm 吸光度值,以吸光度为纵坐标,各管蛋白质浓度为横坐标,绘制标准曲线并计算样品蛋白质浓度。

16.2.6 结果分析

根据待测样品的 $A_{562\,nm}$ 值,对照标准曲线查阅数值后计算待测样品蛋白质的浓度。

16.2.7 注意事项

1. BCA 法测定蛋白浓度时,产物的吸光度随着时间的延长不断加深。如果浓度较低,适合在较高温度孵育(60 ℃放置 15~30 min),或延长孵育时间(25 ℃室温反应过夜)。通常每 10 min OD_{562} 值升高约 2.3%。

2. BCA 法在蛋白质浓度为 20~2 000 μg/ml 范围内有较好的线性关系。检测 0.5~10 μg/ml 微量蛋白时应采用浓缩试剂,并需要在 60 ℃反应。

3. BCA 法测定蛋白浓度不受绝大部分样品中的化学物质的影响,可以兼容样品中高达 5% 的 SDS,5% 的 Triton X-100,5% 的 Tween 20,60,80,但受螯合剂和略高浓度的还原剂的影响。在样品含有脂类物质时将明显提高吸光度。蛋白样品中 EDTA 或葡萄糖浓度需确保低于 10 mM,无 EGTA,二硫苏糖醇浓度低于 1 mM,β-巯基乙醇低于 0.01%。

16.2.8 应用

与 Lowry 法相比,BCA 法测定蛋白质方法灵敏度高、操作简单,试剂及其形成的颜色复合物稳定性俱佳,并且受干扰物质影响小。与 Bradford 法相比,BCA 法的显著优点是不受去垢剂的影响。

试用 BCA 法比较正常人与糖尿病肾病患者血清中蛋白质含量的差异。

1992 年,Akins 等人报道利用 BCA 法可在 20 s 内检测蛋白质的含量。

2007 年,叶小敏等人报道采用 BCA 法测定了猪肺表面活性物质及其冻干粉中的表面活性蛋白质的含量。

16.3 Bradford 法测定蛋白质含量

16.3.1 实验目的

1. 掌握 Bradford 法测定蛋白质含量的基本原理及实验操作技术。
2. 掌握标准曲线的制作要领及通过标准曲线求样品溶液中蛋白质含量的方法。

16.3.2 实验原理

考马斯亮蓝 G-250(Coomassie brilliant blue G-250)在游离状态下呈红色,465 nm 处有最大光吸收峰。在酸性溶液中,考马斯亮蓝 G-250 与蛋白质中的碱性氨基酸(特别是精氨酸)和芳香族氨基酸残基相结合形成蛋白质-考马斯亮蓝复合物,引起该染料最大吸收峰(λ_{max})的位置发生移动,变为 595 nm。复合物溶液颜色的深浅与蛋白质的浓度成正比。利用溶液颜色的差异进行比色测定,可用于蛋白质的定量分析。

16.3.3 仪器与试剂

1. 仪器:721 型分光光度计、试管及试管架、刻度吸量管、微量移液器。
2. 试剂:

(1) 考马斯亮蓝 G-250 溶液:准确称取 100 mg 考马斯亮蓝 G-250 溶于 95% 乙醇 50 ml,再加 85%(w/v)磷酸 100 ml,加水稀释至 800 ml,过滤备用。

(2) 标准蛋白质溶液:准确称取 10 mg 牛血清蛋白(BSA),加 ddH$_2$O 稀释至 100 ml,制得 100 μg/ml 的标准蛋白质溶液(牛血清蛋白的纯度可预先经凯氏定氮法测定)。

16.3.4 实验流程

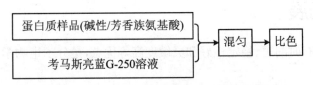

图 16.5 Bradford 法测定蛋白质含量实验流程

16.3.5 实验步骤

1. 取 7 支干净的试管,按表 16.3 进行操作。

表 16.3 Bradford 法测定蛋白质含量

试 剂(ml)	试管编号						
	1	2	3	4	5	6	7
标准蛋白质溶液	0	0.1	0.2	0.4	0.6	0.8	0
ddH$_2$O	1.0	0.9	0.8	0.6	0.4	0.2	0.5
待测样品							0.5
考马斯亮蓝 G-250 溶液	4	4	4	4	4	4	4

2. 混匀各管,室温放置 5 min 后在 595 nm 波长处比色。以第 1 管作为空白对照,测定 595 nm 处的吸光度值,以吸光度为纵坐标,各管蛋白质浓度为横坐标,绘制标准曲线并计算样品蛋白质浓度。

16.3.6 结果分析

根据待测样品的 A_{595nm} 值,对照标准曲线查阅数值后计算待测样品蛋白质的浓度。

16.3.7 注意事项

1. 不同蛋白质中的碱性氨基酸和芳香族氨基酸的含量不同,因此 Bradford 法用于不同蛋白质测定时有一定误差,通常可用 γ-球蛋白作为标准蛋白质绘制标准曲线,以减少此类误差。

2. Bradford 法主要的干扰物质有：碱、表面活性剂（如 SDS）、Triton X-100 等。

16.3.8　应用

Bradford 法进行蛋白质定量的灵敏度高、测定快捷、颜色的稳定性好，不像 Lowry 法需要严格地控制时间。其次，干扰物质少，如 K^+、Na^+、Mg^{2+} 离子，EDTA，巯基乙醇，Tris 缓冲液，蔗糖，甘油等均不干扰测定结果，因此广泛用于蛋白质的定量分析。

试用 Lowry 法和 Bradford 法分别检测玻璃酸钠中蛋白质的含量，并比较两种方法的优缺点。

Bradford 法具有时间短、稳定性好和灵敏度高等优点，是分子生物学中广泛应用的蛋白质定量方法。

（郭　俣）

第17章 目标蛋白质的测定

17.1 SDS聚丙烯酰胺凝胶电泳

17.1.1 实验目的

1. 掌握SDS-PAGE分离蛋白质的原理。
2. 掌握SDS-PAGE的操作方法。

17.1.2 实验原理

带电颗粒在电场中向与其自身所带电荷相反的电极方向移动的现象称为电泳。影响带电颗粒移动速度的因素有：① 带电颗粒的大小和形状：颗粒越小，电泳速度越快，反之越慢；② 颗粒所带的电荷数：电荷越多，电泳速度越快，反之越慢；③ 溶液的黏度：黏度越小，电泳速度越快，反之越慢；④ 溶液的pH：影响被分离物质的解离度，离等电点越近，电泳速度越慢，反之越快；⑤ 电场强度：电场强度越大，电泳速度越快，反之越慢；⑥ 离子强度：离子强度越小，电泳速度越快，反之越慢；⑦ 电渗现象：电场中，液体相对于固体支持物的相对移动；⑧ 支持物筛孔大小：孔径大，电泳速度快，反之则慢。

聚丙烯酰胺凝胶电泳（PAGE）是以聚丙烯酰胺凝胶作为载体的一种区带电泳技术。由于在聚丙烯酰胺凝胶系统中引进十二烷基磺酸钠（SDS），故称SDS-PAGE。SDS是一种阴离子去垢剂，可与蛋白质结合，形成SDS-蛋白质复合物。由于SDS带有大量负电荷，蛋白质本身带有的电荷则被掩盖，消除了蛋白质分子之间的电荷差异。在电泳时，蛋白质的迁移速度则主要取决于蛋白质分子量的大小。

根据缓冲液pH和凝胶孔径的差异，SDS-PAGE分为连续系统和不连续系统。连续系统为电泳体系中缓冲液、pH及凝胶浓度相同，带电颗粒在电场作用下，主要靠电荷和分子筛效应。不连续系统为缓冲液、pH、凝胶浓度及电位梯度均不连续性，带电颗粒在电场中泳动不仅有电荷效应，分子筛效应，还具有浓缩效应，因而其分离条带清晰度及分辨率均较前者好。

聚丙烯酰胺凝胶由丙烯酰胺单体（Acr）和N,N′-甲叉双丙烯酰胺（Bis）在催化剂N,N,N′,N′-四甲基乙二胺（TEMED）作用下，催化过硫酸铵（AP）产生氧自由基，激活单体形成自由基，发生聚合。凝胶在结构上具有以下的特点：① 基本结构为丙烯酰胺单体构成的长链，链与链之间通过甲叉桥联在一起；② 链的纵横交错形成三维网状结构，使凝胶具有分子筛的性质；③ 网状结构还能限制蛋白质等样品的扩散运动，使凝胶具有抗对流的作用；④ 长链富含酰胺基团，使其成为稳定的亲水凝胶；⑤ 该结构不带电荷，在电场中电渗现象极为微小。凝胶的强度、弹性、透明度、黏度和孔径大小均取决于两个重要参数——凝胶度和交联度。凝胶度是指100 mg凝胶溶液中含有单体（Acr）和交联剂（Bis）的总克数，用T%表示。交联度是指凝胶溶液中，交联剂占单体和交联剂总量的百分数，用C%表示。

蛋白质染色方法有许多种,其中考马斯亮蓝染色是经典的蛋白质染色方法,具有染色过程简单、所需配制试剂少、操作简便、无毒性、染色后的背景及对比度良好、与下游的蛋白质鉴定技术兼容性好等优点,其缺点在于灵敏度低,检测蛋白质的极限是 8~10 ng,对于低丰度蛋白难以显色,由于其价格低廉、重复性好,所以仍是实验室常用的染色方法,一般的检测分离都可以应用。

除了考马斯亮蓝为基础的染料染色技术外,还有银染法和荧光染色法。银染法比考马斯亮蓝染色灵敏度高,是通过将胶浸泡在含有银离子的溶液内,从胶面上洗掉非紧密结合的金属离子,加入某些试剂,使与胶内蛋白结合的银离子形成金属银来显色。该方法可检测到纳克级的蛋白质。银染法可以说是目前灵敏度最高的检测方法之一,但是因为在银染时要加入醛类作为固定剂,这样虽然可以提高检测的灵敏度,但是对于后续的质谱分析却有较强的干扰作用。另外,由于碱性的和含硫氨基酸在染色中的特殊作用,不含或者只含很少胱氨酸残基的蛋白质又是呈负染,还有一些蛋白质难以染色。以荧光染色一般要在电泳之前通过共价作用在蛋白质的氮端引入荧光标记物。荧光染色对不同蛋白质之间的染色差异很小,并且对于质谱干扰小,不仅可以直接在凝胶上进行检测,也可以在膜上进行检测。这种方法不需要脱色步骤,就目前来说,荧光染色和质谱为基础的方法学为蛋白质组的多元定量分析提供了优越的技术支持。荧光染料的灵敏度非常高,线性动态范围极宽,但是它在实验室的普及性不如银染,主要原因是它所需要的仪器非常昂贵。

17.1.3　仪器、材料与试剂

1. 仪器:垂直板电泳装置(电泳槽、玻璃板、电泳梳子、制胶架等)、稳流稳压电泳仪、高速冷冻离心机、电子天平、电冰箱、微量进样器。

2. 材料:样品提取液。

3. 试剂:丙烯酰胺凝胶贮液(Acr-Bis 贮液);分离胶缓冲液(pH 8.8 的 Tris-HCl 缓冲液);浓缩胶缓冲液(pH 6.8 的 Tris-HCl 缓冲液);10% SDS 溶液;过硫酸铵溶液,简写 AP(当天配制);TEMED(N,N,N′,N′-四甲基乙二胺);电极缓冲液(pH 8.3 的 Tris-甘氨酸缓冲液);40%蔗糖;染色液;脱色液。

17.1.4　实验流程

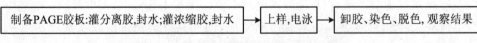

图 17.1　SDS 聚丙烯酰胺凝胶电泳实验流程

17.1.5　实验步骤

1. 电泳装置安装:使用洗洁精、自来水和无水乙醇清洗玻璃板,自然晾干。
2. 制备 SDS-PAGE:

(1) 配制 10%的分离胶(20 ml):依次将 8 ml 蒸馏水,6.7 ml 30%丙烯酰胺贮存液,5 ml 1.5 mol/L 的 Tris(pH 8.8)溶液,0.2 ml 10%的 SDS 溶液,0.2 ml 10%的过硫酸铵,0.008 ml TEMED 混合,灌入装好的垂直板中,至距离短玻璃顶端约 2 cm 处。在胶液上面加一层双蒸水,静置,待凝胶与水的界面清晰时,说明分离胶已聚合(约 30 min),去除水相,用滤纸吸干残存的液体。

(2) 配制 5% 的积层胶(8 ml)：依次混合 5.5 ml 蒸馏水,1.3 ml 30% 丙烯酰胺贮存液, 1.0 ml 1.0 mol/L 的 Tris(pH 6.8)溶液,0.08 ml 10% 的 SDS 溶液,0.08 ml 10% 的过硫酸铵,0.008 ml TEMED。立即混匀,灌入垂直板中至短玻璃顶端,插入梳子,避免产生气泡,静置,约 60 min 后,胶聚合,拔去梳子,用电极缓冲液冲洗加样孔,以去除未聚合的丙烯酰胺。

(3) 将凝胶固定在电泳槽中,上、下槽各加入 Tris-甘氨酸电泳缓冲液,驱除两玻璃板间凝胶底部的气泡。

3. 样品处理及上样：在 Eppendorf 管中加入蛋白提取液,加入等体积的 2× 样品溶解液,使蛋白的终浓度为 3～4 mg/ml,充分混匀,与蛋白分子量标准液一起放在 100 ℃ 沸水中煮 5 min 后,用微量加样器上样。为了便于比较蛋白电泳结果和免疫印迹结果,采取对称加样。

4. 电泳：将电泳装置接通电源。开始电泳时,电压为 80 V,当样品进入分离胶后,将电压调到 150 V。继续电泳至样品前沿抵达分离胶底部,断开电源。

5. 处理：

(1) 固定：从电泳装置上卸下玻璃板,用镊子小心撬开玻璃板,除去积层胶部分,将分离胶移入固定液(固定液的量至少为胶体积的 5 倍)中固定,直至染料由蓝绿色变为黄色。

(2) 染色：除去固定液,加入染色液(用量同上),室温染色 8 h 或 60 ℃ 染色 2 h。

(3) 脱色：回收染色液,将凝胶浸泡于脱色液中,直至背景脱至无色,其间更换脱色液 3～4 次。

17.1.6 结果与计算

1. 保存蛋白质谱带：将已脱色的凝胶置于凝胶成像仪上拍照,并分析实验结果,对其进行必要说明。

2. 计算出迁移率：

(1) 当蛋白质的分子量在 15 000～200 000 之间时,电泳迁移率与分子量的自然对数值成反比。量出分离胶顶端距溴酚蓝区带中心的距离(cm)以及各蛋白质样品区带中心与分离胶顶端的距离(cm),按下式计算相对迁移率 mR：

$$相对迁移率\ mR = \frac{蛋白质样品区带距分离胶顶端迁移的距离(cm)}{溴酚蓝区带中心距分离胶顶端的距离(cm)}$$

(2) 以标准蛋白质分子量的对数对相对迁移率作图,得到标准曲线,根据待测样品相对迁移率,从标准曲线上计算出其分子量。

17.1.7 注意事项

1. SDS 与蛋白质的结合按质量成比例(即 1.4 g SDS/g 蛋白质),蛋白质含量不可以超标,否则 SDS 结合量不足。

2. 用 SDS-聚丙烯酰胺凝胶电泳法测定蛋白质相对分子量时,必须同时作标准曲线。不能利用这次的标准曲线作为下次用。并且 SDS-PAGE 测定分子量有 10% 的误差,不可完全信任。

3. 有些蛋白质是由亚基(如血红蛋白)或两条以上肽链(α-胰凝乳蛋白酶)组成,它们在巯基乙醇和SDS的作用下解离成亚基或多条单肽链。因此,对于这一类蛋白质,SDS-聚丙烯酰胺凝胶电泳法测定的只是它们的亚基或是单条肽链的相对分子量。

4. 有的蛋白质(如电荷异常或结构异常的蛋白质,带有较大辅基的蛋白质)不能采用该法测相对分子量。

5. 如果该电泳中出现拖尾、染色带的背景不清晰等现象,可能是SDS不纯引起的。

17.1.8 应用

SDS-PAGE因易于操作而具有广泛的用途,是许多研究领域重要的分析技术。
1. 蛋白质纯度分析。
2. 蛋白质分子量的测定,根据迁移率大小测定蛋白质亚基的分子量。
3. 蛋白质浓度的测定。
4. 蛋白质水解的分析。
5. 免疫沉淀蛋白的鉴定。
6. 免疫印迹的第一步。
7. 蛋白质修饰的鉴定。
8. 分离和浓缩用于产生抗体的抗原。
9. 分离放射性标记的蛋白质。
10. 显示小分子多肽。

思考题

1. 影响电泳的主要因素有哪些?
2. 简答不连续聚丙烯酰胺凝胶电泳的原理。
3. SDS-PAGE电泳凝胶中各主要成分的作用是什么?
4. 凝胶时间不对,或慢或快,是什么原因?
5. 浓缩胶与分离胶断裂、板间有气泡对电泳有影响吗?
6. 为什么会出现拖尾现象?
7. SDS-PADE电泳时间过长的原因是什么?

知识拓展

1. Native-PAGE。

(1) 原理。非变性聚丙烯酰胺凝胶电泳(Native-PAGE)是在不加入SDS、巯基乙醇等变性剂的条件下,对保持活性的蛋白质进行聚丙烯酰胺凝胶电泳,常用于同工酶的鉴定和提纯。未加SDS的天然聚丙烯酰胺凝胶电泳可以使生物大分子在电泳过程中保持其天然的形状和电荷,它们的分离是依据其电泳迁移率的不同和凝胶的分子筛作用,因而可以得到较高的分辨率,尤其是在电泳分离后仍能保持蛋白质和酶等生物大分子的生物活性,对于生物大分子的鉴定有重要意义。其方法是在凝胶上进行两份相同样品的电泳,电泳后将凝胶切成两半,一半用于活性染色,对某个特定的生物大分子进行鉴定,另一半用于所有样品的染色,以分析样品中各种生物大分子的种类和含量。

（2）实验方法。非变性聚丙烯酰胺凝胶和变性 SDS-PAGE 电泳在操作上基本上是相同的，只是非变性聚丙烯酰胺凝胶的配制和电泳缓冲液中不能含有变性剂如 SDS 等。

一般蛋白进行非变性凝胶电泳要先分清是碱性还是酸性蛋白。分离碱性蛋白的时候，要利用低 pH 凝胶系统；分离酸性蛋白的时候，要利用高 pH 凝胶系统。

酸性蛋白通常在非变性凝胶电泳中采用 pH 是 8.8 的缓冲系统，蛋白会带负电荷，蛋白会向阳极移动；而碱性蛋白电泳通常是在微酸性环境下进行的，蛋白带正电荷，这时候需要将阴极和阳极倒置才可以电泳分离酸性蛋白。

（3）SDS-PAGE 和 Native-PAGE 的比较。非变性凝胶电泳也称为天然凝胶电泳，与变性凝胶电泳最大的区别就在于蛋白在电泳过程中和电泳后都不会变性。最主要的区别有以下几点：

① 凝胶的配置中非变性凝胶不能加入 SDS，而变性凝胶有中 SDS。

② 电泳载样缓冲液中非变性凝胶不仅没有 SDS，也没有巯基乙醇。

③ 在非变性凝胶中蛋白质的分离取决于它所带的电荷以及分子大小，不像 SDS-PAGE 电泳中蛋白质分离只与其分子量有关。

④ 非变性凝胶电泳中，酸性蛋白和碱性蛋白的分离是完全不同的，不像 SDS-PAGE 中的所有蛋白都朝正极泳动。非变性凝胶电泳中碱性蛋白通常是在微酸性环境下进行的，蛋白带正电荷，需要将阴极和阳极倒置才可以电泳。

⑤ 因为是非变性凝胶电泳，所以电泳的时候电流不能太大，以免电泳时产生的热量太多导致蛋白变性，而且所有步骤都要在 0～4 ℃的条件下进行，这样才可以保持蛋白质的活性，也可以降低蛋白质的水解作用。这点跟变性电泳也不一样。

所以与 SDS-PAGE 电泳相比，非变性凝胶大大降低了蛋白质变性发生的概率。

17.2 蛋白质的免疫印迹技术（Western-Blot）

17.2.1 实验目的

1. 掌握蛋白印迹法的操作。
2. 了解蛋白印迹法的基本原理。

17.2.2 实验原理

蛋白质印迹的发明者是美国斯坦福大学的乔治·斯塔克（George Stark）。它在尼尔·伯奈特（Neal Burnette）于 1981 年所著的《分析生物化学》（Analytical Biochemistry）中首次被称为 Western-Blot。该技术一般由凝胶电泳、样品的印迹和固定化、各种灵敏的检测手段（如抗体、抗原反应等）三大实验部分组成。凝胶电泳分离蛋白质的第一步一般是将蛋白质进行 SDS 聚丙烯酰胺凝胶电泳，使待测蛋白质在电泳中按相对分子质量大小排列。第二步就是把凝胶电泳已分离的蛋白质分子区带转移并固定到一种特殊的载体上，使之形成稳定的、经得起各种处理并容易检出的，即容易和各自的特异性配体结合的固定化生物大分子。用得最多的载体材料和生物大分子都是非共价结合。印迹在载体上的特异抗原的检出依赖于抗体、抗原的亲和反应。即将酶、荧光素或同位素标记的特异蛋白分别偶联在此特异抗体的二抗上，再分别用底物直接显色、荧光、放射自显影等方法检测出感兴趣的抗原，考虑到如果无合适抗体用来检测抗原,可用一般的蛋白染料,如丽春红,检测转移到膜上的蛋白,验证转移是否成功。显色的方法主要有以下几种:放射自显影、底物化学发光 ECL、底物荧光 ECF、底物 DAB 呈色。

现常用的有底物化学发光 ECL 和底物 DAB 呈色,通常是用底物化学发光 ECL。ECL 反应底物为过氧化物＋鲁米诺,如遇到 HRP,即发光,可使胶片曝光,就可洗出条带。ECL 是分子生物学、生物化学和免疫遗传学中常用的一种实验方法,广泛应用于基因在蛋白水平的表达研究、抗体活性检测和疾病早期诊断等多个方面。

17.2.3 仪器、材料与试剂

1. 仪器:高电流电泳仪(500 mA)、电泳转移槽及转移夹、海绵块、滤纸、水平摇床。
2. 材料:硝酸纤维素膜(NC 膜)、甘氨酸(Gly)、甲醇、磷酸二氢钾(KH_2PO_4)、磷酸氢二钾(K_2HPO_4)、三羟甲基氨基甲烷(Tris)、牛血清白蛋白(BSA)、吐温 20(Tween-20)、过氧化氢(H_2O_2)、双蒸水(ddH_2O)、氯化钠(NaCl)、乳胶手套、镊子。
3. 试剂:

(1) 转移电泳缓冲液:25 mmol/L Tris;192 mmol/L 甘氨酸;20% 甲醇(pH 8.3);6.05 g Tris＋28.83 g Gly＋400 ml 甲醇,用 ddH_2O 溶解并定容至 2 L。

(2) PBS 贮存液(10×PBS):0.2 mol/L 磷酸缓冲液(pH 7.4,含 8.7% 的 NaCl)。

(3) PBS 缓冲液:10×PBS 贮存液用双蒸水 10 倍稀释。

(4) 封闭液:PBS＋5% 脱脂奶粉。

(5) 漂洗液:PBS＋0.2% Triton X-100。

(6) 丽春红染色液:4% 三氯醋酸,1% 丽春红。

(7) 一抗:用 PBS 稀释 50~100 倍。

(8) 辣根过氧化物酶标记的蛋白 A(HRP-pA)。

(9) DAB 显色液:DAB 1 mg,溶于 5 ml 的 50 mmol/L 的 Tris-HCl(pH 7.4~7.6)中,然后加入 50 μl 的 0.5% 的过氧化氢。显色液不稳定,要在临用前配制。

17.2.4 实验流程

图 17.2 Western-blot 实验流程

17.2.5 实验步骤

1. 样品制备。

(1) 单层贴壁细胞总蛋白的提取:

① 倒掉培养液,并将瓶倒扣在吸水纸上,使吸水纸吸干培养液(或将瓶直立放置一会儿,使残余培养液流到瓶底,然后再用移液器将其吸走)。

② 每瓶细胞加 3 ml 4 ℃预冷的 PBS(0.01 M,pH 7.2~7.3)。平放轻轻摇动 1 min 洗涤细胞,然后弃去洗液。重复以上操作 2 次,共洗细胞 3 次以洗去培养液。将 PBS 弃净后把培养瓶置于冰上。

③ 按 1 ml 裂解液加 10 μl PMSF(100 mM)，摇匀置于冰上（PMSF 要摇匀至无结晶时才可与裂解液混合）。

④ 每瓶细胞加 400 μl 含 PMSF 的裂解液，于冰上裂解 30 min，为使细胞充分裂解，培养瓶要经常来回摇动。

⑤ 裂解完后，用干净的刮棒将细胞刮于培养瓶的一侧（动作要快），然后用枪将细胞碎片和裂解液移至 1.5 ml 离心管中（整个操作尽量在冰上进行）。

⑥ 于 4 ℃下 12 000 rpm 离心 5 min（提前开离心机预冷）。

⑦ 将离心后的上清分装转移到 0.5 ml 的离心管中，放于−80 ℃保存。

(2) 组织中总蛋白的提取：

① 将少量组织块置于 1～2 ml 匀浆器中的球状部位，用干净的剪刀将组织块尽量剪碎。

② 加 400 μl 含去污剂裂解液（含 PMSF）于匀浆器中，进行匀浆，然后置于冰上。

③ 几分钟后碾一会儿再置于冰上，要重复碾几次使组织尽量碾碎。

④ 裂解 30 min 后，即可用移液器将裂解液移至 1.5 ml 离心管中，然后在 4 ℃下 12 000 rpm离心 5 min，取上清分装于 0.5 ml 离心管中并置于−80 ℃保存。

(3) 加药物处理的贴壁细胞总蛋白的提取：由于受药物的影响，一些细胞脱落下来，所以除按步骤(1)操作外还应收集培养液中的细胞。以下是培养液中细胞总蛋白的提取：

① 将培养液倒至 15 ml 离心管中，于 2 500 rpm 离心 5 min。

② 弃上清，加入 4 ml PBS 并用枪轻轻吹打洗涤，然后 2 500 rpm 离心 5 min。弃上清后用 PBS 重复洗涤一次。

③ 去尽上清后，加 100 μl 裂解液（含 PMSF），冰上裂解 30 min，裂解过程中要经常弹一弹以使细胞充分裂解。

④ 将裂解液与培养瓶中裂解液混在一起，4 ℃，12 000 rpm 离心 5 min，取上清分装于 0.5 ml离心管中并置于−80 ℃保存。

2. 蛋白标准曲线制作。

(1) 从−20 ℃取出 1 mg/ml BSA，室温融化后，备用。

(2) 取 18 个 1.5 ml 离心管，3 个一组，分别标记为 0 mg、2.5 mg、5.0 mg、10.0 mg、20.0 mg、40.0 mg。

(3) 按下表在各管中加入各种试剂。

表 17.1　BSA 蛋白标准曲线

试　　剂(ml)	试管编号					
	1	2	3	4	5	6
1 mg/ml BSA	—	2.5	5.0	10.0	20.0	40.0
0.15 mol/L NaCl	100	97.5	95.0	90.0	80.0	60.0
考马斯亮蓝 G-250 溶液	1	1	1	1	1	1

3. 混匀后，室温放置 2 min。在紫外分光光度计上比色分析。

4. 检测样品蛋白含量。

(1) 取足量的 1.5 ml 离心管，每管加入 4 ℃储存的考马斯亮蓝溶液 1 ml。室温放置 30 min后即可用于测蛋白。

(2) 取一管考马斯亮蓝,加 0.15 mol/L NaCl 溶液 100 ml,混匀放置 2 min 可作为空白样品,将空白样品倒入比色杯中,在做好标准曲线的程序下按 blank 测空白样品。

(3) 弃空白样品,用无水乙醇清洗比色杯 2 次(每次 0.5 ml),再用无菌水洗一次。

(4) 取一管考马斯亮蓝,加 95 ml 0.15 mol/L NaCl 溶液和 5 ml 待测蛋白样品,混匀后静置 2 min,倒入扣干的比色杯中,按 sample 键测样品。

注意:每测一个样品都要将比色杯用无水乙醇洗 2 次,无菌水洗一次。可同时混合好多个样品再一起测,这样对测定大量的蛋白样品可节省很多时间。测得的结果是 5 ml 样品含的蛋白量。

5. SDS-PAGE 电泳(同前)。

6. 转膜。

(1) 转一张膜需准备 6 张 7.0~8.3 cm 的滤纸和 1 张 7.3~8.6 cm 的硝酸纤维素膜。切滤纸和膜时一定要戴手套,因为手上的蛋白会污染膜。将切好的硝酸纤维素膜置于水上浸 2 h 才可使用。用镊子捏住膜的一边轻轻置于有超纯水的平皿里,要使膜浮于水上,只有这样下层才与水接触。这样由于毛细管作用可使整个膜浸湿。若膜沉入水里,膜与水之间形成一层空气膜,这样会阻止膜吸水。

(2) 在加有转移液的搪瓷盘里放入转膜用的夹子、两块海绵垫、一支玻棒、滤纸和浸过的膜。

(3) 将夹子打开,使黑的一面保持水平。在上面垫一张海绵垫,用玻棒来回擀几遍以擀走里面的气泡(一手擀另一手要压住垫子使其不能随便移动)。在垫子上垫三层滤纸(可三张纸先叠在一起再垫于垫子上),一手固定滤纸一手用玻棒擀去其中的气泡。

(4) 将电泳后的 SDS-PAGE 胶板置于转移 buffer 中平衡 30~60 min。要先将玻璃板撬掉才可剥胶,撬的时候动作要轻,要在两个边上轻轻地反复撬。撬一会儿玻璃板便开始松动,直到撬去玻板(撬时一定要小心,玻板很易裂)除去小玻璃板后,将浓缩胶轻轻刮去(浓缩胶影响操作),要避免把分离胶刮破。小心剥下分离胶盖于滤纸上,用手调整使其与滤纸对齐,轻轻用玻棒擀去气泡。将膜盖于胶上,要盖满整个胶(膜盖下后不可再移动)并除气泡。在膜上盖三张滤纸并除去气泡。最后盖上另一个海绵垫,擀几下就可合起夹子。整个操作在转移液中进行,要不断地擀去气泡。膜两边的滤纸不能相互接触,接触后会发生短路。(转移液含甲醇,操作时要戴手套,实验室要开门以使空气流通。)

(5) 将夹子放入转移槽中,要使夹的黑面对应槽的黑面,夹的白面对应槽的红面。电转移时会产热,在槽的一边放一块冰来降温。一般用 60 V 转移 2 h 或 40 V 转移 3 h。

(6) 转完后将膜用 1×丽春红染液染 5 min(于脱色摇床上摇)。然后用水冲洗掉没染上的染液就可看到膜上的蛋白。将膜晾干备用。

7. 免疫反应。

(1) 将膜用 TBS 从下向上浸湿后,移至含有封闭液的平皿中,室温下脱色,摇床上摇动封闭 1 h。

(2) 将一抗用 TBST 稀释至适当浓度(在 1.5 ml 离心管中);撕下适当大小的一块保鲜膜铺于实验台面上,四角用水浸湿以使保鲜膜保持平整;将抗体溶液加到保鲜膜上;从封闭液中取出膜,用滤纸吸去残留液后,将膜蛋白面朝下放于抗体液面上,掀动膜四角以赶出残留气泡;室温下孵育 1~2 h 后,用 TBST 在室温下脱色摇床上洗两次,每次 10 min;再用 TBS 洗一次,10 min。

(3) 同上方法准备二抗稀释液并与膜接触,重复步骤(2)中的最后一步,进行化学发光反应。

8. 化学发光。

(1) 将 A 和 B 两种试剂在保鲜膜上等体积混合;1 min 后,将膜蛋白面朝下与此混合液充分接触;1 min 后,将膜移至另一保鲜膜上,去尽残液,包好,放入 X 光片夹中。

(2) 在暗室中,将 1× 显影液和定影液分别倒入塑料盘中;在红灯下取出 X 光片,用切纸刀剪裁适当大小(比膜的长和宽均需大 1 cm);打开 X 光片夹,把 X 光片放在膜上,一旦放上,便不能移动,关上 X 光片夹,开始计时;根据信号的强弱适当调整曝光时间,一般为 1 min 或 5 min,也可选择不同时间多次压片,以达最佳效果;曝光完成后,打开 X 光片夹,取出 X 光片,迅速浸入显影液中显影,待出现明显条带后,即刻终止显影。显影时间一般为 1~2 min(20~25 ℃),温度过低时(低于 16 ℃)需适当延长显影时间;显影结束后,马上把 X 光片浸入定影液中,定影时间一般为 5~10 min,以胶片透明为止;用自来水冲去残留的定影液后,室温下晾干。

17.2.6　结果分析

用凝胶图像处理系统分析目标带的分子量和净光密度值。

17.2.7　注意事项

1. 注意滤纸、胶和膜之间的大小,一般是滤纸≥膜≥胶。
2. 转膜时,注意去除滤纸、胶、膜之间的气泡,气泡会造成短路。
3. 膜必须在甲醇中完全浸湿,并在后续操作中保持膜的湿润。
4. 转移时间一般为 1.5 h,可根据分子量的大小调整转移时间和电流大小。
5. 膜上的蛋白空间结构改变,处于变性状态,因此识别空间表位的抗体不能用于 Western-Blot 检测。
6. 实验中取胶和膜需戴手套。

17.2.8　应用

蛋白免疫印迹技术是一种简单、高效的蛋白免疫检测技术,特别是对蛋白含量低的样品,效果更佳。这种技术的优点是在一个生物样品中使用特定的抗体检测多种蛋白质。蛋白免疫印迹技术已经得到很大的发展,现在已经出现多种转移方法。至今,蛋白免疫印迹技术已经应用于科研和诊断检测结果、在免疫组化中鉴定特定的抗体等领域。因此,蛋白印迹技术获得了较好的成果,受到越来越多研究者的青睐。

思考题

1. 蛋白质印迹法的特点是什么?
2. 请解释什么是 BSA,并说明它在本实验中的作用。
3. 请说明二抗在蛋白质印迹中的生物学功能。
4. 如何保存抗体?
5. 酶联免疫吸附测定和蛋白质印迹,在操作方法及应用上有何异同点?

知识拓展

蛋白质印迹的发明者一般被认为是美国斯坦福大学的乔治·斯塔克(George Stark)。蛋白质印迹在尼尔·伯奈特(Neal Burnette)于1981年所著的《分析生物化学》(Analytical Biochemistry)中首次被称为Western-Blot。虽然距今只有三四十年的历史,但由于其有灵敏度高、操作方便、特异性高、可进行定性和半定量分析等优势,目前,已成功地应用于鉴定蛋白质性质、结构域分析、蛋白质复性、抗体纯化、氨基酸组成分析、氨基酸序列分析及蛋白质表达水平等。Western-Blot由三大部分组成:SDS-PAGE凝胶电泳将分子量大小不同的蛋白分离开;将蛋白条带转移到固相支持物上;用特异性的抗体检测出固相支持物上的研究对象,也就是相应抗原。

17.3 免疫共沉淀

17.3.1 实验目的

1. 掌握免疫共沉淀的操作方法。
2. 了解免疫共沉淀的原理。

17.3.2 实验原理

免疫共沉淀(Co-Immunoprecipitation)是以抗体和抗原之间的专一性作用为基础,用于确定两种蛋白质在完整细胞内的生理性相互作用的经典方法。当细胞在非变性条件下被裂解时,蛋白质-蛋白质间的相互作用被保留了下来。如果用蛋白质X的抗体免疫沉淀X,那么与X在体内结合的蛋白质Y也能沉淀下来。这种方法常用于测定两种目标蛋白质是否在体内结合;也可用于确定一种特定蛋白质的新的作用搭档。该方法的优点:① 相互作用的蛋白质都是经翻译后修饰的,处于天然状态;② 蛋白的相互作用是在自然状态下进行的,可以避免人为的影响;③ 可以分离得到天然状态的相互作用时蛋白复合物。该方法的不足之处为:① 可能检测不到低亲和力和瞬间的蛋白质-蛋白质的相互作用;② 两种蛋白质的结合可能不是直接结合,而是可能有第三者在中间起桥梁作用;③ 必须在实验前预测目的蛋白是什么,以选择最后检测的抗体,所以,若预测不正确,实验就得不到结果,方法本身具有冒险性。

免疫沉淀实验的操作步骤比较多,主要包括蛋白样品处理、抗体-agarose beads孵育、抗体-agarose beads复合物洗涤和最后的鉴定。

17.3.3 仪器与试剂

1. 仪器:细胞刮子(用保鲜膜包好后,埋冰下)、离心机。
2. 试剂:预冷PBS;RIPA Buffer、激活的Na_3VO_4(用H_2O配制成200 mM的储存液,见Sodium Orthovanadate Activation Protoco)、NaF(200 mM的储存液,室温保存)。

RIPA Buffer配制:

(1) 基础成分:Tris-HCl(缓冲液成分,防止蛋白变性);NaCl(盐分,防止非特异蛋白聚集);NP-40(非离子去污剂,提取蛋白,用 H_2O 配制成 10%的储存液);去氧胆酸钠(离子去污剂,提取蛋白;用 H_2O 配制成 10%的储存液,避光保存)。

注意:准备激酶(致活酶)实验时,不要加去氧胆酸钠,因为离子型去污剂能够使酶变性,导致活性丧失。

(2) RIPA 蛋白酶抑制剂:苯甲基磺酰氟(PMSF)(用异丙醇配制成 200 mM 的储存液,室温保存);EDTA(钙螯合剂;用 H_2O 配制成 100 mM 的储存液,PH 7.4);亮抑酶肽(Leupeptin)(用 H_2O 配制成 1 mg/ml 的储存液,分装,−20 ℃保存);抑蛋白酶肽(Aprotinin)(用 H_2O 配制成 1 mg/ml 的储存液,分装,−20 ℃保存);胃蛋白酶抑制剂(Pepstatin)(用甲醇配制成 1 mg/ml 的储存液,分装,−20 ℃保存);RIPA 磷酸(酯)酶抑制剂。

17.3.4 实验流程

图 17.3　免疫共沉淀实验流程

17.3.5 实验步骤

1. 配制 100 ml 的 modified RIPA buffer。

(1) 称取 790 mg 的 Tris-Base,加到 75 ml 去离子水中,加入 900 mg 的 NaCl,搅拌,直到全部溶解,用 HCl 调节 pH 到 7.4。

(2) 加 10 ml 10%的 NP-40。

(3) 加 2.5 ml 10%的去氧胆酸钠,搅拌,直到溶液澄清。

(4) 加 1 ml 100 mM 的 EDTA,用量筒定容到 100 ml,2~8 ℃保存。

(5) 理论上,蛋白酶和磷酸酯酶抑制剂应该在使用当天同时加入(抑蛋白酶肽、亮抑酶肽、胃蛋白酶抑制剂各 100 μl;PMSF、Na_3VO_4、NaF 各 500 μl),但是 PMSF 在水溶液中很不稳定,30 min 会降解一半,所以 PMSF 应该在使用前现加,其他抑制剂成分可以在水溶液中稳定 5 d。

2. 蛋白样品制备。

(1) 用预冷的 PBS 洗涤细胞两次,最后一次吸干 PBS。

(2) 加入预冷的 RIPA Buffer(1 ml/10^7 个细胞、10 cm 培养皿或 150 cm^2 培养瓶,0.5 ml/5×10^6 个细胞、6 cm 培养皿或 75 cm^2 培养瓶)。

(3) 用预冷的细胞刮子将细胞从培养皿或培养瓶上刮下,把悬液转到 1.5 ml EP 管中,4 ℃,缓慢晃动 15 min(EP 管插冰上,置水平摇床上)。

(4) 4 ℃,14 000g 离心 15 min,立即将上清转移到一个新的离心管中。

3. 抗体-agarose beads 孵育。

(1) 准备 Protein A agarose,用 PBS 洗两遍珠子,然后用 PBS 配制成 50%的浓度,建议减掉枪尖部分,避免在涉及琼脂糖珠的操作中破坏琼脂糖珠。

(2) 每 1 ml 总蛋白中加入 100 μl Protein A 琼脂糖珠(50%),4 ℃摇晃 10 min(EP 管插

冰上,置水平摇床上),以去除非特异性杂蛋白,降低背景。

(3) 4 ℃,14 000g 离心 15 min,将上清转移到一个新的离心管中,去除 Protein A 珠子。

(4) (Bradford 法)作蛋白标准曲线,测定蛋白浓度,测前将总蛋白至少稀释 1 : 10 倍以上,以减少细胞裂解液中去垢剂的影响(定量,分装后,可以在 -20 ℃保存一个月)。

(5) 用 PBS 将总蛋白稀释到约 1 $\mu g/\mu l$,以降低裂解液中去垢剂的浓度,如果兴趣蛋白在细胞中含量较低,则总蛋白浓度应该稍高(如 10 $\mu g/\mu l$)。

(6) 加入一定体积的兔抗到 500 μl 总蛋白中,抗体的稀释比例因兴趣蛋白在不同细胞系中的多少而异。

(7) 4 ℃缓慢摇动抗原抗体混合物过夜或室温 2 h,激酶或磷酸酯酶活性分析建议用室温 2 h 孵育。

(8) 加入 100 μl Protein A 琼脂糖珠来捕捉抗原抗体复合物,4 ℃缓慢摇动抗原抗体混合物过夜或室温 1 h,如果所用抗体为鼠抗或鸡抗,建议加 2 μl "过渡抗体"(兔抗鼠 IgG,兔抗鸡 IgG)。

(9) 14 000 rpm 瞬时离心 5 s,收集琼脂糖珠-抗原抗体复合物,去上清,用预冷的 RIPA buffer 洗 3 遍,800 μl/遍,RIPA buffer 有时候会破坏琼脂糖珠-抗原抗体复合物内部的结合,可以使用 PBS。

4. 抗体-agarose beads 复合物洗涤和鉴定。

(1) 用 60 μl 2× 上样缓冲液将琼脂糖珠-抗原抗体复合物悬起,轻轻混匀,缓冲液的量依据上样多少的需要而定(60 μl 足够上三道)。

(2) 将上样样品煮 5 min,以游离抗原、抗体、珠子,离心,将上清电泳,收集剩余琼脂糖珠,上清也可以暂时冻于 -20 ℃,留待以后电泳,电泳前应再次煮 5 min 变性。

17.3.6 结果分析

结果分析如图 17.4。

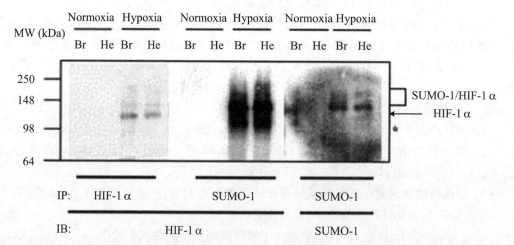

图 17.4 成年鼠脑和心脏内缺氧环境导致的 SUMO-1 表达增加与 HIF-1alpha 有直接的关系
引自:Increase of SUMO-1 expression in response to hypoxia:direct interaction with HIF-1alpha in adult mouse brain and heart in vivo. [FEBS Lett. 2004 Jul 2;569(1-3):293-300.]

17.3.7 注意事项

1. 细胞裂解采用温和的裂解条件,不能破坏细胞内存在的所有蛋白质-蛋白质相互作用,多采用非离子变性剂(NP40 或 Triton X-100)。每种细胞的裂解条件是不一样的,通过经验确定。不能用高浓度的变性剂(0.2% SDS),细胞裂解液中要加各种酶抑制剂,如商品化的 cocktailer。

2. 使用明确的抗体,可以将几种抗体共同使用。

3. 使用对照抗体。
(1) 单克隆抗体:正常小鼠的 IgG 或另一类单抗。
(2) 兔多克隆抗体:正常兔 IgG。

17.3.8 应用

免疫共沉淀一般用于低丰度蛋白的富集和浓缩,为 SDS-PAGE 和 MS 质谱分析鉴定准备样品。

在二氧化硅磁珠里使用固相化抗 Argonaute 抗体的磁珠,通过 RNA 免疫沉淀法可得到结合到 Argonaute 蛋白质里的 microRNA。

1. 免疫共沉淀原理。
2. 免疫共沉淀实验技术的优势和不足。

随着对蛋白质研究的不断深入,人们将免疫沉淀方法与其他方法相结合,在其基础上衍生出很多更为复杂的技术,使蛋白质分析方法更为多样化,应用范围更为广泛。该技术现已广泛应用于基因、蛋白质及其相互作用等研究领域。按应用范围分类,可分为以下四类:

1. 免疫沉淀(Individual protein immunoprecipitation, IP)。利用抗体特异性从细胞裂解物或其他可溶性生物样品中纯化已知特定蛋白质。IP 与 SDS-PAGE 方法联用时,可达到测量蛋白质相对分子量、对已知抗原定量、确定蛋白质降解速率等目的。

2. 免疫共沉淀(Protein complex immunoprecipitation, Co-IP)。利用抗体沉淀相应特定抗原,同时沉淀与该抗原相互结合的其他分子,主要用于研究蛋白质的相互作用。Co-IP 与 WB 或质谱方法结合,可用于确定特定蛋白-兴趣蛋白在天然状态下的结合情况,确定特定蛋白质的新作用搭档。

3. 染色质免疫沉淀(Chromatin immunoprecipitation, ChIP)。在活细胞状态下固定蛋白质-DNA 复合物,并将其随机切断,通过免疫沉淀复合体特异性富集目的蛋白结合的 DNA 片段,再通过对 DNA 片段的纯化和检测,获得蛋白质与 DNA 相互作用的信息。ChIP 不仅可以检测体内反式因子与 DNA 的动态作用,还可用于研究组蛋白的各种共价修饰与基因表达间的关系。将 ChIP 与基因芯片相结合形成的 ChIP-on-chip 方法可用于特定反式因子靶基因的高通量筛选;ChIP 与体内足迹法相结合,可用于寻找反式因子的体内结合位点。

4. RNA 免疫沉淀(RNA immunoprecipitation, RIP)。其原理与 ChIP 相近,但 RNA 免疫沉淀是用来研究与蛋白质结合的 RNA 在基因表达调控中的作用。

17.4 双向聚丙烯酰胺凝胶电泳分离蛋白质

17.4.1 实验目的

1. 掌握双向电泳的基本理论和实验技能。
2. 了解双向电泳实验的设计原理。

17.4.2 实验原理

根据不同的蛋白质具有不同的分子量和等电点的特点,利用这一性质首先通过毛细管聚丙烯酰胺凝胶等电聚焦技术将不同等电点的蛋白质分开,然后通过 SDS-聚丙烯酰胺凝胶电泳将相同或相近等电点而分子量不同的蛋白质进行相对分子量分离。经过二维电泳分离的蛋白质在二维电泳图谱所处的位置,就是该蛋白质的相对分子量和等电点。双向电泳即一向等电聚焦电泳、平衡、二向十二烷基磺酸钠-聚丙烯酰胺凝胶电泳。

等电聚焦(isoelectric focus, ISO-DALT)以 O. Farrell 技术为基础。第一向应用载体两性电解质(carrier ampholyte, CA),在管胶内建立 pH 梯度。但随着聚焦时间的延长,pH 梯度不稳,易产生阴极漂移。固相 pH 梯度等电聚焦电泳(mi mobilized pH gradient, IPG-DALT)发展于 20 世纪 80 年代早期。由于固相 pH 梯度(mi mobilized pH gradient, IPG)的出现解决了 pH 梯度不稳的问题。IPG 通过共价耦联于丙烯酰胺产生固定的 pH 梯度,从而达到高度的重复性。目前可以精确制作线性、渐进性和 S 型曲线,范围或宽或窄的 pH 梯度。pH 3~5、pH 6~11 与 pH 4~7 的 IPG。

双向电泳的第二向是将 IPG 胶条中经过第一向分离的蛋白转移到第二向 SDS-PAGE 凝胶上,根据蛋白相对分子质量或分子量大小在与第一相垂直的方向进行分离。蛋白质与十二烷基硫酸钠(SDS)结合形成带负电荷的蛋白质-SDS 复合物,由于 SDS 是一种强阴离子去垢剂,所带的负电荷远远超过蛋白质分子原有的电荷量,能消除不同分子之间原有的电荷差异,从而使得凝胶中电泳迁移率不再受蛋白质原有电荷的影响,而主要取决于蛋白质分子质量的大小,其迁移率与分子量的对数呈线性关系。在蛋白质组研究中,需要在同样的条件下同时走多块胶,这对凝胶与凝胶之间的比较十分重要。

17.4.3 仪器与试剂

1. 仪器:双向电泳系统一套;烧杯 1 000 ml、50 ml 各 1 个;量筒 1 000 ml(或 500 ml)、100 ml、10 ml 各 1 个;注射器 1 ml(带长针头)、微量注射器 100 μl(或 50 μl)各 1 支。
2. 试剂:
(1) 第一向电泳——毛细管等电聚焦电泳(IEF)
① 覆盖溶液(25 ml):含 8 mol/L 尿素;1% 两性电解质 pH 3~9.5,5%(w/v) NP40 (Nonidet P 40 Substitute)和 100 mmol/L DTT。

配制:取 12 g 尿素,0.25 ml 两性电解质(pH 3~9.5),12.5 ml 的 10% 的 NP40 和 0.386 g DTT,用重蒸水溶解后,定容到 25 ml。溶液不能受热,储存在冰箱中。

② 平衡溶液(250 ml)-Tris-HCl(pH 6.8)缓冲液：含 2% SDS,100 mmol/L DTT 和 10%甘油。

③ 30% Acrylamide 第一向储液(100 ml)：含 28.4%(w/v)acrylamide 和 1.6%(w/v) N,N'-methylene-bis-acrylamide。

配制：用双蒸水先将 1.6 g bisacrylamide 溶解后,再加入 28.4 g gacrylamide,溶解,用重蒸水定容到 100 ml。如果溶液混浊,需要进行过滤。溶液存放在棕色瓶中,4℃贮藏,3~4 w 内使用。

④ 10%(w/v)NP40(20 ml)。

配制：100 ml 溶液,称量 10 g NP40,用双蒸水定容到 100 ml,室温存放。

⑤ 10 mmol/L H_3PO_4

配制：2 000 ml,量取 1.35 ml H_3PO_4(85%)用蒸馏水定容到 2 000 ml。

⑥ 固定液：

配制：乙醇 35 ml,三氯乙酸 10 g,磺基水杨酸 3.5 g,加蒸馏水定容到 100 ml。

⑦ 脱色液：

配制：乙醇 25 ml,冰乙酸 10 ml,加蒸馏水定容到 100 ml。

⑧ 10%过硫酸铵：

配制：0.1 g 过硫酸铵溶于 1 ml 重蒸水中,在 4℃冰箱中可保存 3~4 w。

(2) 第二向电泳——SDS-聚丙烯酰胺凝胶电泳(SDS-PAGE)

① 30% Acrylamide 第二向储液(500 ml)：含 29.1%(w/v)acrylamide 和 0.9%(w/v) N,N'-methylene-bis-acrylamide,配制方法同第一向储液。

② 10% SDS：

配制：称 10 g SDS,用双蒸水溶解,定容到 100 ml,室温保存。

17.4.4 实验流程

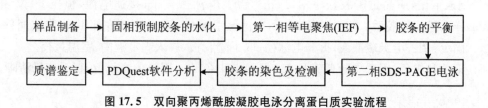

图 17.5　双向聚丙烯酰胺凝胶电泳分离蛋白质实验流程

17.4.5 实验步骤

1. 灌制第一向凝胶：取 1 支 1 ml 注射器和一根长针头,吸取约 0.5 ml 第一向凝胶溶液,再取 1 支玻璃管,用手指垫一块封口膜堵住玻璃管的一端,将长针头全部插入玻璃管中,一边注入凝胶溶液一边后退针头,注意针头不要露出胶面,直至凝胶溶液到达玻璃管顶端,撤出针头,用滤纸擦干玻璃管口的凝胶溶液,然后用封口膜封住该端管口,将玻璃管倒置,将长针头从玻璃管的另一端插入管内凝胶液面下,用同样的方法注入凝胶,待凝胶聚合后,用微量注射器吸去覆盖在胶上的双蒸水。在每根胶柱上加 20~30 μl 蛋白质样品溶液,然后再加入覆盖溶液至管口。

2. 安装电泳槽：加样后将玻璃管插入电泳槽的架子上,在上槽中玻璃管上端露出 1 cm,

剥去玻璃管下端的封口膜,准备电泳。在电泳槽的下槽加 2 000 ml 10 mmol/L H_3PO_4 溶液,将柱胶下端浸入到 H_3PO_4 溶液中,注意胶下端不可有气泡(如果有气泡,可以先用注射器将胶下端用 H_3PO_4 溶液灌满,再将柱胶插入 H_3PO_4 溶液中)。

3. 聚焦电泳在 1 000~1 500 V 的电压下进行电泳,直至电流接近于为零(7~8 h)停止电泳。如果聚焦好的凝胶不能马上进行第二向电泳,在管内放置了几小时以上,可在走第二向电泳之前再聚焦电泳 1~2 h,以消除样品受扩散的影响。

4. 电泳结束后,在正极端凝胶内插入约 1 cm 长的铜丝作为标记,用洗耳球从玻璃管上样端轻轻挤入空气,使凝胶退胶。将推出的凝胶条放入盛有平衡液的烧杯中,约 10 ml,浸泡使其平衡 20 min,再进行第二向电泳。另一条胶放入固定液中固定 1~2 h,用考马斯亮蓝 R250 染色 1 h,再用脱色液脱色,观察第一向聚焦效果。

5. 安装第二向电泳装置:在冷却槽上取下红色密封条,安装上白色密封条,将夹心式凝胶板从灌胶支架底座上取下,安装在冷却槽上。

6. 凝胶拼接。

(1) 将平衡好的胶条用少量的电极缓冲液漂洗,摆放在一块干净的玻璃板上,胶条的正极端位于小加样槽一端。胶条两端各切去约 2 cm,使凝胶长度略短于加样槽。

(2) 轻轻拔出样品槽模板,在小加样槽中加入 5~10 μl 标准蛋白质。

(3) 用滴管将已加热融化的用电极缓冲液配制的 1% 琼脂快速加在浓缩胶上,使琼脂在浓缩胶上铺开呈一层水平状。

(4) 待琼脂凝固,将放着胶条的玻璃板靠近短板,使胶条滑入槽内,平铺在琼脂上,将胶条与琼脂胶紧密结合。

(5) 用滴管加融化的琼脂于胶条上,使其到达短板上沿,将胶条包埋。

(6) 滴加融化的琼脂到玻璃板与冷却槽交接处,密封上槽。

7. 电泳:将电泳装置放入电泳槽中,在上槽中灌入电极缓冲液,缓冲液高过短板,其余缓冲液倒入下槽,应高过凝胶板下沿 2 cm。盖上电泳槽盖子,接通电源,恒压 60 V,电泳 30 min,样品进入凝胶后,调节恒压 250 V,电泳至溴酚蓝到达分离胶底部 1 cm 左右时停止。

8. 固定:倒去电极缓冲液,拆开电泳槽,取下凝胶板,放入固定液中,室温过夜。

9. 染色和脱色:用考马斯亮蓝 R-250 染色液染色 2 h,用脱色液脱色,直至背景清晰。

17.4.6 结果分析

凝胶扫描。

17.4.7 注意事项

1. 样品蛋白在裂解液、水化液等含有尿素的溶解液中时,不得加热此种样品,避免尿素水解成乙氰酸盐,造成蛋白氨基甲酰化,导致 pI 值的偏移。

2. 尿素储液存放时间过长,则可形成氰酸盐,从而发生蛋白质的甲酰化。分装后的裂解液、水化液储存于 −20 ℃,一旦取出溶解后不能再继续使用。

3. 电极纸垫:采用纸质滤纸片,剪成 3 mm 宽,用去离子水润湿后再用滤纸吸出多余的水,保证滤纸片湿润而不是过于潮湿。将湿润的滤纸片置于胶条与电极之间,可以减少盐分对等电聚焦的影响(如果采用此方法,等电聚焦的伏特小时数需延长 10%)。

17.4.8 应用

1. 双向电泳的分辨率较高,自第一次应用该技术以来,其分辨率已从15个蛋白质点发展到10 000多个蛋白质点。一般的双向电泳也能分辨1 000～3 000个蛋白质点。因此,近年来,双向电泳被广泛应用于农业、医学等研究领域。

2. 在动物科学中的应用:双向电泳被广泛应用于小鼠血清蛋白、卵巢蛋白、兔晶状体蛋白质、昆虫离体细胞膜蛋白、户尘螨蛋白等方面的研究。

3. 在植物科学中的应用:双向电泳被广泛应用于水稻蛋白质、小麦蛋白质、茶树蛋白质、杉树蛋白质等方面的研究。

4. 在医学中的应用:目前许多研究者利用双向电泳对人体的各种组织、器官、细胞进行了研究,为疾病的诊治及了解发病机制提供了新的手段。例如,在肿瘤的研究中,寻找与肿瘤发生、发展和抗药性有关的蛋白。

1. 双向聚丙烯酰胺凝胶电泳设计原理。
2. 双向聚丙烯酰胺凝胶电泳实验操作流程。

双向凝胶电泳虽然以高分辨率、简单、快速等优点成为目前蛋白质组学研究的核心手段,但是样品制备、电泳和蛋白质的定量、蛋白质检测的可重复性依然是制约双向电泳应用的瓶颈。它虽然在膜蛋白样品溶解性、低丰度蛋白质检测、极酸极碱蛋白质及低分子量和高分子量蛋白质分离等方面取得了很大进步,但问题仍未彻底解决。

(杨清玲　杨　滢)

第18章 基因工程菌的大规模培养及高密度发酵技术

18.1 实验目的

1. 掌握基因工程菌大规模培养及高密度发酵技术的原理。
2. 了解基因工程菌的生长特性和菌密度与重组蛋白表达的关系。

18.2 实验原理

发酵工业在基因工程药物的研制方面起着不可替代的作用。基因工程技术和大规模培养技术的有机结合,使得原来无法大量获得的天然蛋白特别是基因工程药物能够大量生产,应用于临床的基因工程药物正以每年5‰～15‰的速度增长。

高细胞密度发酵是指在一定条件和培养体系下,获得最多的细胞量,由此更多地或更高效地获得目的产物。即利用一定的培养技术和装置提高菌体的发酵密度,使菌体密度较普通培养有显著提高,最终提高产物的比生产率(单位体积单位时间内产物的产量)。实现高密度发酵不仅可以减少培养体积、强化下游分离提取,还可以缩短生产周期、减少设备投资,从而降低生产成本,提高市场竞争力。

发酵工程菌除有高浓度、高产量、高产率等特点外,还应该满足:能利用易得的廉价原料;不致病,不产生内毒素;容易进行代谢调控;易于进行DNA重组技术。由于大肠杆菌结构简单、遗传学背景较为清晰、生长周期短、生长条件清楚、操作简便、培养条件容易控制、成本低,因此成为最常用的宿主菌,已被广泛应用于重组蛋白以及非蛋白生物分子。

重组大肠杆菌的高密度培养是增加重组蛋白产率的最有效的方法,高密度发酵在增加菌密度的同时提高蛋白的表达量,从而有利于简化下游的纯化操作。重组大肠杆菌高密度培养受表达系统、培养基、培养方式、发酵条件控制等多种因素的影响,在实际操作中需要对各种因素进行优化,建立最佳的发酵工艺。发酵工艺优化的研究可通过每次改变一个因素或同时改变几个参数来进行,然后运用统计学分析寻找它们之间的相互作用。

影响高密度发酵的因素非常多,如细胞生长所需要的营养物质、发酵过程中生长抑制物的积累、溶氧浓度、培养温度、诱导方式、发酵液的pH、补料方式及发酵液流变学特性等。工程菌提高分裂速度的基本条件是必须满足其生长所需的营养物质。因此,在成分选择上,要尽量选取容易被工程菌利用的营养物质,例如,普通培养基中一般是以葡萄糖为碳源,而葡萄糖需经过氧化和磷酸化作用生成1,3-二磷酸甘油醛,才能被微生物利用,因此用甘油作为培养基的碳源可缩短工程菌的利用时间,增加分裂增殖的速度。目前,普遍采用6 g/L的甘油作为高密度发酵培养基的碳源。另外,高密度发酵培养基中各组分的浓度也要比普通培养基高2～3倍,才能满足高密度发酵中工程菌对营养物质的需求。当然,培养基浓度也不可过高,因为过高会使渗透压增高,反而不利于工程菌的生长。

微生物的培养方式主要有分批、连续和补料分批三种。大肠杆菌发酵大多采用补料分批培养。补料分批培养的特点是,在培养过程中不断补充培养基,使菌体在较长时间里保持稳定的生长速率,从而实现高密度生长。但是在补料流加的过程中既不能加入得过快,也不能加入得过慢。过慢则无法满足逐渐增加的菌体生长需要,同时也使培养过程中产生的抑制性副产物大量积累,而过快则使携带目的蛋白的质粒没有充裕的时间复制,降低目的蛋白的表达量;而且快速的细菌生长还易引发质粒的不稳定性。

高密度发酵是工程菌剧烈生长繁殖的过程,这期间对氧气的需求量也大大提高,这就需要及时调整通风量和搅拌速度,一般的高密度发酵通风速度达 18 L/min(20 L 发酵罐),搅拌速度达 500 rpm 以上,需保持 60% 以上的溶氧饱和度。此外,还需要考虑通风速度和搅拌速度的增加对泡沫和发酵液黏稠度的影响。另外,工程菌的生长和繁殖也会使温度和 pH 发生变化,也要及时进行调整。在我们的实验中,严格控制补料流加的速度,在有效提高菌体产量的同时提高目的蛋白的表达量。

如果使用全自动发酵罐系统,发酵参数由计算机程序控制,则会大大完善高密度发酵工艺,因为程序化控制会使发酵参数自动达到最佳状态,而且参数的改变比手动要温和、平稳,这些都对工程菌的生长繁殖极为有利。

以上几个方面是建立工程菌发酵工艺的关键,对基因工程中的大多数工程菌来说,只要综合考虑,严格控制,都会建立起成熟稳定的高密度发酵工艺。

18.3 仪器与试剂

1. 仪器:发酵罐(7 L)1 套、冷冻高速离心机、可见光分光光度计、旋转式摇床、发酵罐、恒温培养箱。

2. 试剂:

(1) 菌种和质粒:

宿主菌为 BL21,表达质粒 pET24a SA-IL-2 和 pET24aSA-GM-CSF 由本实验中心构建和常规保存。

(2) LB 培养基(pH 7.0):

蛋白胨 10 g/L,酵母提取物 5 g/L,NaCl 10 g/L,高压灭菌 20 min,用时加入卡那霉素。

(3) 2Y 培养基(pH 7.0):

蛋白胨 16 g/L,酵母提取物 10 g/L,NaCl 4 g/L,高压灭菌 20 min,用时加入卡那霉素。

(4) 半合成培养基(pH 7.0):

$(NH_4)_2SO_4$ 1.8 g/L,NH_4Cl 0.3 g/L,蛋白胨 4 g/L,酵母提取物 2.25 g/L,甘油 10 g/L,磷酸盐适量(KH_2PO_4 : K_2HPO_4 : $Na_2HPO_4 \cdot 12H_2O$ = 2 : 4 : 7),微量元素 $MgSO_4 \cdot 7H_2O$ 0.3 g/L,高压灭菌 20 min,用时加入卡那霉素。

(5) 补料基质(pH 7.0):

酵母提取物 5 g/L,蛋白胨 10 g/L,$MgSO_4 \cdot 7H_2O$ 0.6 g/L,甘油 170 g/L,高压灭菌 20 min,用时加入卡那霉素。

(6) Bradford 蛋白浓度测定试剂盒。

18.4 实验流程

图 18.1 基因工程菌的大规模培养及高密度发酵技术实验流程

18.5 实验步骤

1. 发酵用菌种的筛选。取一管冷冻保存的甘油菌,用接种环接种于 LB 平板上,37 ℃培养过夜,随即挑选单克隆菌种于含有 5 ml LB 培养液的试管中,30 ℃ 培养至 $A_{600\,nm}$ 为 0.4~0.6 时,IPTG 诱导表达,离心收集菌体,进行 SDS-PAGE 以检测表达情况。将表达量最高的克隆作为发酵用的种子,分装冷冻保存,每批发酵取出一管,以保证菌种的稳定性。

2. 工程菌的培养。

(1) 种子的活化:取冷冻保存的工程菌株划板,37 ℃ 培养约 16 h,挑单克隆接种于含 3 ml LB 培养基的试管中,37 ℃,200 rpm 培养 10 h 左右,然后按试管中培养基量的 2% 转种 1 次,在相同条件下培养 4 h 即成为活化种子。

(2) 工程菌三角摇瓶培养:取活化的种子,以 2% 接种量接种于含 200 ml 2YT 培养基的 500 ml 摇瓶中,37 ℃、250 rpm 旋摇培养,当 OD_{600} 值为 1~2 h 可以作为 5 L 发酵罐的菌种。

3. 上罐前的准备。

(1) 检查电源是否正常,空压机、微机系统和循环水系统是否正常工作。

(2) 检查系统上的阀门、接头及紧固螺钉是否拧紧。

(3) 开动空压机,用 0.15 MPa 的压力,检查种子罐、发酵罐、过滤器、管路、阀门等密封性是否良好,有无泄漏。罐体夹套与罐内是否密封(换季时应重点检测),确保所有阀门处于关闭状态(电磁阀前方的阀门除外)。

(4) 检查水(冷却水)压、电压、气压能否正常供应。进水压维持在 0.12 MPa,允许在 0.15~0.2 MPa 范围的变动,不能超过 0.3 MPa,温度应低于发酵温度 10 ℃;单相电源 AC220 V±10%,频率 50 Hz,罐体可靠接地;输入蒸汽压力应维持在 0.4 MPa,进入系统后减压为 0.24 MPa;空压机压力值 0.8 MPa,空气进入压力应控制在 0.25~0.30 MPa(空气初级过滤器的压力值)。

(5) 温度、溶氧电极、pH 电极校正及标定。

(6) 检查各电机能否正常运转,电磁阀能否正常吸合。

4. 实罐灭菌。在投料前,气路、料路、种子罐、发酵罐、消泡罐必须用蒸汽进行灭菌,消除所有死角的杂菌,保证系统处于无菌状态。

(1) 空气管路的空消。空气管路上有三级预过滤器、冷干机和除菌过滤器。预过滤器和冷干机不能用蒸汽灭菌,因此在空气管路通蒸汽前,必须将通向预过滤器的阀门关闭,使蒸汽通过减压阀、蒸汽过滤器,然后进入除菌过滤器;除菌过滤器的滤芯不能承受高温高压,因此,蒸汽减压阀必须调整在 0.13 MPa,不得超过 0.15 MPa;空消过程中,除菌过滤器下端的排气阀应微微开启,排除冷凝水;空消时间应持续 40 min 左右,当设备初次使用或长期不用后再次启动时,最好采用间歇空消,即第一次空消后,隔 3~5 h 再空消一次,以便消除芽孢;经空消后的过滤器,应通气吹干,20~30 min,然后将气路阀门关闭。

(2) 种子罐、发酵罐、碱罐及消泡罐空消。种子罐、发酵罐、碱罐及消泡罐是将蒸汽直接通入罐内进行空消;空消时,应将罐上的接种口、排气阀及料路阀门微微打开,使蒸汽通过这些阀门排出,同时确保罐压为 0.13~0.15 MPa;空消时间为 30~40 min,特殊情况下,可采用间歇空消;种子罐、发酵罐、消泡罐和碱罐空消前,应将夹套内的水放掉;空消结束后,应将罐内冷凝水排掉,并将排空阀门打开,防止冷却后罐内产生负压损坏设备。空消时,溶氧、pH 电极取出,可以延长其使用寿命。

(3) 实消。实消是当罐内加入培养基后,用蒸汽对培养基进行灭菌的过程,种子罐、碱罐、消泡罐和发酵罐实消的操作过程相同。空消结束后,应尽快将配好的培养基从加料口加入罐内,此时夹套内应无冷却水。培养基在进罐之前,应先糊化,一般培养基的配方量以罐体全容积的 70% 左右计算(泡沫多的培养基为 65% 左右,泡沫少的培养基可达 75%~80%),考虑到冷凝水和接种量的因素,加水量为罐体全容积的 50% 左右,加水量的多少与培养基温度和蒸汽压力等因素有关,需在实践中摸索。先开启机械搅拌装置,使罐内物料均匀混合,转速 50~100 rpm。打开夹套蒸汽阀、排气阀,对罐内培养基预热,当罐内温度升到 90 ℃ 时,关闭夹套进气阀,打开罐内所有进气阀,通入蒸汽。当罐温上升至 105 ℃ 时,缓缓打开排气阀,将罐顶冷空气排掉,持续 5 min 后,关闭排气阀。当罐压升至 0.12 MPa,温度升到 121~123 ℃ 时,控制蒸汽阀门开关,保持罐压不变,30 min 后停止供气。打开冷却水的进排阀门,在夹套内通水冷却,当罐内压力降至 0.05 MPa 时,微微开启排气阀和进气阀,进行通气搅拌,加速冷却速度,并保持罐压为 0.05 MPa,直到罐温降至接种温度。

(4) 接种。采用火焰封口接种,接种前应事先准备好酒精棉花、钳子、镊子和接种环。菌种装入三角烧瓶内,接种量根据工艺要求确定。将酒精棉花围在接种口周围点燃,用钳子或铁棒拧开接种口,此时应向罐内通气,使接种口有空气排出。将三角瓶的菌种在火环中间倒入罐内。将接种口盖在火焰上灭菌后拧紧。接种后即可通气培养,罐压保持在 0.05 MPa。

5. 发酵培养。高密度发酵培养:发酵罐中的起始工作体积为 2.5 L,在罐中接入 200 ml 三角摇瓶培养的种子(接种量为 4%)。发酵温度 37 ℃,起始转速 250 rpm。发酵过程的几个关键参数为:

(1) 溶氧量及转速。空气流速设定为每分钟 1 个发酵体积,搅拌转速控制和溶氧量参数相关联,每 30 s 提高或降低 10 rpm,溶氧量控制在 35% 左右,最大转速达 800 rpm 时通入纯氧。

(2) pH。自动流加 30% 的氨水,使 pH 保持在 7.0 左右。补料的流加:根据实际经验,用甘油代替葡萄糖作为碳源。补料的流加分两个阶段进行,在 5 h 的分批培养后,5~9 h 补加含 5 g 甘油的补料;9~13 h 加入含 100 g 甘油的补料。以上数据由计算机自动收集和记录。

(3) 整个发酵过程中,通过改变 pH、活化和诱导时间、溶解氧浓度和补料的流加,观察工程菌的生长和目的蛋白的表达。

6. 放罐。当菌量增长(OD)值缓慢时,便可放罐。排放液需经灭菌处理才可进入下水道。

7. 清洗。放罐后,将发酵罐清洗干净,清洗时应注意罐盖顶部的电气接口不能进水,否则可能会引起电气元件的损坏或数据测量错误。清洗后关闭所有电源。

18.6 结果分析

1. 菌体浓度的测定:使721分光光度计对菌体浓度进行测定,分光光度计测定波长为600 nm。
2. 使用灰度扫描仪测定电泳条带中目的蛋白的含量。
3. Bradford法测定菌体总蛋白。

18.7 注意事项

1. 发酵前应探索诱导外源基因高表达的最适条件,以使重组大肠杆菌既能高密度生长又能高效率表达外源目的蛋白。要实现外源基因的高表达而又不过多地影响宿主菌的生存,就必须优化诱导时期、诱导培养时间、诱导剂浓度等参数。

2. 发酵的全过程中不加补料,则由于碳源和氮源的供给不足,而使收菌量和表达量均很低,所以,应该根据基因重组菌的需求,将限制性底物(通常为碳源)不断流加到反应器中,可避免高浓度底物的抑制作用。限制性底物的流加速率决定了细胞的比生长速率,从而影响重组菌的稳定性及外源基因的表达。维持补料分批发酵中重组菌恒定的比生长速率,应采用指数流加的方式,也可采用阶梯式提高流加速率的方法。

3. 高密度发酵中为了减少补料的稀释作用,通常采用高浓度补料液。这些浓液加入发酵液后,须立即混匀,否则细胞与局部的高浓度补料接触会造成代谢的失控。

18.8 应用

随着DNA重组技术的完善和发展,以基因工程菌进行高附加值产品生产的现代生物技术产业已经形成,因此基因工程菌的发酵过程优化成为一个重要的研究课题。大肠杆菌可表达外源基因是应用最广泛的宿主菌之一,已用于许多具有重要应用价值的蛋白如胰岛素、生长激素、干扰素、白介素、集落刺激因子、人血清白蛋白及一些酶类的生产。

1. 基因工程菌的高密度发酵技术原理是什么?
2. 应该如何克服高密度发酵不利因素的影响?
3. 基因工程菌发酵过程中菌体密度与重组蛋白质表达量的关系是什么?

大肠杆菌作为原核细胞表达系统具有一定的局限性,无法进行特定的翻译修饰,特别是糖基化修饰以及细菌中有毒蛋白或抗原作用的蛋白对产物的影响。因此人们开始注意真核表达系统的构建,酵母是单细胞真核生物,无论在蛋白质翻译后修饰加工、基因表达调控还是生理生化特征上,都与高等真核生物相似。用分子生物学技术将编码外源蛋白或多肽的基因引入酵母菌,构建重组酵母工程菌表达抗原或细胞因子等,用于制备相应的生物制品,是研究开发新生物制品的重要趋势之一。20世纪80年代,默克和史克公司用重组酿酒酵母菌(Saccharomycescere-visiae)表达的乙型肝炎表面抗原(HBsAg)制备乙型肝炎疫苗,是最早用重组酵母制备生物制品的成功范例。现已用重组酵母工程菌制备乙型肝炎疫苗、HPV疫苗、人血清白蛋白(HSA)和细胞因子。近年来,用重组酵母工程菌,特别是甲醇营养型酵母工程菌高效表达外源蛋白或多肽已成为相关研究的热点之一。

(王文锐)

第 5 篇

生物信息学在分子生物学实验中的应用

第 19 章 核酸和蛋白质序列的查询和分析

自 20 世纪 90 年代人类基因组计划启动以来，人类和多个模式生物的基因组测序工作相继完成，生物大分子（核酸、蛋白质）序列和结构的信息量呈现爆炸性增长，给生物学家处理数据提出了很大的难题。由此，一门新兴的学科——生物信息学（bioinformatics）应运而生。生物信息学通过综合运用数学、计算机科学和信息学，处理和分析庞大的生物数据并解释和阐明其中包含的生物学意义。生物信息学的出现极大地促进了基因组学、转录组学、蛋白质组学和代谢组学的快速发展，已成为生命科学、医学、生物技术和制药工业发展的强大推动力。

本章将介绍核酸、蛋白质等生物大分子数据库的分类、特征，数据库搜索方法，以及常用分子生物学软件的使用。

19.1 核酸与蛋白质序列的数据库查询

19.1.1 生物学数据库

牛津大学创办的《Nucleic Acids Research》杂志每年的第一期都详细介绍了最新版本的各种数据库。在 2014 年 1 月出版的第 42 卷第 1 期中介绍了 58 种新增分子生物学数据库和 123 种更新的数据库，包括其详尽描述和访问网址。迄今为止，国际上已有数百个生物学数据库，根据数据存放类型的不同，可分为序列数据库（如 GenBank、PIR、Swiss-Prot）、基因组数据库（如 Ensembl）、书籍和文档数据库（如 NCBI 的 Bookshelf）、文献数据库（如 NCBI 的 PubMed、UniProt 的 UniPef）、3D 结构数据库（如 PDB）、结构分类数据库（如 SCOP 和 CATH）和序列特征数据库（如 PROSITE、Pfam）等。根据存储的具体内容，还可以分为一级数据库（primary database）、二级数据库（secondary database）和专用数据库（specialized database）。

一级数据库属于档案数据库，库中的主要内容源自实验所得的原始数据，如测序得到的序列、X 射线晶体衍射或 MRI 所得的三维结构及其相关信息的说明。GenBank、EMBL 和 DDBJ 三大核酸序列数据库及 PDB 蛋白质结构数据库就是典型的一级数据库。

二级数据库则是对一级数据库的数据进行计算机加工处理，并添加了人工的注解的数据库。像美国国家生物技术信息中心（National Center for Biotechnology Information，NCBI）的 Protein 数据库中的大多数蛋白质序列是将核酸序列中的编码区（coding sequence region，CDS）翻译成氨基酸序列后，通过计算分析后人为地添加蛋白质名称及功能注释。UniProt 里的 UniProt Knowledgebase（UniProtKB）数据库是由欧洲生物信息学研究所（European Bioinformatics Institute，EBI）将 Swiss-Prot 和 TrEMBL 两大蛋白质数据库组合在一起建立的，是目前最大的蛋白质序列二级数据库。

一级数据库的注释信息量非常有限，而二级数据库中的结构与功能的注释可为分析提供更有效的帮助，但有时也会产生误导，尤其是一些由程序自动计算得出的结果。

专用数据库是收录特定类型信息的数据库，像 AceDB 数据库最初设计为专门收录秀丽线虫的基因组数据；HSSP(homology derived secondary structure of protein)同源蛋白数据库则专门收录具有同源结构的蛋白质分子。

19.1.2 核酸序列数据库

绝大部分核酸序列数据收录在三大生物信息中心，分别是 NCBI(网址：http://www.ncbi.nlm.nih.gov/)维护的 GenBank 数据库、EBI(网址：http://www.ebi.ac.uk/)维护的 EMBL 数据库及日本国立遗传研究所(National Institute of Genetics，NIG；网址：http://www.ddbj.nig.ac.jp/)维护的 DDBJ 数据库。1988 年，GenBank、EMBL 和 DDBJ 数据库建立了合作，共同成立了国际核酸序列联合数据库中心，数据库之间逐日交换信息，实现数据的同步更新。下面以 GenBank 数据库为例，介绍核酸序列数据库的使用。

GenBank 数据库是美国国立卫生研究院(National Institute of Health，NIH)维护的一级核酸序列数据库，汇集并注释了所有公开的核酸序列，以及与之相关的生物学信息和参考文献。目前 GenBank 中所有的记录均来自于最初作者向 DNA 序列数据库的直接提交。每个记录代表了一个单独的、连续的、带有注释的 DNA 或 RNA 片段。该数据库的网址为 http://www.ncbi.nlm.nih.gov/genbank/(如图 19.1)。GenBank 数据库核酸序列标识符具有特定的含义(如表 19.1)。

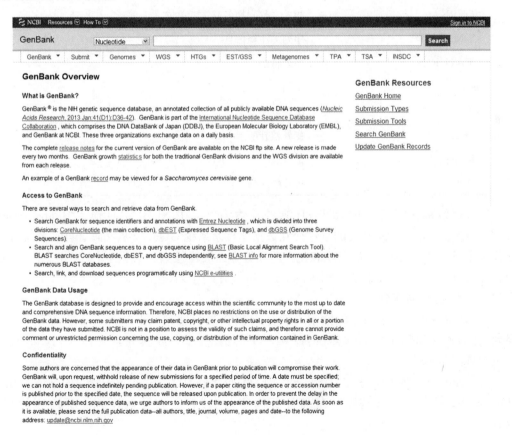

图 19.1　GenBank 数据库主页

表 19.1　GenBank 数据库核酸序列标识符及其含义

GenBank 标识符	含义
LOCUS	标识字符、序列长度、发布时间等文字说明
DEFINITION	提交序列的简单介绍
ACCESSION	唯一的序列号
GI	序列标记号
PMID	PubMed 标识符
VERSION	序列的版本号
KEYWORDS	关键词
SOURCE	提交序列的物种学名
ORGANISM	提交序列的物种学名及其分类地位
REFERENCE	相关文献编号或提交注册信息
AUTHORS	相关文献作者或提交序列作者
misc_difference	不同序列间的差异
TITLE	相关文献题目或直接提交
JOURNAL	相关文献刊物名或作者单位
COMMENT	序列的注释信息
FEATURES	序列特征
gene	基因
CDS	编码区序列
variation	变异核苷酸
sig_peptide	信号肽
ORIGIN	核苷酸序列

以人胰岛素基因(insulin, INS)序列的检索为例。在 NCBI 主页输入"homo sapiens insulin"关键词,由 NCBI 开发的全球交互数据库检索系统 GQuery 从文献、健康、系统分类、核苷酸序列、基因组、基因、蛋白质和化学药品等方面展开检索。截止至 2014 年 1 月 17 日,GQuery 已检索到人胰岛素基因相关的 5319 条核苷酸序列(包含 3877 个 EST)、1624 个基因和 4036 条蛋白质序列。

在 Nucleotide 数据库中,可检索人胰岛素核苷酸全序列(如 Accession:J00265)、部分序列(如 cDNA 编码序列 Accession:BC005255,如图 19.2)或胰岛素受体序列(如 Accession:NM_000208)。

在 Gene 数据库中,可查找相应基因,例如 INS ID:3630,insulin(Homo sapiens (human))是对人胰岛素基因的最新注释内容,在其右上方导航栏有注释内容的列表(如图 19.3)。

GenBank ▾　　Send: ▾

Homo sapiens insulin, mRNA (cDNA clone MGC:12292 IMAGE:3950204), complete cds

GenBank: BC005255.1

FASTA　Graphics

```
LOCUS       BC005255                 495 bp    mRNA    linear   PRI 23-JUN-2006
DEFINITION  Homo sapiens insulin, mRNA (cDNA clone MGC:12292 IMAGE:3950204),
            complete cds.
ACCESSION   BC005255
VERSION     BC005255.1  GI:13528923
KEYWORDS    MGC.
SOURCE      Homo sapiens (human)
  ORGANISM  Homo sapiens
            Eukaryota; Metazoa; Chordata; Craniata; Vertebrata; Euteleostomi;
            Mammalia; Eutheria; Euarchontoglires; Primates; Haplorrhini;
            Catarrhini; Hominidae; Homo.
REFERENCE   1  (bases 1 to 495)
  AUTHORS   Strausberg,R.L., Feingold,E.A., Grouse,L.H., Derge,J.G.,
            Klausner,R.D., Collins,F.S., Wagner,L., Shenmen,C.M., Schuler,G.D.,
（省略部分）
  CONSRTM   Mammalian Gene Collection Program Team
  TITLE     Generation and initial analysis of more than 15,000 full-length
            human and mouse cDNA sequences
  JOURNAL   Proc. Natl. Acad. Sci. U.S.A. 99 (26), 16899-16903 (2002)
   PUBMED   12477932
REFERENCE   2  (bases 1 to 495)
  CONSRTM   NIH MGC Project
  TITLE     Direct Submission
  JOURNAL   Submitted (27-MAR-2001) National Institutes of Health, Mammalian
            Gene Collection (MGC), Bethesda, MD 20892-2590, USA
  REMARK    NIH-MGC Project URL: http://mgc.nci.nih.gov
COMMENT     Contact: MGC help desk
            Email: cgapbs-r@mail.nih.gov
            Tissue Procurement: CLONTECH
            cDNA Library Preparation: CLONTECH Laboratories, Inc.
            cDNA Library Arrayed by: The I.M.A.G.E. Consortium (LLNL)
            DNA Sequencing by: Sequencing Group at the Stanford Human Genome
            Center, Stanford University School of Medicine, Stanford, CA  94305
            Web site:       http://www-shgc.stanford.edu
            Contact:  (Dickson, Mark) mcd@paxil.stanford.edu
            Dickson, M., Schmutz, J., Grimwood, J., Rodriquez, A., and Myers,
            R. M.

            Clone distribution: MGC clone distribution information can be found
            through the I.M.A.G.E. Consortium/LLNL at: http://image.llnl.gov
            Series: IRAL Plate: 16 Row: m Column: 8
            This clone was selected for full length sequencing because it
            passed the following selection criteria: matched mRNA gi: 4557670.

            Differences found between this sequence and the human reference
            genome (build 36) are described in misc_difference features below.
FEATURES             Location/Qualifiers
     source          1..495
                     /organism="Homo sapiens"
                     /mol_type="mRNA"
                     /db_xref="taxon:9606"
                     /clone="MGC:12292 IMAGE:3950204"
                     /tissue_type="Pancreas"
                     /clone_lib="NIH_MGC_78"
                     /lab_host="DH10B"
                     /note="Vector: pDNR-LIB"
     gene            1..495
                     /gene="INS"
                     /db_xref="GeneID:3630"
                     /db_xref="HGNC:HGNC:6081"
                     /db_xref="MIM:176730"
     CDS             60..392
                     /gene="INS"
                     /codon_start=1
                     /product="insulin"
                     /protein_id="AAH05255.1"
                     /db_xref="GI:13528924"
                     /db_xref="GeneID:3630"
                     /db_xref="HGNC:HGNC:6081"
                     /db_xref="MIM:176730"
                     /translation="MALWMRLLPLLALLALWGPDPAAAFVNQHLCGSHLVEALYLVCG
                     ERGFFYTPKTRREAEDLQVGQVELGGGPGAGSLQPLALEGSLQKRGIVEQCCTSICSL
                     YQLENYCN"
     misc_difference 414
                     /gene="INS"
                     /note="'C' in cDNA is 'A' in the human genome."
     misc_difference 464
                     /gene="INS"
                     /note="'A' in cDNA is 'G' in the human genome."
     misc_difference 466..495
                     /gene="INS"
                     /note="polyA tail: 30 bases do not align to the human
                     genome."
ORIGIN
        1 agccctccag gacaggctgc atcagaagag gccatcaagc agatcactgt ccttctgcca
       61 tggccctgtg gatgcgcctc ctgcccctgc tggcgctgct ggccctctgg ggacctgacc
      121 cagccgcagc ctttgtgaac caacacctgt gcggctcaca cctggtggaa gctctctacc
      181 tagtgtgcgg ggaacgaggc ttcttctaca cacccaagac ccgccgggag gcagaggacc
      241 tgcaggtggg gcaggtggag ctgggcgggg gccctggtgc aggcagcctg cagcccttgg
      301 ccctggaggg gtccctgcag aagcgtggca ttgtggaaca atgctgtacc agcatctgct
      361 ccctctacca gctggagaac tactgcaact agacgcagcc cgcaggcagc cccccacccg
      421 ccgcctcctg caccgagaga gatggaataa agcccttgaa ccaacaaaaa aaaaaaaaaa
      481 aaaaaaaaaa aaaaa
//
```

Change region shown

Customize view

Analyze this sequence

- Run BLAST
- Pick Primers
- Highlight Sequence Features
- Find in this Sequence

Articles about the INS gene

- Resveratrol inhibits lipogenesis of 3T3-L1 and SGBS cells [Biochim Biophys Acta. 2016]
- Dynamic Modeling and Analysis of the Cross-Talk between Insulir [PLoS One. 2016]

Reference sequence information

RefSeq alternative splicing
See 4 reference mRNA sequence splice variants for the INS gene.

More about the INS gene

After removal of the precursor signal peptide, proinsulin is post-translationally cleaved into three peptides: the B chain and A chain pepti...
Also Known As: IDDM, IDDM1, IDDM2, ILP...

Homologs of the INS gene

The INS gene is conserved in chimpanzee, dog, mouse, rat, chicken, zebrafish, and frog.

Related information

- BioSystems
- Component Of
- Full text in PMC
- Gene
- Map Viewer
- OMIM
- Order cDNA Clone
- Probe
- Protein
- PubMed
- PubMed (Weighted)
- Taxonomy
- UniGene
- GEO Profiles

LinkOut to external resources

- SeekQuence Research Antibodies [SeekQuence Research Antibodies]
- ATCC MGC-12292 [American Type Culture Collect...]
- Order full-length cDNA clone [GeneCopoeia Inc.]
- Order full-length cDNA clone [K.K. DNAFORM]
- Order full-length cDNA clone [PlasmID Repository at Harvard...]
- Order INS cDNA clone/Protein/Antibody/RNAi [OriGene]

Recent activity

Turn Off　Clear

- Homo sapiens insulin, mRNA (cDNA clone MGC:12292 IMAGE:3950; Nucleotide
- insulin mRNA (42784) Nucleotide
- homo sapiens insulin mRNA (4513) Nucleotide
- Homo sapiens insulin (INS) gene, complete cds Nucleotide
- homo sapiens insulin (8871) Nucleotide

See more...

图 19.2　Nucleotide 数据库人胰岛素基因编码序列检索

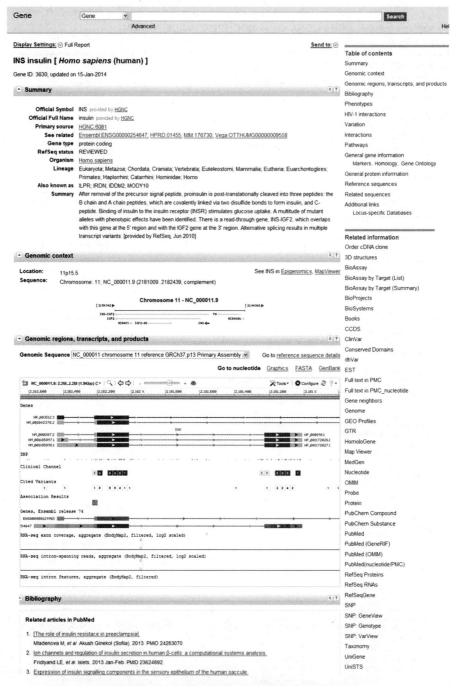

图 19.3　Gene 数据库检索人胰岛素基因页面(部分)

在 Protein 数据库中可检索人胰岛素的蛋白质序列。例如 insulin（Homo sapiens）（Accession：AAA59172，GI：386828），是由 Nucleotide 数据库收录的 4.044 kb 长的人胰岛素基因编码序列（Accession：J00265）自动翻译而成的（如图 19.4）。另外，在 Structure 数据库中还可检索胰岛素的 3D 结构。

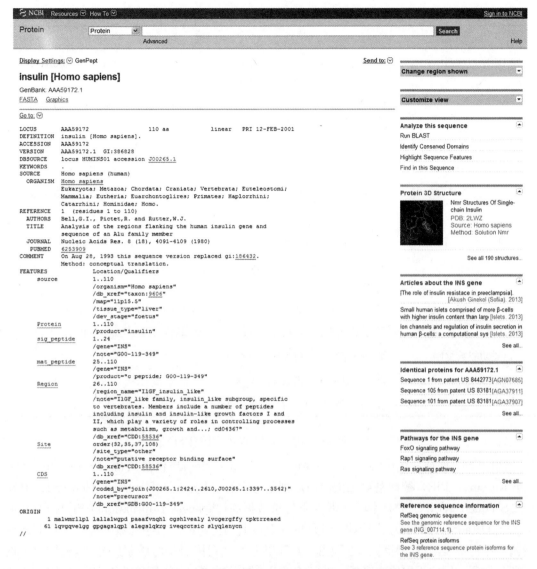

图 19.4　Protein 数据库人胰岛素蛋白质序列检索

19.1.3　蛋白质序列数据库

蛋白质是生命活动的载体和功能的执行者,参与生命活动的所有过程。1990 年人类基因组计划(Human Genome Project,HGP)正式启动后,2001 年 4 月,国际人类蛋白质组研究组织(Human Proteome Organization,HUPO)宣告成立,并提出人类蛋白质组计划(Human Proteome Project,HPP)。目前世界上蛋白质相关的数据库种类繁多,根据数据存储的内容,可以分为蛋白质序列数据库、蛋白质组数据库、蛋白质结构数据库和蛋白质功能数据库,表 19.2 列举了部分数据库。本章主要介绍蛋白质序列数据库的使用。

表 19.2 蛋白质数据库的分类和部分数据库

分 类	数 据 库
蛋白质序列数据库	蛋白质信息资源的蛋白质序列数据库(Protein Information Resource-Protein Sequence Database, PIR-PSD)
	UniProt Knowledgebase 数据库(UniProtKB),包括 Swiss-Prot 数据库和 TrEMBL 数据库两部分
蛋白质组数据库	蛋白质组数据库(Proteome database)
蛋白质结构数据库	蛋白质结构分类数据库 SCOP(Structural Classification of Protein)
	蛋白质结构分类数据库 CATH(Class, Architecture, Topology, Homology)
	蛋白质数据库(Protein Data Bank)
蛋白质相互作用数据库	相互作用的蛋白质数据库(Database of Interacting Proteins, DIP)
	蛋白质结构域相互作用数据库(database of domain interaction and binding, DDIB)
	蛋白质相互作用数据库 PPID(Protein-Protein Interaction Database)
	蛋白质相互作用数据库 Interact(protein-protein Interactions)
蛋白质功能数据库	蛋白质序列特征数据库 PROSITE
	蛋白质直系同源簇数据库 COG
	蛋白质三维结构比对数据库 Dali Database

19.1.3.1 蛋白质信息资源的蛋白质序列数据库 PIR-PSD

PIR-PSD(网址:http://pir.georgetown.edu/)是由蛋白质信息资源(Protein Information Resource, PIR)、德国慕尼黑蛋白质序列信息中心(Munich Information Center for Protein Senquence, PIPS)和日本国际蛋白质信息数据库(Japanese International Protein Information Database, JIPID)共同维护的,是世界上最大的公共蛋白质序列数据库。库中收录的蛋白质序列都是经过注释的、非冗余的,99%以上的序列按照蛋白质家族分类,50%以上的序列分类到不同的蛋白质超家族。2002 年,PIR 加入到欧洲生物信息学研究所(SIB)和瑞士生物信息学研究所(Swiss Institute of Bioinformatics, SIB)共同组建的 UniProt,PIR-PSD 的序列和注释也融入到 UniProt Knowledgebase 数据库中,实现了和 UniProt(UniProt Knowledgebase and/or UniParc)相互的资源共享。PIR 主页(http://pir.georgetown.edu/)的 Database 中也增加了 UniProt 的链接。现在,PIR-PSD 的序列、引文和实验验证数据均在 UniProt 中检索,PIR-PSD 不再单独提供检索服务。

19.1.3.2 UniProt 蛋白质数据库

UniProt 蛋白质数据库(网址:http://www.uniprot.org/)综合了 PIR-PSD、Swiss-Prot 和 TrEMBL 三大蛋白质数据库,是目前世界上条目最多、序列检索速度最快的数据库。UniProt 主要集中在对模式生物蛋白质的注释上,这样可以保证对每一个蛋白质家族的"代表蛋白质"进行高质量的注解。

UniProtKB 的 Swiss-Prot 数据库中包含的蛋白质序列都是由 EMBL 核酸序列数据库经过自动计算,再经过蛋白质专家人工校正和准确注释完成的。而 TrEMBL 数据库是

Swiss-Prot 的增补本,增加了 EMBL 数据库中核酸序列自动翻译的结果,蛋白质序列冗余度比 Swiss-Prot 数据库要高。下面以胰岛素的蛋白质序列检索为例介绍 UniProt 蛋白质数据库的使用。

在 UniProt 主页"search"导航栏中选择 UniProt Knowledgebase(UniProtKB)数据库,在"Query"中输入人胰岛素核苷酸序列的 GenBank 序列登记号(如全序列 Accession:J00265)或 cDNA 编码序列 Accession:BC005255 都可以检索到 110 个氨基酸编码的胰岛素蛋白质序列(如图 19.5)。在检索页面中有蛋白质名称、系统分类、属性(长度、序列的完整性、存在形式等)、注释内容(功能、亚基结构、亚细胞定位、与疾病的联系、制药等)、本体论、序列注释、相似序列比对及参考文献等(如图 19.6)。它与 GenBank Protein 数据库检索页面的注释内容不同。

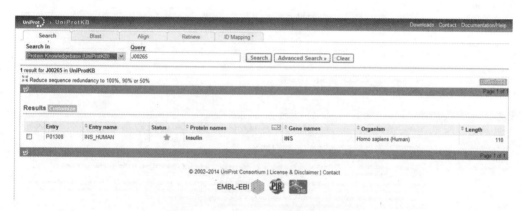

图 19.5　UniProt 数据库检索人胰岛素

19.2　核酸与蛋白质序列的相似性分析

在生物信息学中,相似性程度可以用定性描述或定量数值来反映。定量方法一般有两种:相似度和距离。两者都依据一些数学模型和得分矩阵来计算。序列比对又分为两两比对和多重比对。比对的序列越相似,则它们的相似程度越高、距离也越近。在对未知核酸序列和蛋白质序列的数据库相似性搜索中,最广泛使用的程序是 NCBI 的 BLAST 和 EBI 的 FASTA。下面以 BLAST 为例介绍核酸和蛋白质序列的相似性分析。

BLAST 是一种近似算法,计算速度快且比较精确,适用于从大量序列中查找与待检序列相似的结果。NCBI 的 BLAST 主页分为三个板块,分别是基因组参考 BLAST(BLASTAssembled RefSeq Genomes)、基本 BLAST(Basic BLAST)和特殊 BLAST(Specialized BLAST)(如图 19.7)。可以根据检索物种的系统分类选择亲缘关系最近的物种基因组进行检索,或在全部基因组中检索。

图 19.6　人胰岛素的 UniProt 数据库检索页面

第 19 章 核酸和蛋白质序列的查询和分析

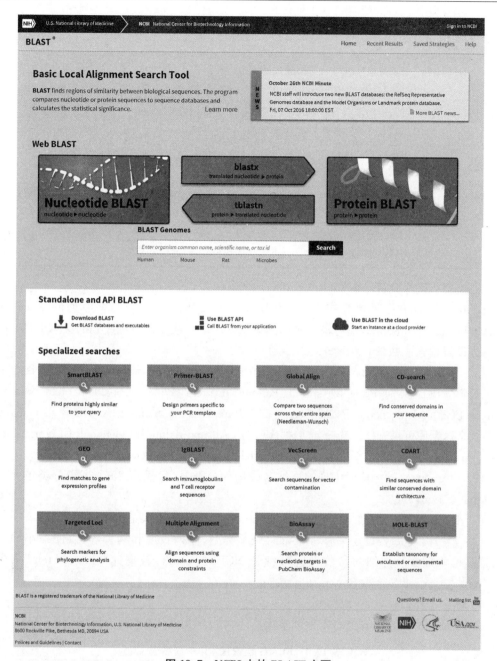

图 19.7 NCBI 中的 BLAST 主页

在基因组参考检索中详细列出了人类、小鼠、大鼠、拟南芥、水稻和斑马鱼等 12 个物种的基因组。在人类基因组数据库检索页面中，可在 Accession number、GI 或序列的 FASTA 格式中任选其一输入，或者上传查询序列的文本文件。根据需求可在 RefSeq RNA、ESTs 和 SNPs 等 21 个子数据库中进行相似性检索。

在基本 BLAST 程序中又分为五个子程序（如表 19.3）。在特殊 BLAST 中，可进行引物、CDS 保守结构域、基因表达谱、免疫球蛋白和 T 细胞受体序列等 13 种特定 BLAST 比对。下面以人胰岛素的 protein blast 为例介绍基本 BLAST 的分析步骤。

表 19.3　NCBI 的 BLAST 程序及其比对内容

BLAST 程序	比对内容
nucleotide blast	一条待检核酸序列与核酸数据库进行相似性比对 算法有：blastn,megablast,discontiguousmegablast
protein blast	一条待检蛋白序列与蛋白质数据库进行相似性比对 算法有：blastp,psi-blast,phi-blast,delta-blast
blastx	先将一条待检核酸序列按所有 6 种阅读框及时翻译成 6 条蛋白质序列，每条序列再与蛋白质数据库中的所有序列进行比对
tblastn	先将核酸数据库中的所有序列逐一按 6 种阅读框及时翻译成蛋白质序列，再与要待检的蛋白质序列进行比对
tblastx	先将一条待检核酸序列按所有 6 种阅读框及时翻译成 6 条蛋白质序列，再与蛋白质序列（核酸数据库中所有序列按 6 种阅读框翻译）进行比对

1. 提交查询序列(Enter Query Sequence)

protein blast 有多种序列查询方式，可以输入人胰岛素核苷酸全序列的 Accession：AAA59172 或 GI：386828，也可输入序列的 FASTA 格式或上传查询序列的文本文件。

2. 设置检索参数(Choose Search Set)

(1) Database：包括 non-redundant protein sequences(nr)、Reference proteins(refseq_protein)、UniProtKB/Swiss-Prot(swissprot)、Patented Protein Sequences(pat)、Protein Data Bank proteins(PDB)、Metagenomic Proteins(env_nr)、Transcriptome Shotgun Assembly proteins(tsa_nr)共 7 个数据库可供选择。选择 nr 数据库(包括 All non-redundant GenBank CDS translations+RefSeq Proteins+PDB+SwissProt+PIR+PRF 的全部非冗余数据)。

(2) Organism：指定检索序列的物种名或物种分类号（只显示 20 个高级分类单元），选择 human(taxid：9606)。

(3) Exclude："+"增加比对的物种，"exclude"可以进一步限定检索的范围。

(4) Entrez Query：设定多种参数，如：分子类型、序列长度和物种等，以便缩小检索范围、提高检索效率。详细的参数设置可参考 NCBI 的 Books 数据库"Entrez Help"书中的"Writing Advanced Search Statements"章节。

3. 程序选择(Program Selection)

在 Program Selection 中有 4 种数学运算法（如表 19.4），选择较为简单的 BLAST。

表 19.4　BLAST 检索程序中的演算法

数学运算法	内容
blastp	将一条蛋白质序列与一个蛋白质数据库比对
PSI-BLAST	将 blastp 检索的结果构建一个打分矩阵(position-specific scoring matrix,PSSM)，再用其进行进一步检索目标数据库
PHI-BLAST	只检索与设定的查询模式(pattern)相匹配的数据
DELTA-BLAST	将保守结构域数据库的检索结果构建一个 PSSM，再用其进行序列数据库检索

4. 结果分析

比对结果分为三部分（如图 19.8）。

(1) Graphic Summary：① 图示人胰岛素蛋白质序列的保守区，点击图片显示保守区的详细比对结果：特异性、非特异性及超家族比对，每个比对都有详尽的文字注释。② 彩色区带显示比对的分值，由黑色到红色分值逐渐升高。下列各长短不一的彩色线条表示数据库中与查询序列匹配的蛋白质序列区段。

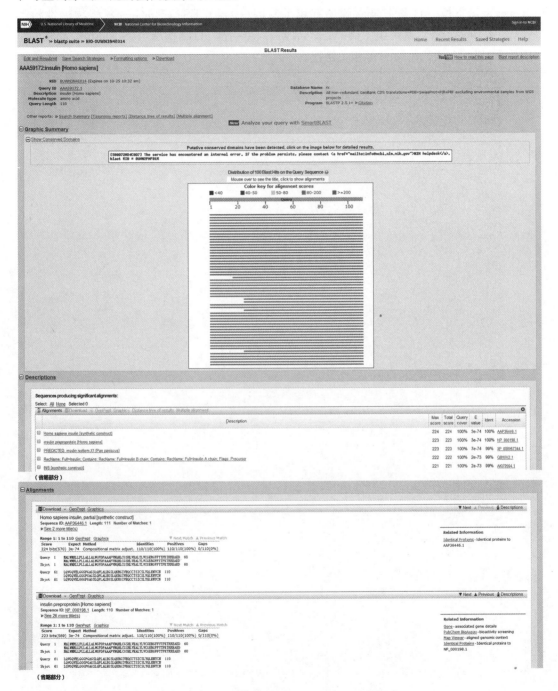

图 19.8　人胰岛素的 protein BLAST 结果

(2) Descriptions：彩色线条代表的蛋白质序列列表，包括最大分值（Max score）、总分值（Total score）、与查询序列的长度百分比（Query cover）、E 值、相似性程度（Ident）和 Gen-

Bank 序列号。其中 E 值表示因随机性造成这一比对结果的可能，E 值越小，比对结果越显著。

（3）Alignment：查询序列与数据库匹配序列的比对说明。Score 表示位记分值，Expect 表示期望值，Method 表示计算方法，Identities 表示相似性程度，Positive 表示相似性分值，Gaps 表示空位。每条记录右侧还有相关基因（Gene）、EST（UniGene）、生物活性检测（PubChem BioAssay）、基因组图谱（Map Viewer）、蛋白质 3D 结构展示（Structure）和相同蛋白质检索（Identical Proteins）等相关链接。

（郭　俣）

第 20 章 常用的分子生物学分析软件

20.1 多序列比对软件

序列比对是生物信息学研究中最基本、最重要的操作。多序列比对的目的是通过生物分子序列间的比对,发现序列的相似性,阐明生物分子序列结构、功能和进化的信息。

序列比对的理论基础是进化学说。通过不同种属同源蛋白质的多序列比对,可以发现结构或功能相关的保守区序列,从而阐明序列之间的系统发育关系。若比对的序列间具有很高的相似性,则推测其可能有着共同的进化祖先,通过序列内位点的替换、片段的插入/缺失、重组等遗传变异过程分别演化而来。特别要指出的是,生物学(结构和功能)上相似的蛋白质并不一定表现出很强的序列相似性,同工酶就是一个很好的例子。

多序列比对的算法包括动态规划算法、渐进式算法、迭代算法及统计概率算法等。其中,渐进式算法是大多数序列比对工具采用的算法,基本思想是基于相似序列通常具有进化性这一假设。

20.1.1 Clustal

目前使用最广泛的多序列比对工具是 ClustalX 和 ClustalW,两者均采用渐进式算法,不同的是 ClustalX 是图形界面,软件可以免费下载,而 ClustalW 是文本界面,ClustalW 的具体计算步骤如图 20.1。

图 20.1　ClustalW 的计算流程

目前 EBI 主页上提供在线的 ClustalW 服务,是基于种子引导树(seed guided tree)和隐马尔科夫模型(Hidden Markov Model,HMM)的新一代 Clustal Omega 程序(如图 20.2)。

下面我们以人、小鼠、东北虎、鸡和斑马鱼 5 个物种的磷酸甘油醛脱氢酶(glyceraldehyde-3-phosphate dehydrogenase,GAPDH) cDNA 序列比对为例说明 ClustalX 的使用步骤。

1. 载入比对的序列文件

运行 ClustalX 程序,在"File"菜单里选择"Load sequences"项加载比对序列文件 GAPDH-4.txt(如图 20.3)。序列格式一般为 FASTA 格式,以支持 NCBI 和 EMBL/Swiss-Prot 等多种形式的分析(如图 20.4)。如果已经载入其他序列文件,此时会有替换现有序列的提示(Replace existing sequences),应根据需要进行选择。

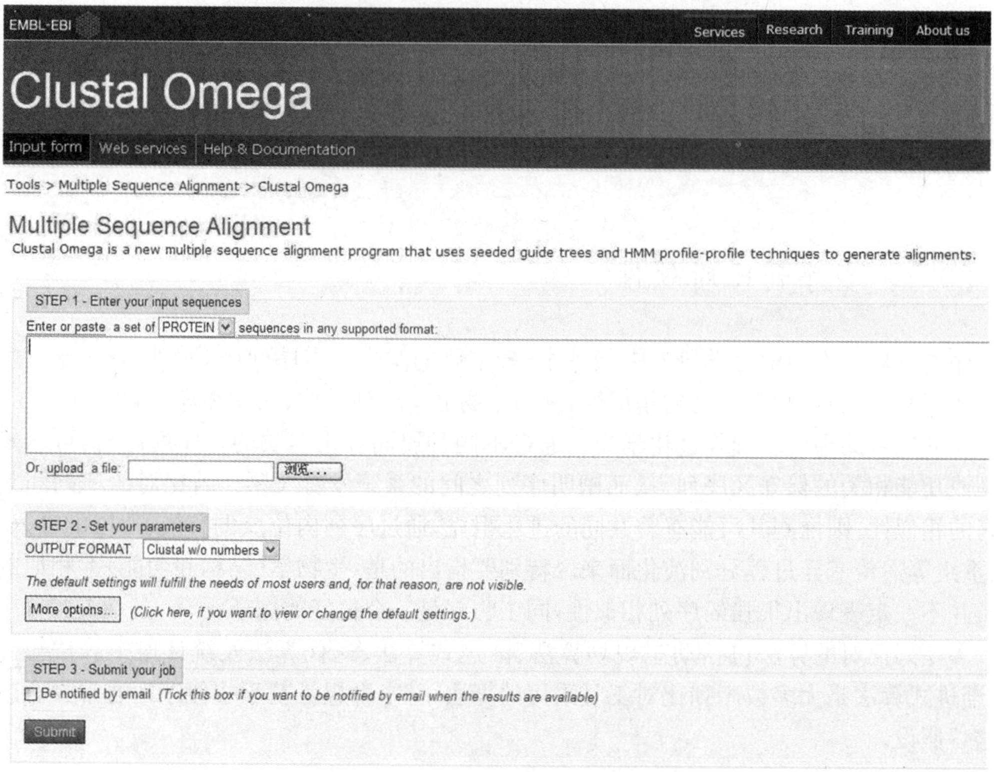

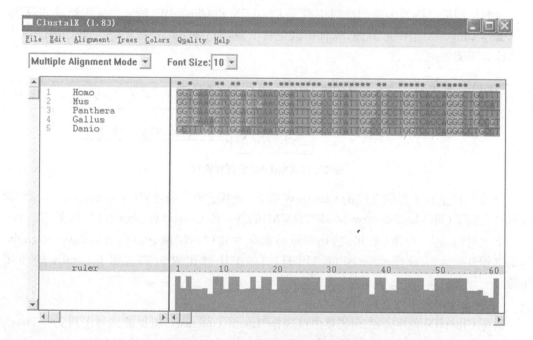

图 20.2　EMBL-EBI Clustal Omega 窗体

图 20.3　ClustalX 载入序列文件界面

第20章　常用的分子生物学分析软件　　177

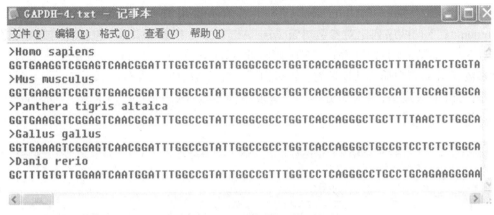

图 20.4　比对序列的 FASTA 格式

2. 序列编辑

在"Edit"菜单里有针对序列的多个编辑操作指令,包括剪切序列(Cut Sequences)、粘贴序列(Paste Sequences)、选择所有序列(Select All Sequences)、清除选择序列(Clear Sequence Selection)、清除范围选择(Clear Range Selection)、搜索字符串(Search for String)、移除所有空位(Remove All Gaps)和移除选定序列的空位(Remove Gap-Only Columns),可根据需要编辑序列(如图20.5)。

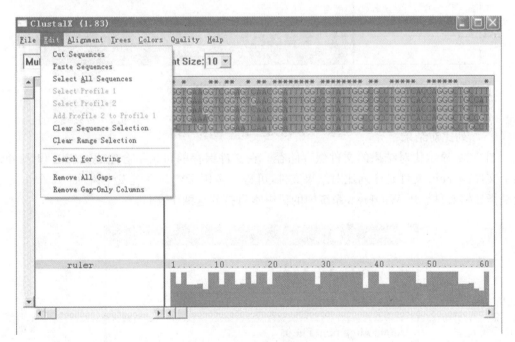

图 20.5　编辑比对序列

3. 序列比对

在"Alignment"菜单里可根据分析要求选择相应的比对参数。一般情况下,可直接选择"Do Complete Alignment"默认参数比对,也可先选择"Produce Guide Tree Only"进行双序列比对并构建引导树,然后再选择"Do Alignment from Guide Tree"通过引导树进行渐进式比对得到结果。另外,在比对参数(Alignment Parameters)中可选择:① 比对前重设新空位

(Reset New Gaps before Alignment);② 比对前重设所有空位(Reset All Gaps before Alignment);③ 两两序列比对参数(Pairwise Alignment Parameters),包括比对效率、比对参数、DNA/蛋白质加权矩阵等;④ 多序列比对参数(Multiple Alignment Parameters),包括比对参数、DNA/蛋白质加权矩阵等;⑤ 蛋白质空位参数(Protein Gap Parameters),包括特殊残基罚分、亲水残基、亲水罚分等;⑥ 二级结构参数(Secondary Structure Parameters)。进行默认参数比对后的结构如图 20.6。

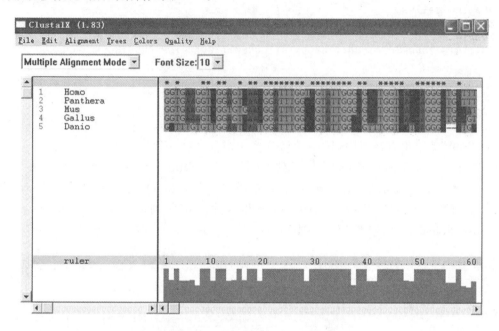

图 20.6　ClustalX 多序列比对结果

4. 序列比对结果

图 20.7 显示比对结果的文件保存路径。在文件保存的目录下会生成 *.aln 和 *.dnd 两个文件,*.aln 文件是序列比对结果文件,可进一步用于构建系统发生树;而 *.dnd 文件则是指导树文件。用 Windows 系统中的记事本可打开这两个文件。

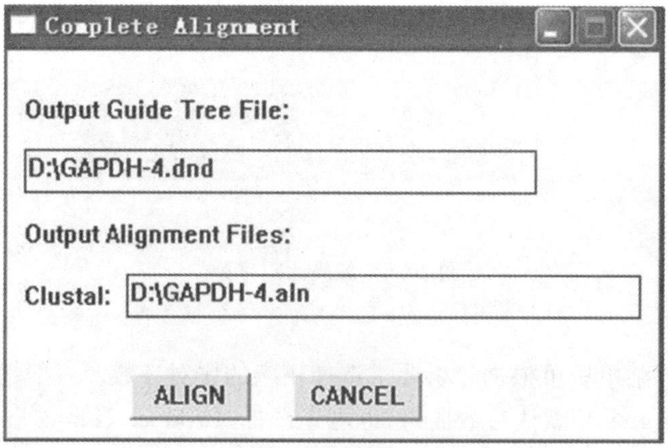

图 20.7　ClustalX 比对结果文件保存路径

在"file"菜单选择多序列比对结果的输出格式（Save Sequences as），如图 20.8 所示，支持的输出格式包括 CLUSTAL、NBRF/PIR、GCG/MSF、PHYLIP、GDE、NEXUS 及 FASTA 格式，可根据进一步分析使用的软件进行选择。例如，MGEA 软件支持＊.FASTA 格式，而 PHYLIP 软件支持＊.PHYLIP 格式。

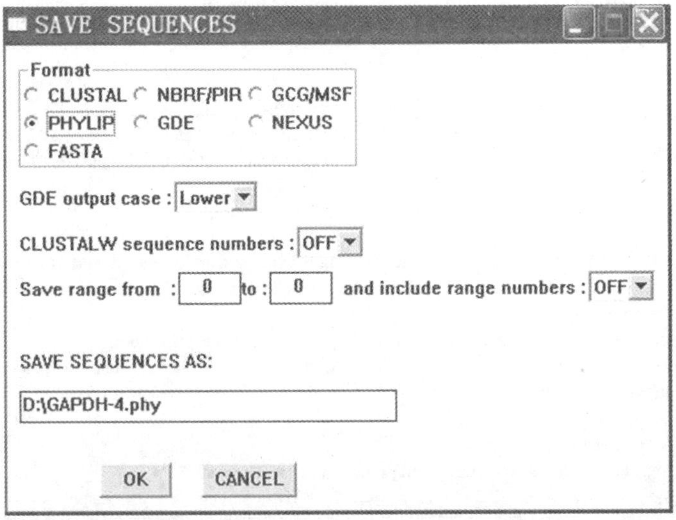

图 20.8 ClustalX 比对结果的输出界面

20.1.2 DAMBE

DAMBE 是加拿大渥太华大学 Xuhua Xia 博士研发的一款针对分子生物学和系统进化研究的分析软件。DAMBE 是图形界面，软件可以免费下载（http://dambe.bio.uottawa.ca/software.asp）。下面我们同样以磷酸甘油醛脱氢酶（glyceraldehyde-3-phosphate dehydrogenase, GAPDH）为例说明 DAMBE 的使用步骤。

1. 载入比对的序列文件

运行 DAMBE 程序，在"File"菜单里有 5 种方式加载入比对序列文件（如图 20.9）：打开标准序列文件（Open standard sequence file）、打开其他分子数据文件（Open other molecular data file）、直接从 GenBank 数据库读取序列（Read sequences from GenBank database）、在 FTP 服务器打开序列文件（Open a sequence file in FTP server）和载入文本文件（Load text file into display）。

其中，"Open standard sequence file"支持 Pearson/FASTA、PAML、Clustal、GenBank、GCG single Sequence format、PHYLIP、EMBL/SwissProt、PIR/CODATA、PAUP/NEXUS 等多种格式的比对序列文件（如图 20.10）。打开 FASTA 格式的序列文件 GAPDH-4.txt，在序列信息菜单里选择"Protein-coding Nuc. Seq"和标准模式"Standard[Trans_Table＝1]"，点击"Go!"。

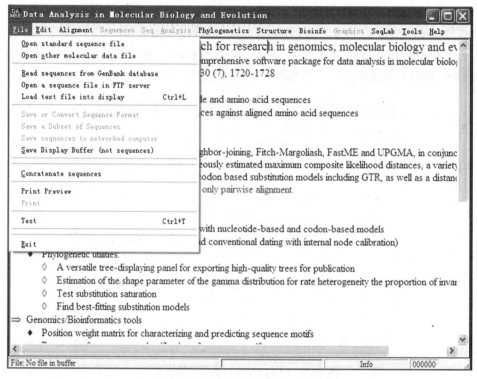

图 20.9 DAMBE 载入序列文件界面 1

图 20.10 DAMBE 载入序列文件界面 2

2. 序列编辑

在"Edit"菜单和"Sequences"菜单里有针对序列的多个编辑操作指令。在"Edit"菜单里可对序列进行剪切、拷贝、粘贴、查找,还可在"view"中编辑序列的颜色及序列名称文字等。在"Sequences"菜单中可进行人工处理序列(Sequence manipulation)、删除比对序列(Delete sequences in buffer)、转换成氨基酸序列比对(Work on Amino Acid Squence)、产生随机核苷酸/氨基酸序列(Generate random Nuc/AA sequences)等,可根据需要编辑序列。GAP-DH-4.txt文件中的各条比对序列已统一长度为1 kb,因此可直接进行默认参数比对。

3. 序列比对

在"Alignment"菜单里可根据分析要求选择相应的比对参数。选择"Align Sequences Using Clustalw"默认参数比对(如图20.11)。同时,还自动给出序列比对结果构建的系统树。另外,在"Phylogenetics"菜单里还可选择距离法、最大似然法和最大简约法等进行系统发生树的构建。

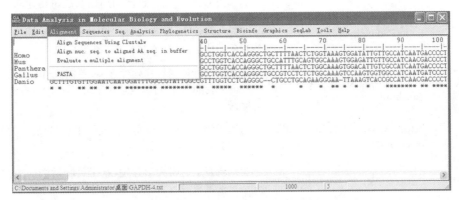

图 20.11　DAMBE 多序列比对结果

4. 序列比对结果

在"File"菜单有多种比对结果的输出形式,通常情况下,选择"Save or Convert Sequences Format",支持的输出格式包括 MEGA、IntelliGenetics、Pearson/FASTA、PAML、GenBank、GCG single Sequence format、PHYLIP、EMBL/SwissProt、PAUP/NEXUS 等多种,可根据进一步分析使用的软件进行选择。

20.2　构建系统发育树软件

当前系统发育的研究重点已从研究生物的形态学特征过渡到研究生物大分子(DNA、RNA和蛋白质)的序列,即分子系统学(Molecular Phylogeny)。分子系统学的根本任务是通过研究生物信息分子的遗传变异,推断分子、物种以及二者之间的遗传关系,从而推断生物进化历史,重建系统发生关系。

构建一个分子系统发生树,首先要获得原始序列资料,经人工或软件编辑成序列比对文件后,再由相应软件进行序列同源位点的排序,选取适当的数学模型构建系统发生树。目前最常用的方法有4种:距离法(Distance Method)、最大简约法(Maximum Parsimony,MP)、最大似然法(Maximum Likelihood,ML)和贝叶斯法(Bayesian Inference,BI)。距离法是根据距离的建树方法,而后三者是依据特征数值的构建方法。其中距离法的数学模型又包括非加权分组算术平均法（Unweighted Pair Group Method with Arithmetic mean，UPGMA）、Fitch-Margoliash 法（FM）、邻接法（Neighbor-Joinning，NJ）、最小进化法（Minimum Evolution，ME）等。对大多数生物信息分子而言，不同建树方法构建的系统发生树基本一致，但有时也会有不同，因此要根据具体问题选择恰当的分析方法。

目前，可用来构建系统发生树的软件有很多，大多可从网络免费下载使用，表 20.1 中列出了几个常用的系统进化树构建软件。下面分别以 MEGA6 和 PHYLIP 软件的使用，介绍构建系统发生树的步骤。

表 20.1 常用的系统进化树构建软件

软件	网址	说明
MEGA	http://www.megasoftware.net/	图形化、集成化的进化分析工具，不包括 ML，由美国宾夕法尼亚州立大学 Kumar 教授编写
PHYLIP	http://evolution.genetics.washington.edu/phylip/	目前发布最广，用户最多的通用系统树构建软件，由美国华盛顿大学 Joseph Felsenstein 教授开发，共有 35 个独立程序，可免费下载，支持 DOS/Windows/Unix/Linux/Macintosh 等多个操作系统
PAUP	http://paup.csit.fsu.edu/index.html	最通用的系统树构建软件之一，美国 Simthsonion Institute 开发的商业软件，仅适用于 Unix 和 Macintosh 操作系统
PHYML	http://www.atgc-montpellier.fr/phyml/	法国生物信息学平台支持的在线工具，为最快的 ML 建树工具
MrBayes	http://mrbayes.sourceforge.net/	美国佛罗里达州大学开发，基于贝叶斯法的建树工具，运算速度较慢
TREE-PUZZLE	http://www.tree-puzzle.de/	采用 ML 法构建系统树的软件，支持 Windows/Unix/Macintosh 等多个操作系统，但该程序是命令行格式的，需学习 DOS 命令
TreeView	http://taxonomy.zoology.gla.ac.uk/rod/treeview.html	英国 Glasgow 大学研发的进化树显示工具，支持 windows/Linux/Unix 操作系统

20.2.1 MEGA

1. 选择恰当的信息分子序列

分子系统发生树可以用核酸或蛋白质序列数据来构建。一般情况下，选取信息量较为丰富的 DNA 序列。本文仍以人、小鼠、东北虎、鸡和斑马鱼 5 个物种的磷酸甘油醛脱氢酶（glyceraldehyde-3-phosphate dehydrogenase，GAPDH）cDNA 序列比对文件 GAPDH-4.txt 为例。首先，要将比对序列的文本文件转换成 MAGE 软件识别的文件格式。

可以选用 DAMBE 软件里 ClustalW 比对序列后，将比对结果转换成 GAPDH-4.MEG 格式文件，也可用 ClustalX 软件将 GAPDH-4.txt 转换成 GAPDH-4.fasta 格式文件，并利用 MEGA 软件里的 ClustalW 命令进行序列比对。

2. 多序列比对

在 MEGA6 主窗口点击"file"，选择"Open A File/Session"打开 GAPDH-4.fasta 文件，然后按照以下步骤操作：① 在出现的对话框中（如图 20.12），选择"align"；② 在"Alignment

Explorer"对话框中选择"Alignment"菜单中的"Align by ClustalW"命令(如图20.13),如果是蛋白质编码序列,则可选择"Align by ClustalW(Codons)"命令,会弹出序列比对参数设置的"ClustalWParamaters"对话框,一般选择默认参数,点击OK;③ 多序列比对结束后,在"Alignment Explorer"对话框中点击"data"菜单,选择"Export Alignment"→"MEGA Format",给文件命名为GAPDH-4. MEG,在弹出的"protein-coding nucleotide sequence data"对话框中点击"Yes"。

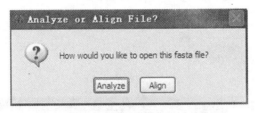

图20.12 MAGE6序列比对对话框

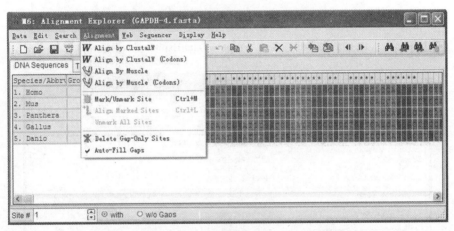

图20.13 MEGA6"Alignment Explorer"对话框

3. 选择合适的建树方法

关闭"Alignment Explorer"对话框。点击"File"→"Open A File/Session"打开GAPDH-4. MEG文件,MEGA自动打开"Sequence Data Explorer"对话框(如图20.14)。

MEGA6主窗口提供了"Models"和"Distance"两个模块,在"Models"模块中有多个命令可计算出最佳序列比对的数学模型,而在"Distance"模块中可计算出两两序列比对距离,所有序列的平均距离,组内、组间平均距离等。

4. 构建/评估系统发生树

在MEGA6主窗口"Phylogeny"模块中提供了5种构建系统树的方法,并同时对构建的系统发生树进行检验。这5种方法分别是ML法、NJ法、ME法、UPGMA法和MP法。本文仅以NJ法为例,首先选择"Phylogeny"→"Construct/Test Neighbor-Joining Tree",将弹出"Analysis Perferences"参数设置对话框(如图20.15),在"Test of Phylogeny"选项里选择"Booststrap method",然后在"No. of Booststrap Replications"选项里输入1 000次,其他参数选择默认,点击"Compute",开始计算。计算结束后弹出"Tree Explorer"界面(如图20.16),分别显示原始树"Original tree"和经过1 000次Booststrap检验过的一致树(Bootstrap consensus tree),树枝上的数字表示该树枝的支持率。在"Compute"选项中可选择

"condensed tree"即浓缩树的命令,在弹出的"Cut-off value for condensed Tree"对话框里,根据需要设定参数(一般大于50%)。

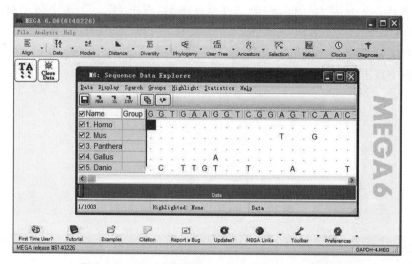

图 20.14　MEGA6"Sequence Data Explorer"对话框

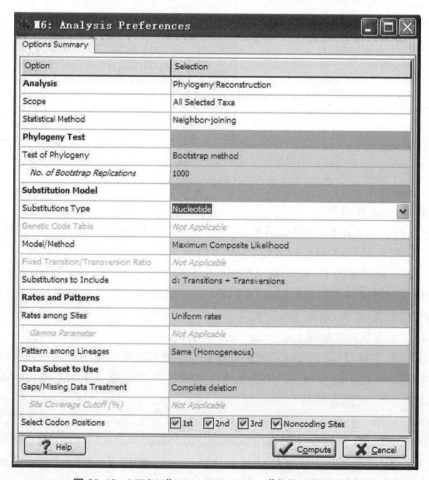

图 20.15　MEGA6"Analysis Preferences"参数设置对话框

值得一提的是，比对结果可反映物种进化的部分信息，但不能完全代表物种进化的全过程。

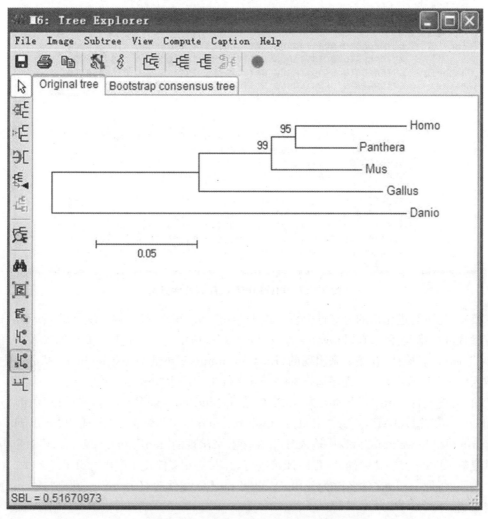

图 20.16　MEGA6"Tree Explorer"界面

20.2.2　PHYLIP

PHYLIP 软件基本上包括了系统发生和分析等方面，可在多个操作平台运行。包括分子程序组、距离程序组、基因频率组、连续字符组、不连续字符组和进化树绘制组。下面介绍 ClustalX 和 PHYLIP 软件结合使用构建分子进化树的具体步骤。

1. 用 ClustalX 软件进行多序列比对

打开 ClustalX 软件，载入比对 DNA 序列或蛋白质序列文本文件。点"File"→"Save Sequence as"，在弹出的对话框中选"Format"栏里的"PHYLIP"，其他参数默认，点击 OK，保存文件。

2. 用 PHYLIP 软件构建系统发生树

首先，将文件拷贝到 PHYLIP 软件目录下的 exe 文件夹中，用记事本方式打开 *.phy 文件，可看到比对文件内容（如图 20.17）。文件最左列显示比对的每个序列的名称，"5"代表进行比对的序列数,"1000"表示比对序列的长度。

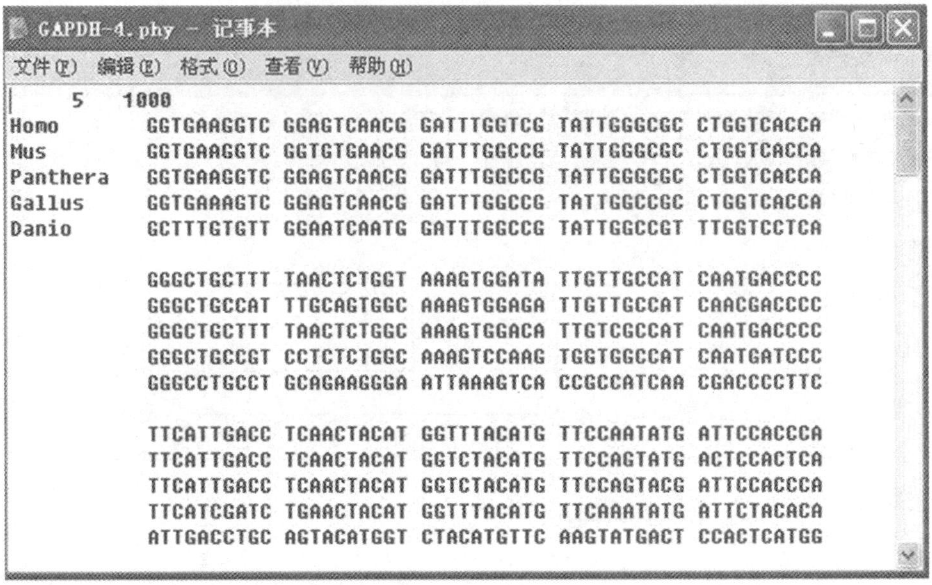

图 20.17　PHYLIP 载入序列文件界面

其次,先进行进化树的可靠性分析。点击"seqboot.exe"程序,输入文件名,回车后选择相应参数进行修改,例如在"How many replicates"一项中,输入 R 更改重复抽检数字,例如"1000",输入"y"确认;在接下来出现的"Random number seed〈must be odd〉?"命令中,一般输入"4N+1"数字,如 5,程序运行并在 exe 文件夹中产生"outfile"文件。

第三,把文件"outfile"重命名为"infile",点击"dnadist.exe"程序(蛋白质序列比对选择 protdist.exe),输入"M",更改"Analyze multiple data sets"参数;在出现的"multiple data sets or multiple weights"命令中输入"D";在接下来出现的"How many data sets"命令中,输入重复数,如 200;输入"y"确认,程序开始运行,并在 exe 文件夹中产生"outfile"文件。

第四,将原 infile 文件名改为 infile-1,再将 outfile 文件改名为 infile,避免与原 infile 文件名重复。

第五,通过距离矩阵推测进化树的算法。点击 neighbor.exe 程序(使用 NJ 法和 UPG-MAD 法相结合的算法),输入"M",更改"Analyze multiple data sets"参数;在出现的"multiple data sets or multiple weights"命令中输入"D";在接下来出现的"How many data sets"命令中,输入重复数,如 200;在"Radom number seed〈must be odd〉"命令下输入奇数种子 5,输入"y"确认参数;程序开始运行,exe 文件夹中产生"outfile"和"outtree"两个文件。

第六,将 outtree 文件重命名为 intree,点击 drawtree.exe 程序,输入 font1 文件名作为参数(如图 20.18),输入"y"确认参数。程序开始运行,并出现 Tree Preview 图。

第七,将 exe 文件夹中的"outfile"文件重命名为"outfile-1",以避免被后续程序新生成的 outfile 文件覆盖。点击 consense.exe 程序以获得最优树,选择默认参数,输入"y"并回车。程序开始运行,exe 文件夹中新生成"outfile"和"outtree"两个文件。

第八,将 exe 文件夹中的 intree 文件重命名为 intree-1,将 outtree 文件重命名为 intree。点击 drawtree.exe 程序,输入"font1"文件名作为参数。输入"y"并回车。程序开始运行,并出现 Tree Preview 图。

3. 用 TreeView 软件查看进化树

打开 TreeView 软件,点击"file",打开用 PHYLIP 软件构建的"outtree"进化树文件(如图 20.19)。在"tree"菜单中还可选择"defile outgroup"指定某一序列作为树根,显示有根树,并在树中显示进化距离。

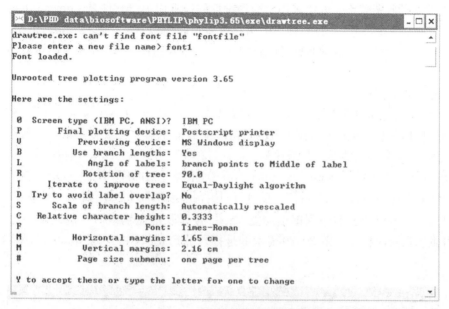

图 20.18　drawtree 程序文件输入窗口

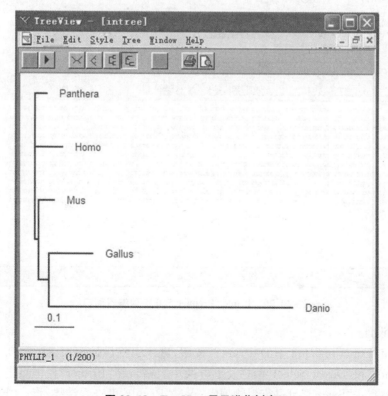

图 20.19　TreeView 显示进化树窗口

20.3 引物设计软件

目前用于引物设计的软件众多,既有单机版也有网络版,其中大部分软件可免费使用,也有一些商业版的收费软件。近年来用于引物设计的最常用免费软件是 Primer Premier 5.0 和 Oligo 6。Primer Premier 5.0 具有强大的引物搜索功能,而 Oligo 6 则具有很好的引物评价功能。因此,设计引物时一般将两种软件结合使用。这里我们仅介绍 Primer Premier 5.0 引物设计功能。

1. 载入序列

打开程序,点击"File"加载序列,可以选择"New"→"DNA sequence"(或"Protein sequence"用于酶切位点分析),在出现的新窗口中可将序列粘贴或直接输入。若选择粘贴,则程序会提问粘贴序列的形式是原序列(as is)、反向序列(reversed)、互补序列(complemented)还是反向互补序列(reversed complemented),选择适当的序列,点击 OK。在"File"菜单中还有"Open"或"Insert Sequence"选项,可以选择指定的序列文件(如 *.seq 或 *.txt 格式文件),另外,在窗口中还有序列朗读功能"▶"按钮及键盘输入序列的朗读功能"⌨"按钮,可供用户及时校正。图 20.20 显示的是打开了 FASTA 格式的"human GAPDH"文本文件。

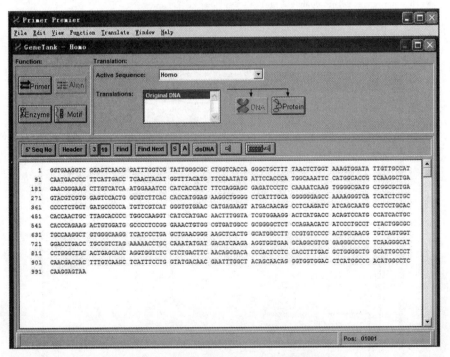

图 20.20 Primer Premier 5.0 序列编辑窗口

2. 引物设计

点击窗口"Function"功能下的"Primer"按钮,进入引物设计窗口,如图 20.21 所示。窗口包括"Primer"和"Direct Select"两栏及下方两个表格。在"Primer"栏里点击"S|A",可选择正、反义链;点击"Search"可进行引物搜索;点击"Result"可查看结果;点击"Edit Primers"

可进行引物编辑。右侧的直观图可查看模板的长度、引物与模板结合的位置,而在"Direct Select"栏则显示引物序列与模板的匹配情况。

在"Direct Select"栏下方的第一个表格给出了正向、反向引物及产物的各种参数检测值,包括引物评分(Rating)、引物序列起始位置(Seq No)、引物长度(Length)、退火温度(T_m)、GC 含量、ΔG 值、活性(Activity)、兼并度(Degeneracy)、最适退火温度(Ta Opt)。最下一面的表格则分别以"无"(None)或"有"(Found)的方式显示了正反向引物可形成的发卡结构(Hairpin)、二聚体结构(Dimer)、错配(False Priming)、交叉二聚体(Cross Dimer)情况的预测及具体位置,根据以上参数可对设计的引物做出可靠的评价。

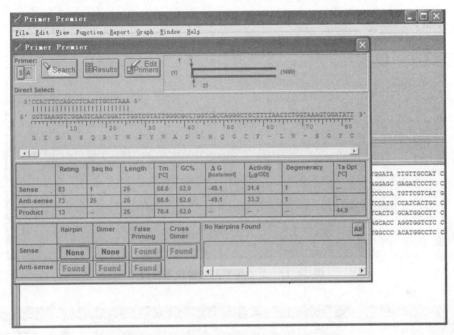

图 20.21 Primer Premier 5.0 引物设计窗口

点击"Search"按钮,程序将执行引物的搜索功能,出现"Search Criteria"窗口,可以设定多种搜索参数,包括设置搜索目标、搜索类型、搜索范围、正反向引物的匹配范围、长度及搜索模式。在搜索模式一栏可选择自动模式或人工模式,并点击"Search Paramaters"根据需要设置参数,一般选择默认参数。

如图 20.22 所示,根据需要设定好参数后,点击"OK",程序自动搜索匹配引物。搜索结果如图 20.23 所示,"Search Results"窗口显示了评分(Rating)由高到低的各对引物、正反向引物各自的 T_m 值,产物片段长度和 PCR 最适退火温度,点击 1#,则在"Primer Premier"窗口显示对应的引物信息,从图上可看出 1# 的各项指标均符合要求。

在"Primer Premier"主窗口的"Function"菜单还包括"Edit Primer"命令,它和在引物搜索界面的 都可以进行引物的再编辑,如增加限制性内切酶切位点(如图 20.24),而"Multiplex/Nested"命令则可进行巢式 PCR 引物设计。

另外,在"Primer Premier"主窗口的"Report"菜单可查看每条引物的错配、内部稳定性等具体数据,"Graph"菜单则以图形显示每条引物的 T_m 值、GC%含量及内部稳定性。

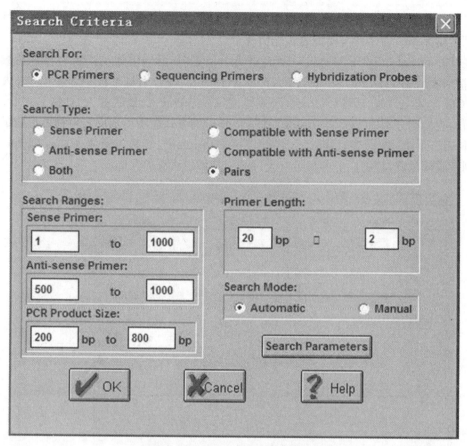

图 20.22 引物搜索的条件设置窗口

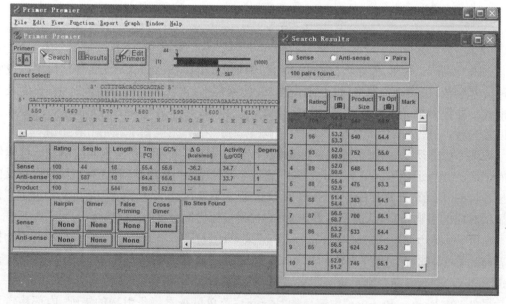

图 20.23 引物搜索结果窗口

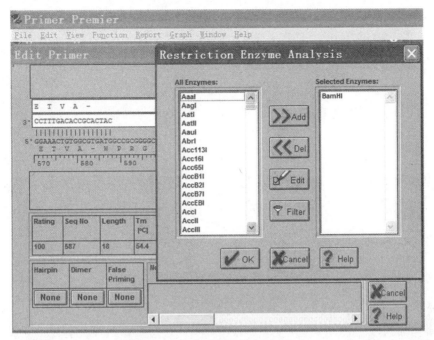

图 20.24 限制性内切酶分析窗口

(郭 俣)

第6篇

综合性实验

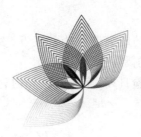

第 21 章　综合性实验概述

现代生化分子生物学技术的开发多服务于生物大分子（包括 DNA、RNA 和蛋白质）的定性、定量鉴定和生产。所涉及的分子生物学技术是多种生化分析及分子操作等多种技术的集合。目前，绝大部分本科实验技术课程是由多个相互独立、互不相关的实验课程组成的，课程的目的是单个技术的原理与操作，而忽略了在实际工作中如何将单个技术有机地结合起来完成一个完整研究项目。本篇在前期单个实验技术的基础上，将最新科研成果转化为实验内容，结合医学院校特色，注重与疾病诊断以及实际应用相结合，激发学生科学思维，把现代分子生物学技术与实际应用结合，以项目为导向设计综合性实验。在课程教学中，融入专业必选课——基础医学、临床医学、生物信息学，专业课——分子生物学、基因工程、蛋白质和酶工程及技术相关原理的应用知识。综合性实验涉及遗传病和感染性疾病分析、蛋白获取和鉴定等，根据项目要求，充分利用网络资源，由学生通过 GENEBANK 获取目的基因（研究基因或疾病相关基因）序列相关信息，设计技术包括核酸提取、引物设计、PCR、电泳、酶切、蛋白纯化和细胞培养等，结合最新技术，并对检测实验结果加以分析。

21.1　实验要求

1. 本篇实验内容设置与实际的研究课题非常接近，多为一些较为复杂的综合实验，并要求最后进行数据分析和小论文的撰写。
2. 实验记录要完整，包括：实验日期、实验名称和内容、试剂准备、实验过程和方法、实验结果及结果分析。

21.2　综合实验报告

综合实验涉及的实验技术和理论知识较广，为了培养学生科学求真、严谨求实的精神，对本综合实验实施过程进行监控，将综合性实验报告作为考核指标，且纳入实验考核成绩。按规范撰写并提交综合实验报告（电子版及电子打印版）。

1. 封面：包含实验中英文题目、姓名、专业、年级、学号和分组。
2. 论文内容：目录、中文摘要、英文摘要、前言、材料与方法、结果与讨论。
　（1）总 RNA 提取与 RT-PCR：PCR 产物电泳凝胶扫描图。
　（2）RT-PCR 产物 T 克隆：转化筛选平板照片。
　（3）重组 T 克隆鉴定：PCR 鉴定凝胶扫描图或酶切鉴定图。
　（4）重组表达载体克隆：转化筛选平板照片。
　（5）重组表达载体鉴定：PCR 鉴定电泳凝胶扫描图或酶切鉴定图。
　（6）目的基因诱导表达：SDS-PAGE 电泳图谱。
　（7）目的基因鉴定：Western-Blot 图。
　（8）目的基因纯化：亲和层析、超滤和快速液相蛋白分离系统图谱。

21.3 实验目的

学会基因工程和蛋白分析的一般操作技术,具体包括:RNA 提取、RT-PCR、目的基因纯化和连接、感受态菌的制备及转化、转化克隆的筛选和鉴定、蛋白电泳分析、蛋白提取和鉴定、蛋白纯化。

21.4 实验安排

1. 授课形式:融合于探索性实验、国家级和省级大学生创新性实验,整体设计1~2周完成。
2. 实验指导:教师理论指导、实验师和研究生实验技能培训。
3. 实验过程监控与完善:实验记录检查、实验进展汇报和课程评价汇报。

21.5 实验材料

涉及的单个实验准备见相应各个章节。

21.6 实验流程

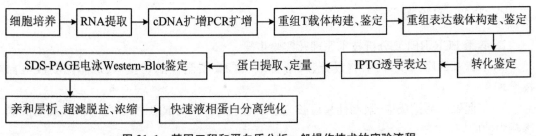

图 21.1 基因工程和蛋白质分析一般操作技术的实验流程

21.7 实验步骤

涉及的单个实验准备见以上相关章节。

(陈昌杰)

第 22 章 综合性实验案例

22.1 阿尔茨海默病(Alzheimer disease,AD)

阿尔茨海默病是一种常见的中枢神经系统退行性疾病。临床症状为记忆力减退、情感异常、认知能力障碍等。大量研究表明 ApoE4 型与散发性 AD 有关。ApoE 基因定位于常染色体 19ql3.31,含有 4 个外显子和 3 个内含子,其中外显子 4 中编码 112 位半胱氨酸(cysteine,Cys)与 158 位精氨酸(arginine,Arg)的 DNA 序列存在多态性。ApoE 基因的多态性表现为其 3 个异构体:ApoE2、ApoE3 及 ApoE4,它们分别由 ε2、ε3、ε4 三个等位基因编码,并经过任意两种基因组合表达产生出 6 种不同的基因型:ε2/ε3、ε3/ε4、ε2/ε4,及 ε2/ε2、ε3/ε3、ε4/ε4,并且将 ε2/ε3、ε2/ε2、ε2/ε4 基因型编码的产物归为 ApoE2 型,ε3/ε3 基因型编码的 ApoE 产物归为 ApoE3 型,ε3/ε4、ε4/ε4 基因型编码的产物归为 ApoE4 型。ApoE 基因型判定主要根据 112 位和 158 位氨基酸的密码子差异而分型。等位基因 ε4 在 112 位和 158 位均为精氨酸(arginine,Arg)(CGC),ε2 在两个位点均为半胱氨酸(cysteine,Cys)(TGC),而 ε3 在 112 位点为 TGC,158 位点为 CGC。限制性内切酶 Hha I 的特异性识别位点为"GCGC"。

22.1.1 实验目的

1. 熟悉 PCR-RFLP 分析技术原理及实验步骤。
2. 掌握基因序列获得、引物设计、核酸提取、PCR、限制性酶切技术、琼脂糖凝胶电泳技术。
3. 掌握聚合酶链反应-限制性片段长度多态性技术(PCR-RFLP)的技术原理及在疾病诊断中的应用。

22.1.2 实验原理

聚合酶链式反应——限制性片段长度多态性(PCR-RFLP)分析技术是在 PCR 技术基础上发展起来的。DNA 碱基置换正好发生在某种限制性内切酶识别位点上,使酶切位点增加或者消失,利用这一酶切性质的改变,PCR 特异扩增包含碱基置换的这段 DNA,经某一限制酶切割,再利用琼脂糖凝胶电泳分离酶切产物与正常比较来确定是否变异。应用 PCR-RFLP,可检测某一致病基因已知的点突变,进行直接基因诊断,也可以此为遗传标记进行连锁分析进行间接基因诊断。

22.1.3 研究对象、仪器与试剂

1. 研究对象

(1) AD 患者组:由安徽省荣军医院及蚌埠市敬老院提供,诊断根据简易精神状态检查表(MMSE)和日常生活能力量表(ADL)初筛有痴呆症状者,再采用美国国立语言障碍卒中

研究所、阿尔茨海默病及相关疾病协会(NNICDS-ADRDA)临床诊断标准和美国精神病协会精神障碍统计、《诊断手册》(第四版)(DSM-Ⅳ)有关诊断标准并结合 Hachisik 缺血量表、脑 CT 和/或 MRI 检测结果,将诊断为"极可能 AD"的患者列为研究对象,采用临床痴呆量表(CDR)评定痴呆程度。

(2) 正常组:正常老年人志愿者来自安徽省荣军医院及蚌埠市敬老院附近社区。

2. 仪器

PCR 自动热循环仪、紫外透射仪、微量加样器(20 μl、200 μl)、枪头(20 μl、200 μl)及离心管(1 ml、0.5 ml)、容器盒、恒温水浴箱、琼脂糖凝胶电泳装置、烧杯、保鲜膜、封口膜、浮漂、微波炉、250 ml 三角烧瓶、透明胶带、托盘天平、台式高速离心机等。

3. 试剂

外周血基因组 DNA,蛋白酶 K,限制性内切酶 $Hha\ I$、$Hph\ I$、$Mbo\ I$、$Hinfl$、$Hpal$、$Ddel$,PCR 引物,丙烯酰胺,酶消化缓冲液,电极缓冲液,上样缓冲液等。

22.1.4 实验流程

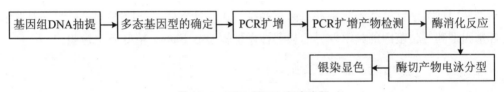

图 22.1 PCR-RFLP 实验流程

22.1.5 实验步骤

1. 外周血基因组 DNA 的抽提

抽取研究对象外周静脉血 5 ml,柠檬酸钠缓冲液(ACD)抗凝,常规酚-氯仿抽提法提取基因组 DNA,即细胞裂解液破裂红细胞,蛋白酶 K 消化过夜,依次用饱和苯酚、等体积饱和苯酚-氯仿、氯仿-异戊醇(体积比为 24:1)抽提,向水相中加入 1/10 体积的 3 mol/L 乙酸钠,最后用冰冷无水乙醇析出 DNA。经紫外分光光度计测定 DNA 浓度后,用 TE 稀释成大约 100 ng/μl 的浓度,置 4 ℃保存备用。

2. 多态基因型的确定

引物由上海生工生物工程公司(Sangon)合成。检测 ApoE 密码子 112 与 158 多态的引物参照文献设计。

3. PCR 扩增

PCR 反应体积为 25 μl,其中含 10× 缓冲液 2.5 μl、$MgCl_2$ 1.5 mmol/L、dNTPs 200 μmol/L、引物 25 μmol/L、DNA 聚合酶 0.7 U、模板 DNA 约 100 ng,其中扩增 ApoE 基因多态片段的反应体系中还含有 10%DMSO,以增强 DNA 变性作用并提高扩增特异性。PCR 扩增反应在热循环仪上进行,扩增参数为:冷启动,94 ℃预变性 5 min,94 ℃变性 30 s,52～62 ℃退火 30 s,72 ℃延伸 1 min,共 30 个循环,最后 72 ℃延伸 5 min。

4. PCR 扩增产物检测

PCR 扩增产物的检测:取 PCR 扩增产物 2.0 μl,以 1%的琼脂糖凝胶电泳法检测靶 DNA 片段的扩增产物。

5. 酶消化反应

取 PCR 产物约 2.0 μl,加限制性内切酶,10×酶消化反应缓冲液 1.0 μl,蒸馏水补至 10.0 μl,置试验管中,37 ℃温箱中孵育 4 h。

6. 酶切产物电泳分型

15%聚丙烯酰胺凝胶电泳。电极缓冲液为 1×TBE。将加有 1/5 体积上样缓冲液的酶切产物电泳,220 V 电压,电泳 2~3 h。

7. 银染显色

将凝胶剥离至染色盘中,用 10%冰醋酸固定 30 min,去除固定液,用蒸馏水冲洗凝胶 3 次(2 min 以内)。将 0.1%200 ml 硝酸银溶液倒入染色盘中,染色 30 min,倒掉染色液,蒸馏水快速冲洗凝胶 1 次(20 s 以内)。显色液 200 ml(3% Na_2CO_3,含 0.05%甲醛,2‰ $Na_2S_2O_3$)倒入染色盘中,不断震荡,直至谱带显示清晰。用固定液终止显色。蒸馏水洗涤一次,贴于滤纸上晾干保存。

22.1.6 实验结果

用基因计数法计算基因频率和基因型频率。用统计软件包(SPSS)对 AD 组和对照组组间各基因型和等位基因的频率差异的显著性做扩检验或 Fisher 精确概率检验。

22.1.7 注意事项

1. 靶片段的扩增产物要纯,如有非特异产物(特别是大片段可能含有酶识别序列)将会竞争酶活性,使样品消化不完全或出现酶消化杂带。

2. 酶消化过程要充分(即底物与酶的比例要合适,消化时间要保证),避免假阴性结果。

3. 酶切阳性结果可以确定所检测的具体序列,阴性结果仅可说明非酶识别序列,但不能准确判定具体序列。

4. 酶识别序列如有甲基化核苷酸将不被切割。

22.2 katG 基因全部缺失和点突变等引起结核菌产生对异烟肼(INH)的耐药研究

基因学研究表明,结核杆菌耐药性的产生是由染色体上编码药物标靶的基因或药物活性有关的酶基因突变所造成。katG 基因位于结核分枝杆菌染色体上,含 2223 个核苷酸,在耐 INH 结核分枝杆菌分离菌株中,10%~24%分离株发生 katG 完全缺失,过氧化氢酶-过氧化物酶阴性,高度耐 INH;50%~70%出现部分缺失或插入,常见的点突变是 315 位 Ser(AGC)-Thr(ACC)、天冬酰胺(Asn)(AAC)、Ile(ATC)或 Arg(CGC)置换,315 位 Ser 是决定酶活性的关键部位。此位置的突变使得过氧化氢酶-过氧化物酶丧失了近 50%酶的活性,导致酶失去活化 INH 的能力,引起高水平的 INH 耐药性,但它保留的酶活性仍为菌体提供了一定水平的氧化保护,可使菌株抵抗机体残留的抗生素。katG 其他位置上的变异也可以导致细菌对 INH 产生不同水平的耐药性和保留不同的过氧化物酶-过氧化氢酶活性,对这些突变所起的作用还需要深入的研究。

22.2.1 实验目的

1. 了解结核杆菌及结核病相关知识。
2. 应用聚合酶链反应-单链构象多态性(PCR-SSCP)技术,建立快速检测结核分枝杆菌耐药相关基因 katG 突变的新方法。

22.2.2 实验原理

PCR-SSCP 是一种以 PCR 为基础,基于 DNA 构象差别而快速、灵敏、有效地检测基因点突变的方法。其基本原理是经 PCR 扩增的 DNA 片段在变性剂或低离子浓度下,经高温处理使之解链并保持在单链状态下,DNA 单链可折叠成一定空间构象。在不含变性剂的中性聚丙烯酰胺凝胶中电泳时,相同长度 DNA 单链因其碱基序列不同,甚至单个碱基不同,导致形成的构象不同,而且单链 DNA 构象的变化很可能引起迁移率的改变。每条单链处于一定的位置,靶 DNA 中若发生碱基缺失、插入或单个碱基置换时,就会出现泳动变位,通过显色或显影后在凝胶上就会显示出带型的差别,即多态性。

22.2.3 仪器、材料与试剂

1. 仪器

基因扩增仪;紫外分光光度计为美国 PE 公司产品;聚合酶链反应(PCR)体系;胶回收试剂盒为 Clontech 公司产品;垂直电泳槽为美国 Bio-RAD 公司产品。

2. 材料

菌株:结核分枝杆菌标准株 H37Rv(菌株号:ATCC27294)由蚌埠医学院生物科学系实验中心保存。临床分离株由安徽省结核病防治医院提供。

3. 试剂

katG 基因特异性引物根据欧洲分子生物学实验室(European Molecular Biology Laboratory)的 EMBL 核酸序列数据库的 X68081 序列设计,扩增片段为 458bp,引物序列为:上游 5′-CGGCGATGAGCGTTACAG-3′,下游 5′-CGTCCTTGGCGGTGTATT-3′。

22.2.4 实验流程

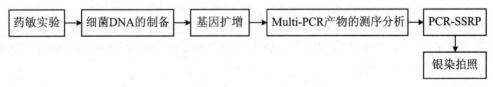

图 22.2　PCR-SSCP 实验流程

22.2.5 实验步骤

1. 药敏实验

按全国结核病细菌学检验标准化规程进行分枝杆菌培养及菌种鉴定。采用绝对浓度法进行药敏试验,异烟肼浓度 10 mg/L 与 1 mg/L 分别为高度和低度耐药。判定标准:在无药对照培养基上被检菌株生长良好时,含药培养基上生长菌落数等于或多于 20 个时判定该被检菌株为耐药株。

2. 细菌 DNA 的制备

结核分枝杆菌培养物灭活后,加入 200 µl DNA 裂解液,搅匀。55 ℃水浴 1~3 h,95 ℃变性 5 min,加等体积酚、氯仿及异戊醇(25∶24∶1)抽提 2 次,直至无白色中间层。上清液移入新离心管,加 2.5 倍体积冰冷无水乙醇,-20 ℃过夜,11 000 rpm 离心 15 min,弃上清液,加入 75%冰冷乙醇,12 000 rpm 离心,洗涤 1 次,室温干燥,加 pH 7.4 的三羟甲基氨甲烷-乙二胺四乙酸(Tris-EDTA,TE)缓冲液溶解 DNA,浓度为 0.01 µg/µl。

3. 基因扩增

体系如下:10×PCR 缓冲液 2.5 µl,2.5 µmol/L $MgCl_2$ 1 µl,200 µmol/L 4 种脱氧核苷酸底物(4×dNTP)2 µl,模板 DNA 5 µl,引物 25 pmol,Taq DNA 聚合酶 1.5 U,无菌去离子水补足总反应体积,进入 PCR 循环。循环条件为:95 ℃预变性 5 min,95 ℃变性 30 s、50 ℃退火 30 s,72 ℃延伸 45 s,循环 35 次,72 ℃延伸 5 min,进行琼脂糖凝胶电泳观察结果。另外,在上述 PCR 反应体系中,加入 katG 寡聚核苷酸引物而不加模板 DNA,同上述条件进行扩增及产物检测。

4. Multi-PCR 产物的测序分析

将结核分枝杆菌 H37Rv 标准株的 Multi-PCR 产物分别切下,经纯化后,送上海生工生物有限公司进行测序,反应用 ABI100 自动测序仪完成。

5. PCR-SSCP

单基因 PCR 产物经变性后形成 2 条或 3 条单链,经非变性聚丙烯酰胺凝胶电泳后呈现 1~3 条带。结果与标准株 DNA 扩增产物对照,若呈现泳动异常,则判定存在基因突变。将临床分离株与结核分枝杆菌标准株的 DNA multi-PCR 扩增产物加在同一块 10%交联度(49∶1)非变性聚丙烯酰胺凝胶中,10 ℃ 400 V 电泳 10 min,150 V 电泳 15 h。

6. 银染拍照

染色后观察结果并拍片。

22.2.6 实验结果

银染色后观察结果并摄片。

22.2.7 应用

SSCP 分析法是一种快速、简便、灵敏的突变检测方法,适合临床实验室的要求。它可以检测各种点突变、短核苷酸序列的缺失或插入。随着 SSCP 分析的不断完善,它将成为基因诊断研究的一个有力工具。

22.2.8 注意事项

SSCP 是一种快速、简便、灵敏的检测基因突变的方法,为了使 SSCP 达到最佳效果,应注意下列事项:

(1)重复性。影响 SSCP 重复性的主要因素为电泳的电压和温度。这两个条件保持不变,SSCP 图谱可保持良好的重复性。一般 SSCP 图谱是两条单链 DNA 带,但有时有的 DNA 片段可能只呈现一条 SSDNA 带,或者 3 条以上,这主要是由于两条单链 DNA 之间存在相似的立体构象。有时 3 条以上的 SSCP 图谱是由于野生型 DNA 片段和突变型 DNA 片段共同存在的结果。

（2）靶 DNA 序列长度的影响。在实验中发现 SSCP 对短链 DNA 或 RNA 的点突变检出率要比长链的高,这可能是由于长链 DNA 和 RNA 分子中单个碱基在维持立体构象中起的作用较小的缘故。而有人认为在 DNA 链较短的(400 bp 以下)情况下,DNA 的长度不会影响 SSCP 的效果。

（3）电泳电压和温度的影响。为了使单链 DNA 保持一定的稳定立体构象,SSCP 应在较低温度下进行(一般 4～15 ℃之间)。在电泳过程中除环境温度外,电压过高也是引起温度升高的主要原因,因此,在没有冷却装置的电泳槽上进行 SSCP 时,开始的 5 min 应用较高的电压(250 V),以后用 100 V 左右的电压进行电泳。这主要是由于开始的高电压可以使不同立体构象的单链 DNA 初步分离,而凝胶的温度不会升高,随后的低电压电泳可以使之进一步分离。在实验中应根据具体实验条件确定电泳电压。

（4）DNA 片段中点突变的位置对 SSCP 的影响。点突变在 DNA 和 RNA 中的位置对 SSCP 检测率的影响取决于该位置对维持立体构象作用的大小,而不是仅仅取决于点突变在 DNA 链上的位置(有人认为点突变在 DNA 链中部要比在近端部容易被 SSCP 检测出来)。White 曾设计了一组样品 DNA 片段,并将其中的点突变设在 DNA 链的中部,而且该点又正处在发夹结构顶端的环上,结果发现 SSCP 只能检测出 9 个样品中的 2 个(检出率为 22%),说明 DNA 链中任何部位的突变,只要对其单链立体构象没有影响,都有可能被漏检。

（5）SSCP 的结果断定。由于在 SSCP 分析中非变性 PAG 电泳不是根据单链 DNA 分子和带电量的大小来分离的,而是以单链 DNA 片段空间构象的立体位阻大小来实现分离的,因此,这种分离不能反映出分子量的大小。有时正常链与突变链的迁移率很接近,很难看出两者之间的差别。因此一般要求电泳长度在 16～18 cm 以上,以检测限为指标来判定结果。检测限是指突变 DNA 片段与正常 DNA 片段可分辨的电泳距离差的最小值。大于检测限则判定链的迁移率有改变,说明该 DNA 序列有变化,小于检测限则说明链之间无变化。例如,一般检测限定为 3 mm,那么当两带间距离在 3 mm 以上时,则说明两链之间有改变。另外检测限不能定得太低,否则主观因素太大,易造成假阳性结果。另外,SSCP 分析中的其他条件,如 PCR 产物的上样量、PAG 的交联度以及胶的浓度等,都应根据具体实验进行选择确定。

22.3 亨廷顿舞蹈病(Huntington disease,HD)

亨廷顿舞蹈病(Huntington disease,HD)是 IT15 基因第一外显子的 CAG 三核苷酸异常重复造成的。HD 平均发病年龄在 30～50 岁之间,极少数在青少年期起病。IT15 基因第一外显子包含 CAG 重复序列,正常人小于 35 次,编码的是由 3144 个氨基酸组成的正常亨廷顿蛋白(Huntingtin,Htt),广泛表达于包括中枢神经系统在内的全身各个组织器官中,而当该序列重复次数大于 36 时,则会编码异常蛋白质,引起 HD,其临床表现为进行性运动、认知和情感障碍。作为一种动态突变的遗传病,CAG 重复次数≤26 时,减数分裂中该基因的扩增 99% 是稳定的;重复次数为 27～35 时,该基因的扩增不稳定,可能会产生 35 次及以上重复次数的等位基因而出现散发病例;当 CAG 的重复次数为 36～39 次时,该病为不完全外显;CAG 的重复次数为 40 次及以上时,该病为完全外显。亨廷顿舞蹈病的基因诊断通常采用 PCR 扩增的方法,根据扩增片段的大小减去 CAG 重复侧翼区碱基数再除以 3,算出 CAG 的重复次数,进而判断 CAG 重复次数是否异常。该区域结构复杂,GC 碱基含量甚高,当 CAG 重复次数大于 115 时,PCR 扩增常会失败,故用 PCR 扩增法未检测出异常重复次数的致病等位基因时应用 Southern 杂交方法进一步明确诊断。

22.3.1 实验目的

1. 了解亨廷顿舞蹈病的相关知识。
2. 熟悉探针设计标记杂交。
3. 熟悉 Southern 杂交方法技术,建立诊断亨廷顿舞蹈病的方法。

22.3.2 实验原理

Southern 杂交技术原理参照本书 9.3 Southern 印迹杂交。

22.3.3 仪器、病例与试剂

1. 仪器:基因扩增仪;聚合酶链反应(PCR)体系;胶回收试剂盒为 Clontech 公司产品;垂直电泳槽为美国 Bio-RAD 公司产品;紫外分光光度计;烘箱。
2. 病例:20 例无血缘关系的亨廷顿舞蹈病疑似病人来自于 2005~2015 年安徽省省立医院神经内科,其年龄在 30~68 岁之间。签署知情同意书后,静脉各抽血 5 ml 供研究。
3. 试剂:DIG 地高辛 DNA 标记及杂交检测试剂盒Ⅱ,引物序列为:HDF:5′ GCCT-TCGAGTCCCTCAAGTCCTT 3′和 HDR:5′ CTGAGGAAGCTGAGGAGGCGG 3′。

22.3.4 实验流程

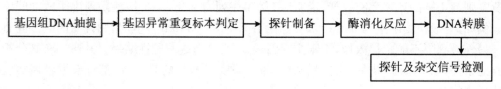

图 22.3 Southern 杂交技术实验流程

22.3.5 实验步骤

1. 外周血基因组 DNA 的抽提

外周血基因组 DNA 的提取采用常规的酚氯仿法提取。

2. IT15 基因 43 次 CAG 异常重复标本的判定

用引物 HDF 和 HDR 扩增 IT15 基因 CAG+CCG+CCT 重复区,2%的琼脂糖凝胶电泳后割胶回收该片段,克隆到 PMD20-T 载体中,测序判断 CAG 的重复次数。引物合成和测序均由上海英俊生物技术有限公司完成。

3. 探针制备

引物 HDSF:5′ CCCCACCTCTCACCTTCCTG3′和 HDSR:5′ CTAGCCTGCG-GACTCTGCCA 3′从基因组 DNA 扩增得到 IT15 基因的上游-497 bp 的片段。1%的琼脂糖

凝胶电泳后割胶回收该片段,克隆到 PMD20-T 载体中测序验证片段的特异性。试剂盒抽提质粒,用限制性核酸内切酶 $BamH$ I 和 $Hind$ III 双酶切质粒,酶切下来的片段用 1% 的琼脂糖凝胶电泳后割胶回收,紫外分光光度计测定其浓度后用 DIG High Prime DNA Labeling and Detection Starter Kit II 标记,步骤按说明书进行。

4. 基因组 DNA 的酶切

电泳用 10 μl 核酸内切酶 Pst I 酶切 15 μg 基因组 DNA,酶切体系为 150 μl。酶切过夜后用乙醇沉淀回收 DNA,1.5% 的 NuSieve® 3∶1 Agarozse 电泳。

5. 基因组 DNA 的转膜

用常规毛细管虹吸印迹法把酶切后的 DNA 转到 Hybond-N^+ 膜上,紫外交联仪交联 3 min,60 ℃烤箱烘烤 2 h。

6. 探针与膜杂交及杂交信号的检测

按地高辛 DNA 标记和检测试剂盒 II 说明书进行。

22.3.6 实验结果

凝胶成像系统照相,观察结果并摄片。

22.3.7 应用

Southern 杂交为追求检测的灵敏度常采用放射性同位素标记的探针,多采用地高辛标记的非放射性同位素探针用于 HD 的 Southern 杂交检测,该方法可参考相关实验。

22.4 H7N9 禽流感病

流感病毒可分为甲(A)、乙(B)、丙(C)三型。其中,甲型流感依据流感病毒血凝素蛋白(HA)的不同可分为 1~16 种亚型,根据病毒神经氨酸酶蛋白(NA)的不同可分为 1~9 种亚型,HA 的不同亚型可以与 NA 的不同亚型相互组合形成不同的流感病毒。而禽类特别是水禽是所有这些流感病毒的自然宿主,H7N9 禽流感病毒是其中的一种。H7N9 流感病毒既可以感染禽类,也可以感染人。

2013 年 4 月 1 日,中国国家卫生和计划生育委员会向世界卫生组织(WHO)通报了 3 例人感染 H7N9 禽流感病例。引起此次疫情的 H7N9 禽流感病毒是一种新型的重组禽流感病毒,其基因组 8 个片段中血凝素(hemagglutinin,HA)基因来自北京燕雀 A(H7N3);神经氨酸酶(neuraminidase,NA)基因来自韩国野禽 A(H7N9),其余 6 个基因片段均来自浙江鸭 A(H9N2)。人感染 H7N9 禽流感病情发展迅速,可快速进展为急性呼吸窘迫综合征,死亡率极高。由于人感染 H7N9 禽流感临床症状的非特异性,对疫情的确诊和控制只能依赖于实验室的检测结果,所以建立一套稳定的 H7N9 病毒核酸实验室检测方法是疫情防控的关键。

22.4.1 实验目的

1. 了解 H7N9 相关知识。
2. 建立诊断 H7N9 病毒核酸实验室检测方法。

22.4.2 实验原理

实时荧光 PCR 技术参照本书 8.2 RT-PCR。分别选取 H7N9 禽流感病毒的 HA 基因和 NA 基因保守区作为扩增靶区域,设计特异性引物探针,通过实时荧光 PCR 体系扩增对 H7N9 禽流感病毒进行定性检测。

22.4.3 实验流程

标本采集、保存、运送请遵循《人感染 H7N9 禽流感病毒标本采集及实验室检测策略》。

图 22.4　H7N9 病毒核酸实验室检测的实验流程

22.4.4 实验结果

（1）如果检测样品的 AIV H7 及 N9 RT-PCR 反应体系 FAM 检测通道均无扩增曲线或 Ct 值＞40,且在 VIC 检测通道均有对数增长期,可判断样品为 H7N9 禽流感病毒阴性。

（2）如果检测样品的 AIV H7 及 N9 RT-PCR 反应体系扩增曲线在 FAM、VIC 检测通道均有对数增长期且 FAM 检测通道 Ct 值≤40,可判断样品为 H7N9 禽流感病毒阳性。

（3）如果检测样品的 AIV H7 和 N9 RT-PCR 反应体系仅其中之一的扩增曲线满足判为阳性的要求,则需重复检测；若重复检测结果为 H7 及 N9 均为阳性,则判断 H7N9 禽流感病毒阳性；若重复检测结果仍为 H7 或 N9 为阳性,则只能判断禽流感病毒 H7 或 N9 为亚型阳性,并建议以其他方法做进一步确认。

22.5　神经营养因子(neurotrophic factors,NTFs)

神经营养因子(neurotrophic factors,NTFs)是促进神经细胞存活、生长、分化的一类分泌型蛋白。神经营养因子通过与其受体结合,激活细胞内信号转导途径,并具有多种生物学活性,对中枢神经系统中的海马胆碱能神经元、黑质多巴胺能神经元、蓝斑去甲肾上腺能神经元、纹状体 GABA 能神经元以及外周神经系统中的运动神经元、感觉神经元、交感神经元等多种神经元均有作用,对非神经系统也有一定的影响。神经营养因子不仅可以减少神经变性,阻止疾病进程,而且还具有刺激轴突生长、促进其再生的功能,极有可能成为未来治疗阿尔茨海默病、帕金森病、肌萎缩性侧索硬化症、脊髓损伤和外周神经病变等神经系统疾病的重要手段。神经营养素-3(neurotrophin-3)是神经营养素家族(neurotrophin family,NTs)的成员之一,其 mRNA 在中枢和外周神经系统中广泛表达,两种受体分别为低亲和力受体 p75NTR 和高亲和力受体 TrkB,促进神经元生长、发育、分化和存活,对损伤神经元的修复与再生也有作用,所以获取该蛋白具有十分重要的社会和经济价值。

22.5.1 实验目的

1. 全面掌握熟悉分子生物学相关实验技能。
2. 获得具有生物学活性的人神经营养素-3 融合蛋白。

22.5.2 实验流程

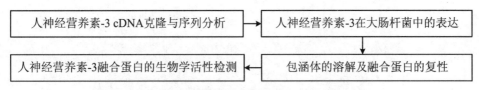

图 22.5　人神经营养素-3 融合蛋白表达与检测的实验流程

22.5.3 实验步骤

1. 人神经营养素-3 cDNA 克隆与序列分析(具体步骤参见第 2 篇　第 7 章、第 8 章以及第 4 篇有关内容)。

(1) 人胎脑组织总 RNA 提取。
(2) 人胎脑组织 cDNA 合成。
(3) 人神经营养素-3 cDNA 扩增。
(4) PCR 产物纯化。
(5) 大肠杆菌感受态细胞的制备。
(6) 重组克隆载体的转化。
(7) 阳性克隆的筛选。
(8) 阳性重组质粒的鉴定。
(9) 人神经营养素-3 cDNA 序列测定与结果分析。

2. 重组人神经营养素-3 在大肠杆菌中的表达(具体步骤参见第 4 篇有关内容)。

(1) 人神经营养素-3 cDNA 与原核表达载体的制备。
(2) 人神经营养素-3 cDNA 与原核表达载体的连接。
(3) 重组原核表达载体的转化。
(4) 阳性重组质粒的筛选与鉴定。
(5) 重组人神经营养素-3 在大肠杆菌中的表达操作。
(6) 最佳诱导条件的确定。

3. 包涵体的溶解及融合蛋白的复性(具体步骤参见第 4 篇有关内容)。

(1) 包涵体的溶解。
(2) 融合蛋白的复性。
(3) 重组人神经营养素-3 融合蛋白的纯化。
(4) 谷胱甘肽琼脂糖树脂的处理。
(5) 纯化大肠杆菌中表达的融合蛋白。
(6) 谷胱甘肽琼脂糖树脂的再生与保存。
(7) 融合蛋白的浓缩。

(8) 融合蛋白的浓度测定。

4. 重组人神经营养素-3 融合蛋白的生物学活性检测。

22.5.4 实验结果

体外培养神经元,检测重组人神经营养素-3 是否具有促进体外培养的神经元突触生长,促进神经元的存活的作用。

(陈昌杰　张　丹)

附　　录

附录 A　分子生物学实验中的常用数据及换算关系

1. 常用核酸、蛋白质换算数据

附表 A1　重量换算

1 μg	1 pg	1 ng	1 fg
10^{-6} g	10^{-12} g	10^{-9} g	10^{-15} g

附表 A2　分光光度换算

1A_{260} 双链 DNA	50 μg/ml
1A_{260} 单链 DNA	30 μg/ml
1A_{260} 单链 RNA	40 μg/ml

附表 A3　DNA 摩尔换算

1 μg 100 bp DNA	1.52 pmol/3.03 pmol 末端
1 μg pBR322 DNA	0.36 pmol
1 pmol 1 000 bp DNA	0.66 μg
1 pmol pBR322	2.8 μg
1 kb 双链 DNA(钠盐)	6.6×10^5 道尔顿
1 kb 单链 DNA(钠盐)	3.3×10^5 道尔顿
1 kb 单链 RNA(钠盐)	3.4×10^5 道尔顿

附表 A4　蛋白摩尔换算

100 pmol	分子量 100 000	蛋白质 10 μg
100 pmol	分子量 50 000	蛋白质 5 μg
100 pmol	分子量 10 000	蛋白质 1 μg

氨基酸的平均分子量为 126.7 道尔顿。

附表 A5　蛋白质/DNA 换算

1 kb DNA 编码 333 个氨基酸,蛋白质分子量 3.7×10^4 MW	
10 000 MW 蛋白质　270 bp	270 bp DNA
30 000 MW 蛋白质　810 bp	810 bp DNA
50 000 MW 蛋白质　1.35 kb	1.35 kb DNA
100 000 MW 蛋白质　2.7 kb	2.7 kb DNA

2. 市售酸碱的浓度

附表 A6 市售酸碱的浓度

溶质	分子式	分子量	mol/L	g/L	重量(%)	比重	配制 mol/L 溶液的加入量(ml/L)
冰乙酸	CH_3COOH	60.05	17.40	1 045	99.5	1.050	57.5
乙酸	CH_3COOH	60.05	6.27	376	36	1.045	159.5
甲酸	$HCOOH$	46.02	23.40	1 080	90	1.200	42.7
盐酸	HCl	36.50	11.60	424	36	1.180	86.2
硝酸	HNO_3	63.02	15.99	1 008	71	1.420	62.5
			14.90	938	67	1.400	67.1
			13.30	837	61	1.370	75.2
高氯酸	$HClO_4$	100.50	11.65	1 172	70	1.670	85.8
			9.20	923	60	1.540	108.7
磷酸	H_3PO_4	80.00	18.10	1 445	85	1.700	55.2
硫酸	H_2SO_4	98.10	18.00	1 776	96	1.840	55.6
氢氧化铵	NH_4OH	35.00	14.80	25	28	0.898	67.6

3. 离心机转速与相对离心力的换算

在以前的实验资料中离心机的转速一般用每分钟多少转来表示。因此离心力为转速和离心半径的函数,不够科学。近年来国际资料中已改用相对离心力(RCF)来表示。

以下为两者的互换公式:

$$N=\sqrt{RCF\times 10^5/(1.118\times R)}$$

$$RCF=0.000\ 011\ 18\times R\times N^2$$

N 表示转速,单位为转/分(r/min);

R 表示离心半径,即离心管底端至轴心的距离,单位为厘米(cm);

RCF 表示相对离心力,单位用重力加速度 $X\ g$ ($g=9.8\ m/s^2$)。

附录 B 分子生物学实验中的常用试剂

1. 常用的电泳缓冲液及凝胶加样缓冲液

附表 B1 常用的电泳缓冲液

缓冲液	工作液	储存液(L)
Tris·乙酸(TAE)	1× 40 mmol/L Tris·乙酸 1 mmol/L EDTA	50× 242 g Tris 碱 57.1 ml 冰乙酸 100 ml 0.5 mol/L EDTA(pH 8.0)

续表

缓冲液	工作液	储存液(L)
Tris·硼酸(TBE)	0.5× 45 mmol/L Tris·硼酸 1 mmol/L EDTA	5× 54 g Tris 碱 27.5 g 硼酸 20 ml 0.5 mol/L EDTA(pH 8.0)
Tris·磷酸(TPE)	1× 90 mmol/L Tris·磷酸 2 mmol/L EDTA	10× 108 g Tris 碱 15.5 ml 磷酸(85%,1.679 g/ml) 40 ml 0.5 mol/L EDTA(pH 8.0)
Tris·甘氨酸	1× 25 mmol/L Tris·HCl 250 mmol/L 甘氨酸 0.1%SDS	5× 15.1 g Tris 碱 94 g 甘氨酸(电泳级) 50 ml 10% SDS(电泳级)

附表 B2　常用凝胶加样缓冲液

缓冲液类型	6×缓冲液	贮存温度(℃)
i	0.25%溴酚蓝 0.25%二甲苯青 FF 40%(w/v)蔗糖水溶液	4
ii	0.25%溴酚蓝 0.25%二甲苯青 FF 15%聚蔗糖(Ficoll-400)	室温
iii	0.25%溴酚蓝 0.25%二甲苯青 FF 30%甘油水溶液	4
iv	0.25%溴酚蓝 40%(w/v)蔗糖水溶液 碱性加样缓冲液： 300 mmol/L NaOH 6 mmol/L EDTA	4
v	18%聚蔗糖(Ficoll-400) 0.15%溴甲酚绿 0.25%二甲苯青 FF	4

2. 分子生物学常用试剂和缓冲液的配制

(1) Tris·HCl(0.05 mol/L,25 ℃)

50 ml 0.1 mol/L Tris 碱溶液与 x ml 0.1 mol/L HCl 混匀后,加水稀释至 100 ml。

附表 B3　不同 pH 相对应的 HCl 体积

所需 pH(25 ℃)	所需 0.1 mol/L HCl 的体积 x ml
7.1	45.7
7.2	44.7
7.3	43.4
7.4	42.0
7.5	40.3
7.6	38.5
7.7	36.6
7.8	34.5
7.9	32.0
8	29.2
8.1	26.2
8.2	22.9
8.3	19.9
8.4	17.2
8.5	14.7
8.6	12.4
8.7	10.3
8.8	8.5
8.9	7.0

(2) 5×TBE(5 倍体积的 TBE 贮存液)

配 1 000 ml 5×TBE：

  Tris   54 g

  硼酸   27.5 g

  0.5 mol/L EDTA pH 8.0   20 ml

(3) 溴化乙锭最终工作浓度   0.5 μg/ml

(4) 溶液 I (配制 100 ml)：

  0.96 g Glucose(终浓度 50 mmol/L)

  2.5 ml 1 mol/L Tris·HCl 贮存液，pH 8.0(终浓度 25 mmol/L)

  2 ml 0.5 mol/L EDTA 贮存液，pH 8.0(终浓度 10 mmol/L)

加水定容至 100 ml，高温高压灭菌后，4 ℃保存。

(5) 溶液 II (配制 10 ml)：

  200 μl 10 mol/L NaOH(终浓度 0.2 mol/L)

  1 ml 10%SDS(终浓度 1%)，SDS 易产生气泡，不要剧烈搅拌

  8.8 ml H_2O

溶液需临时配制。

(6) 溶液Ⅲ(配制 100 ml):
    29.4 g   乙酸钾(终浓度 5 mol/L)
    11.5 ml   冰乙酸
    28.5 ml H_2O

高温高压灭菌后,保存于 4 ℃,用时置冰浴。

(7) 醋酸铵(10 mol/L)

因醋酸铵受热易分解,不能高温高压灭菌,用 0.22 μm 滤膜过滤除菌,密封室温保存。

(8) 裂解缓冲液
    10 mmol/L Tris·HCl
    pH 8.0:0.1 mol/L EDTA
    pH 8.0:0.5%(m/V)SDS

三种成分可预先混合并于室温保存,使用前适量加入 20 μg/ml 无 DNase 的 RNase。

(9) Tris·HCl 平衡苯酚

用 0.5 mol/L Tris·HCl(pH 8.0)平衡。

(10) 苯酚/氯仿/异戊醇(25∶24∶1)

将 Tris·HCl 平衡苯酚与等体积的氯仿/异戊醇(24∶1)均匀混合。棕色玻璃瓶中 4 ℃保存。

(11) 10×TE(pH 8.0)
    pH 7.4:10 mmol/L Tris·HCl(pH 7.4)
           1 mmol/L EDTA(pH 8.0)
    pH 7.6:10 mmol/L Tris·HCl(pH 7.6)
           1 mmol/L EDTA(pH 8.0)
    pH 8.0:10 mmol/L Tris·HCl(pH 8.0)
           1 mmol/L EDTA(pH 8.0)

高压灭菌后室温保存。

(12) 30%丙烯酰胺
    29 g   丙烯酰胺
    1 g   N,N-亚甲双丙烯酰胺

pH<7.0,棕色瓶 4 ℃保存。

(13) 2×SDS 凝胶加样缓冲液
    100 mmol/L Tris·HCl(pH 6.8)
    200 mmol/L 二硫苏糖醇
    4% SDS
    0.2%溴酚蓝
    20%甘油

二硫苏糖醇上样时现加现用。

(14) 固定液
    冰乙酸∶甲醇∶水=1∶2∶7

(15) 转移电泳缓冲液(2 L)
    25 mmol/L Tris

192 mmol/L 甘氨酸

20％甲醇

6.05 g Tris(pH 8.3)

83 g Gly+400 ml 甲醇

(16) 封闭液

TBS+5％脱脂奶粉

(17) 漂洗液(500 ml)

250 μl 吐温

500 ml TBST

附表 B4 常用电泳缓冲液

缓冲液	使用液	浓贮存液(1 000 ml)
Tris·乙酸(TAE)	1×:0.04 mol/L Tris·乙酸 0.001 mol/L EDTA	50×:242 g Tris 碱 57.1 ml 冰乙酸 100 ml 0.5 mol/L EDTA(pH 8.0)
Tris·磷酸(TPE)	1×:0.09 mol/L Tris·磷酸 0.02 mol/L EDTA	10×:108 g Tris 碱 15.5 ml 85％磷酸(1.679 g/ml) 40 ml 0.5 mol/L EDTA(pH 8.0)
Tris·硼酸(TBE)	0.5×:0.045 mol/L Tris·硼酸 0.001 mol/L EDTA	5×:54 g Tris 碱 27.5 g 硼酸 20 ml 0.5 mol/L EDTA(pH 8.0)
碱性缓冲液	1×:50 mmol/L 氢氧化钠 1 mmol/L EDTA	1×:5 ml 10 mol/L 氢氧化钠 2 ml 0.5 mol/L EDTA(pH 8.0)
Tris·甘氨酸	1×:25 mmol/L Tris 250 mmol/L 甘氨酸 0.1％ SDS	5×:15.1 g Tris 碱 94 g 甘氨酸(电泳级)(pH 8.3) 50 ml 10％ SDS(电泳级)

5×TBE 长期放置易形成沉淀,一旦形成便不能使用。

琼脂糖电泳以 0.5×TBE 作为电泳缓冲液。

聚丙烯酰胺凝胶电泳以 1×TBE 作为电泳缓冲液。

碱性电泳缓冲液应现配现用。

SDS-聚丙烯酰胺凝胶电泳用 Tris·甘氨酸缓冲液。

附表 B5 常用的凝胶加样缓冲液

缓冲液类型	6×缓冲液	贮存温度(℃)
(1)	0.25％溴酚蓝 0.25％二甲苯青 FF 40％(w/v)蔗糖水溶液	4
(2)	0.25％溴酚蓝 0.25％二甲苯青 FF 15％聚蔗糖(Ficoll-400)水溶液	室温

续表

缓冲液类型	6×缓冲液	贮存温度(℃)
(3)	0.25%溴酚蓝 0.25%二甲苯青 FF 30%甘油水溶液	4
(4)	0.25%溴酚蓝 40%(w/v)蔗糖水溶液 碱性加样缓冲液 300 mmol/L 氢氧化钠 6 mmol/L EDTA	4
(5)	18%聚蔗糖(Ficoll)(400 型)水溶液 0.15%溴甲酚绿(Ficoll-400) 0.25%二甲苯青 FF	4

附录 C 常用细菌培养基和抗生素溶液

常用细菌培养基

(1) LB 培养基(1 L)

配制每升培养基,将下列组分溶解于 0.9 L 去离子水中:

　　酵母提取物　　　5 g
　　胰化蛋白胨　　　10 g
　　NaCl　　　　　　10 g

固体每升另加 15 g 琼脂粉,摇动容器直至完全溶解,用 NaOH 调整 pH 至 7.0,再补足去离子水至 1 L,高温高压灭菌 20 min。

(2) LB 固体培养基

每升 LB 培养基中加 15 g 琼脂。

(3) SOB 培养基

将下列组分溶解在 0.9 L 去离子水中:

　　蛋白胨　　　　　20 g
　　酵母提取物　　　5 g
　　NaCl　　　　　　0.5 g
　　1 mol/L KCl　　 2.5 ml

再补足去离子水至 1 L,高压灭菌后每 100 ml 中加入 1 ml 灭菌的 2 mol/L $MgCl_2$ 溶液。

(4) SOC 培养基

组分和配制方法同 SOB 培养基,最后高压灭菌,除了加 1 ml 1 mol/L 无菌氯化镁外,还需加入 2 ml 1 mol/L 无菌葡萄糖。

(5) TB 培养基

将下列组分溶解在 0.9 L 去离子水中:

　　蛋白胨　　　　　12 g
　　酵母提取物　　　24 g

甘油　　　　　　　　　4 ml

高压灭菌,冷却后加入 100 ml 无菌溶液,无菌溶液中含有 KH_2PO_4 170 mmol/L 以及 K_2HPO_4 0.72 mol/L。

(6) 2×YT 培养基

将下列组分溶解在 0.9 L 去离子水中：
　　蛋白胨　　　　　　　16 g
　　酵母提取物　　　　　10 g
　　NaCl　　　　　　　　4 ml

再补足水至 1 L。

常用抗生素溶液

见表 C1：

表 C1　常用抗生素

抗生素	工作浓度		贮存液	
	严紧型质粒	松弛型质粒	贮存浓度	保存条件
氨苄青霉素	20 μg/ml	60 μg/ml	50 mg/ml	−20 ℃,溶于水
羧苄青霉素	20 μg/ml	60 μg/ml	50 mg/ml	−20 ℃,溶于水
氯霉素	25 μg/ml	170 μg/ml	34 mg/ml	−20 ℃,溶于乙醇
卡那霉素	10 μg/ml	50 μg/ml	10 mg/ml	−20 ℃,溶于水
链霉素	10 μg/ml	50 μg/ml	10 mg/ml	−20 ℃,溶于水
四环素	10 μg/ml	50 μg/ml	5 mg/ml	−20 ℃,溶于乙醇

附录 D　与分子生物学实验相关的实验资料

溴化乙锭溶液的净化处理

溴化乙锭是一种强诱变剂,容易挥发,具有中度毒性,因此在取用含有溴化乙锭的染料时应做好防护措施,谨慎净化处理。

1. 溴化乙锭溶液(浓度大于 0.5 mg/ml)的净化处理

方法一:沙门氏菌-微粒体检测法,本方法可以使溴化乙锭的诱变活性降低至原来的 1/200 左右。

(1) 用水稀释溴化乙锭,使其浓度小于 0.5 mg/ml。

(2) 在稀释过的溶液中加入 0.2 倍体积新鲜的 5% 次磷酸和 0.12 倍体积新鲜的 0.5 mol/L 亚硝酸钠,小心混匀溶液。

注意事项:

(1) 处理过的溶液的 pH 应小于 3.0。

(2) 一般市场所售的次磷酸浓度为 50%,使用时必须现配。操作时注意次磷酸的腐蚀性。

(3) 亚硝酸钠溶液:现用现配。

(4) 处理后的溶液置于室温温育过夜,然后加入过量的碳酸氢钠(1 mol/L)后才能弃去。

方法二：沙门氏菌-微粒体测定法,处理后溴化乙锭的诱变活性降到原来的 1/3 000。但有实验数据显示用此方法处理时偶尔会出现空白管还有诱变活性。

(1) 加水稀释溴化乙锭浓度到 0.5 mg/ml 以下。

(2) 再加入 1 倍体积的高锰酸钾(0.5 mol/L),摇匀后再加 1 倍体积的盐酸(2.5 mol/L),摇匀,室温放置数小时。

(3) 同样再加入 1 倍体积的氢氧化钠(2.5 mol/L),混匀后才可以丢弃该溶液。

2. 溴化乙锭稀溶液(浓度为 0.5 mg/ml)的净化处理

方法一：

(1) 每 100 ml 溶液中加入 29 g Amberlite XAD-16(非离子型多聚吸附剂)。

(2) 室温摇床上放置 12 h。

(3) 用 1 号 Whatman 滤纸过滤溶液,丢弃滤液。

(4) 滤纸和 Amberlite 树脂用塑料袋封装后,作为有害废物予以丢弃。

方法二：

(1) 每 100 ml 溶液中加入 100 mg 粉状活性炭。

(2) 室温摇床上放置 1 h。

(3) 用 Whatman 1 号滤纸过滤溶液,丢弃滤液。

(4) 滤纸和活性炭用塑料袋封装后,作为有害废物予以丢弃。

注意事项：

(1) 能用溴化乙锭处理的,尽量不采用次氯酸,虽然沙氏门菌-微粒体检测法可以大幅度降低溴化乙锭的诱变活性。

(2) 溴化乙锭在标准条件下焚化后无危害性。

(3) 常用 Amberlite XAD-16 或活性炭来净化被溴化乙锭污染的物体。

(陈素莲)

参考文献

[1] 尹海权,王明召. 分离 DNA 的琼脂糖凝胶电泳技术[J]. 化学教育,2012,12:1-3.

[2] Chomczynski P, Sacchi N. Single step method of RNA isolation by Acid Guanidium Thiocyanate-Phenol-Chloroform Extraction[J]. Anal. Biochem., 1987, 162(1):156-159

[3] Chomczynski P. A reagent for the single-step simultaneous isolation of RNA, DNA and proteins from cell and tissue samples[J]. Biotechniques, 1993, 15(3):536-537.

[4] Ahmann G J, Chng W J, Henderson K J, et al. Effect of tissue shipping on plasma cell isolation, viability, and RNA integrity in the context of a centralized good laboratory practice-certified tissue[J]. Cancer Epidemiology Biomarkers & Prevention, 2008, 17(3):666-673.

[5] Simms D, Chomczynski P. Trizol™: A new reagent for optimal single-step isolation of RNA[J]. Focus, 1993,15(4):532-535.

[6] Bracete A M, Fox D K, Simms D. Isolation and long term storage of RNA from ribonuclease-rich pancreas tissue[N]. Featured Papers, 1998,20:82.

[7] Wilfinger W, Mackey K, Chomczynski P. Effect of pH and ionic strength on the spectrophotometric assessment of nucleic acid purity[J]. Biotechniques, 1997, 22(3):474-481.

[8] Fox D K, Chatterjee D K. Methods for cloning amplified nucleic acid molecules: US Parent 7736874 [P]. 2010.

[9] 蔡文琴. 现代实用细胞与分子生物学实验技术[M]. 北京:人民军医出版社,2003:403-404.

[10] Kelder W, Braat A, Berg A, et al. Value of RT-PCR Analysis of Sentinel Nodes in Determining the Pathological Nodal Status in Colon Cancer[J]. Anticancer Res., 2007,27:2855-2859.

[11] Schmittgen T D, Livak K J. Analyzing real-time PCR data by the comparative C(T) method[J]. Nat. Protoc, 2008,3(6):1101-1108.

[12] Larionov A, Krause A, Miller W. A standard curve based method for relative real time PCR data processing[J]. BMC Bioinformatics, 2005, 6:62.

[13] 刘小荣,张笠,王勇平. 实时荧光定量 PCR 技术的理论研究及其医学应用[J]. 中国组织工程研究与临床康复,2010,14(2):329-332.

[14] 易学瑞,袁有成,苏蔚,等. 高灵敏 dot blot 检测转基因小鼠肝细胞内 HBV DNA 的初步研究[J]. 中华医院感染学杂志,2010(20):3110-3112.

[15] 宋方洲,何凤田. 生物化学与分子生物学实验[M]. 北京:科学出版社,2008.

[16] 卢建,章钧,何蕴韶,等. 荧光原位杂交技术及其临床应用[J]. 分子诊断与治疗杂志,2009(1):38-42.

[17] 范瑞琦,王晟,揭克敏,等. 原位杂交检测 microRNA-205 在乳腺癌中的表达[J]. 中国组织化学与细胞化学杂志,2014,23(1):15-19.

[18] 马文丽. 分子生物学实验手册[M]. 北京:人民军医出版社,2011.

[19] 刘凤娟,陈清,俞守义. 化学发光技术在 Southern 印迹杂交中的应用[J]. 中国卫生检验杂志,2007,17(6):997-998.

[20] 俞皓,韩爱东,王春新,等. 水稻核基因组存在叶绿体 psbA 基因的同源片段[J]. 热带亚热带植物学报,1999,7(3):230-236.

[21] 张静,高英茂,孙晋浩,等. 高温致神经管畸形相关基因 CDK109 克隆及其致畸相关性分析[J]. 山东大学学报(医学版),2012,50(1):19-23.

[22] Wei H, Therrien C, Blanchard A, et al. The Fidelity Index provides a systematic quantitation of star activity of DNA restriction endonucleases[J]. Nucleic Acids Res., 2008, 36: e50.

[23] Sidorova N Y, Rau D C. Differences between EcoRI nonspecific and "star" sequence complexes revealed by osmotic stress[J]. Biophys. J., 2004, 87(4): 2564-2576.

[24] 马建岗. 基因工程学原理[M]. 西安:西安交通大学出版社,2013.

[25] 萨姆布鲁克 J,拉塞尔·D W. 分子克隆实验指南[M]. 3版. 黄培堂,译. 北京:科学出版社,2002.

[26] 卢圣栋. 现代分子生物学实验技术[M]. 北京:高等教育出版社,1995.

[27] 姜泊. 分子生物学常用实验方法[M]. 北京:人民军医出版社,1996.

[28] 李育阳. 基因表达技术[M]. 北京:科学出版社,2001.

[29] 胡晓倩,陈来同,陈雅惠,等. 凝胶过滤分离蛋白质实验条件的研究[J]. 中国生化药物杂志,2007,28(6):409-411.

[30] 吴少辉,刘光明. 蛋白质分离纯化方法研究进展[J]. 中国药业,2012,21(1):1-3.

[31] Kabat E A, Mayer M M. Experimental immunochemistry[J]. Springfield, 1948, 321.

[32] Sutherland E W, Cori C F, Haynes R, et al. Purification of the hyperglycemic-glycogenolytic factor from insulin and from gastric mucosa[J]. J. Biol. Chem., 1949, 180(2):825-837.

[33] 罗芳. Folin-酚试剂法蛋白质定量测定[J]. 黔南民族师范学院学报,2005,25(3):46-47.

[34] Lowry O H, Rosebrough N J, Farr A L, et al. 福林酚试剂法测定蛋白质[J]. 食品与药品,2011,13(2):147-151.

[35] Akins R E, Tuan R S. Measurement of protein in 20 seconds using a microwave BCA assay[J]. BioTechniques,1992,12(4):469-499.

[36] Gates R E. Elimination of interfering substances in the presence of detergent in the bicinchoninic acid protein assay[J]. Anal Biochem,1991, 196(2):290-295.

[37] Ju T, Brewer K, D'Souza A, et al. Cloning and expression of human core 1 beta1,3-galactosyltransferase[J]. J. Biol. Chem.,2002,277:178-186.

[38] 叶小敏,田颂九,李慧义,等. BCA法测定猪肺表面活性物质及其冻干粉中的表面活性蛋白质[J]. 2007,8(1):28-31.

[39] Bradford M M. A rapid and sensitive method for the quantitation of microgram quantities of protein utilizing the principle of protein-dye binding[J]. Anal. Biochem., 1976, 72:248-254.

[40] Dryer R L, Lata G F. Experimental biochemistry[M]. New York: Oxford University Press, 1989.

[41] 李荣华,孙莉丽,郭培国. 一种适用于教学的SDS-PAGE电泳实验指导[J]. 实验室研究与探索,2009,28(3):191-194.

[42] 盖颖,王文棋,蒋湘宁. 一种改进的双色SDS-PAGE凝胶和可视化上样电泳方法[J]. 北京林业大学学报,2006,28(1):104-106.

[43] 彭青,周树勤,华德兴,等. 一种检测耐甲氧西林金黄色葡萄球菌PBP2a的蛋白印迹技术[J]. 现代医学,2010,10(3):9-10.

[44] 钟丽民,方忠俊,周丽萍,等. 自动蛋白印记仪在检测抗可提取核抗原多肽抗体谱中的应用[J]. 检测医学,2009,24(6):34-36.

[45] 李晓军,秦浚川,武建国. 蛋白印迹技术研究进展[J]. 临床检测杂志,2004,3(22):227-229.

[46] Collos P. The Current State of Chromatin Immunoprecipitation[J]. Molecular Biotechnology,2010,45(1):87-100.

[47] Keene J D, Komisarow J M, Friedersdorf M B. RIP-Chip: the isolation and identification of mRNAs, microRNAs and protein components of ribonucleoprotein complexes from cell extracts[J]. Nat. Protoc. 1(1):302-307.

[48] Sanford J R, Wang X, Mort M, et al. Splicing factor SFRS1 recognizes a functionally diverse land-

scape of RNA transcripts[J]. Genome. Res., 19 (3): 381-394.

[49] Haneda T, Sugimoto M, et al. Comparative proteomic analysis of Salmonella enterica serovar Typhimurium ppGpp-deficient mutant to identify a novel virulence protein required for intracellular survival in macrophages[J]. BMC Microbiology, 2010, 10: 1-13.

[50] Wang X, Bian Y, et al. A comprehensive differential proteomic study of nitrate deprivation in Arabidopsis reveals complex regulatory networks of plant nitrogen responses[J]. J. Proteome Res., 2012, 11(4): 2301-2315.

[51] 陈坚,堵国成. 发酵工程原理与技术[M]. 北京:化学工业出版社,2012.

[52] 陈铭. 生物信息学[M]. 北京:科学出版社,2012.

[53] 陆娇,游文娟,江洪波. 国际蛋白质研究战略规划与布局[J]. 生命的化学,2012,32(6):574-579.

[54] 叶子弘. 生物信息学[M]. 杭州:浙江大学出版社,2011.

[55] 刘志伟. 生物工程综合性与设计性实验[M]. 北京:科学出版社,2015.

[56] 施佳军. 6 个阿尔茨海默病候选基因的遗传多态性及其与疾病的关联研究[D]. 成都:四川大学,2004.

[57] 程晓东,于文斌,别良峰,等. 多重聚合酶链反应 单链构象多态性分析检测耐异烟肼结核分枝杆菌[J]. 中华结核和呼吸杂志,2004,27(1):23-26.

[58] 马明义,李华. Huntington 舞蹈病 Southern 杂交诊断方法的建立[J]. 现代预防医学,2013,40(9):1724-1725.

[59] 华哲云,储微. 实时荧光 RT-PCR 在人感染 H7N9 禽流感病毒检测中的应用[J]. 检验医学,2013,28(9):755-757.

[60] 陈传好,陈昌杰,赵莉. 人神经营养素-3 全长基因克隆及序列分析[J]. 蚌埠医学院学报,2005,30:9-10.